江苏高校品牌专业建设工程资助项目（TAPP）

"十二五"江苏省高等学校重点教材

编号：2014-1-090

工程训练

主　编　　祝小军　文西芹

副主编　　成　岗　刘　虎　杨瑞军

编　委　　（按姓氏笔画为序）

　　　　　马卫明　邵　立

　　　　　张海涛　陶　俊

主　审　　张永忠

U0325817

南京大学出版社

图书在版编目(CIP)数据

工程训练 / 祝小军,文西芹主编. —3版. —南京:
南京大学出版社,2016.1(2019.1 重印)
21 世纪应用型本科院校规划教材
ISBN 978-7-305-16383-8

Ⅰ.①工… Ⅱ.①祝…②文… Ⅲ.①机械制造工艺
-高等学校-教材 Ⅳ.①TH16

中国版本图书馆 CIP 数据核字(2016)第 009712 号

出 版 者 南京大学出版社
社 址 南京市汉口路 22 号 邮 编 210093
出 版 人 金鑫荣
丛 书 名 21 世纪应用型本科院校规划教材
书 名 **工程训练(第三版)**
主 编 祝小军 文西芹
责任编辑 贾 辉 吴 汀 编辑热线 025-83686531
照 排 南京紫藤制版印务中心
印 刷 南京人文印务有限公司
开 本 787×1092 1/16 印张 15 字数 374 千
版 次 2016 年 1 月第 3 版 2019 年 1 月第 4 次印刷
ISBN 978-7-305-16383-8
定 价 36.00 元

网 址:http://www.njupco.com
官方微博:http://weibo.com/njupco
官方微信:njupress
销售咨询热线:(025)83594756

第三版前言

本书是根据教育部颁布的高等工科院校"工程训练教学基本要求"和教育部工程材料及机械制造基础课程指导小组修订的"工程训练教学基本要求"的精神,并结合培养应用型工程技术人才的实践教学特点而编写的。

工程训练是一门实践性很强的技术基础课,是工科大学生必备的基本功训练,包括了传统机械制造的冷加工和热加工以及现代制造的各种常用加工方法,如铸造、锻造、冲压、焊接、热处理、车削加工、铣削加工、磨削加工、刨削加工、钳工、数控加工、特种加工和快速成形等内容,并将常用加工方法的操作规程放在网络资源(二维码)中供学习。尤其是机械类和近机类各专业学生学习机械制造的基本工艺方法,培养工程素质和创新能力的重要必修课。

工程训练的主要任务是:

1. 了解机械制造的一般过程。熟悉机械零件的常用加工方法、主要设备的工作原理和安全操作规程。了解机械制造的基本工艺知识和一些新装备、新工艺、新技术在机械制造中的应用。

2. 对简单机械零件具有初步进行工艺分析和选择加工方法的能力。在主要工种上应具有独立完成简单零件加工制造的实践能力。

3. 培养劳动观念、创新精神和理论联系实际的科学作风。初步建立市场、信息、质量、成本、效益、安全、团队和环保等工程意识。

在编写过程中,编者根据多年实践教学经验,力求反映上述要求,使教材突出了以下特点:

1. 以实践为基础,注重教材内容的基础性、实用性,理论够用为度,文字简明扼要,图文并茂,力求起到指导实践教学的目的。

2. 以传统工艺为基础,强调先进的制造装备、制造工艺和制造方法,并较好地处理了传统制造工艺和现代制造工艺之间的比例关系。

3. 注重培养学生理论联系实践的意识、安全生产的意识,通过实际制作作品来强化学生的训练效果,激励学生的学习潜力,培养学生的创新意识。

4. 各章后的复习思考题体现了教学基础要求,以帮助学生明确实习要求和掌握重要内容。

　　本书由祝小军、文西芹担任主编，并负责全书的统稿；成岗、刘虎、杨瑞军担任副主编；中国矿业大学张永忠教授担任主审。

　　参加本书编写的有祝小军、文西芹、杨瑞军、陶俊、张海涛、刘虎、成岗、马卫明、邵立等老师。本书第二版于 2011 年被江苏省教育厅评为省精品教材，第三版于 2015 年被评为"十二五"江苏省高等学校重点教材。

　　本书参考和引用了不少同类教材和资料，在此也向相关作者表示衷心感谢！

　　本书编写过程中得到了淮海工学院工程训练中心、盐城工学院工程训练中心指导教师的大力支持，同时也得到了盐城工学院教材基金资助出版，在此深表感谢！

　　由于编者水平有限，书中难免有不妥之处，恳请广大读者批评指正，以求改进！

编　者

2016 年 1 月

目　录

第一章 绪 论

工程训练是以机械制造为主要内容的技术基础性实践环节。机械制造是我国基础行业，在国民经济和科学技术发展过程中具有十分重要的地位，从家用电器、汽车、船舶到飞机、航天飞行器等都与机械制造行业密不可分，机械制造的技术水平决定了科技产品的发展水平。机械制造行业的发展使我们今天的物质生活丰富多彩，使科学技术突飞猛进。

工程训练的基础是金工实习课程，由于过去机械加工都是以金属材料主要加工对象，便有了"金属加工工艺"的说法，金属加工工艺简称"金工"。随着材料科学的不断发展，许多金属材料被非金属材料所代替，许多机械产品是用非金属材料加工而制成的，如用塑料、陶瓷等，所以名词"金工实习"具有一定的局限性。工程训练既包括了金属材料和非金属材料的加工，也包括了传统的加工工艺方法和先进的加工方法（如数控加工、特种加工）。工程训练是在一定的工程实践环境中对学生进行机械和电子、信息和系统等领域的融工程设计、制造、管理、创新等环节为一体的综合工程技术训练；它不同于课堂教学的理论课，也不同于以验证理论和原理为主的实验课；而是采取工厂化的管理模式，利用对工程技术人员进行素质训练和培养的工作学习环境，以设备操作和零件加工为主要内容，以培养学生的动手能力和工程意识、积累机械工程领域的感性知识为主要目的的实训课；能为后续专业课程的理论学习、课程设计、毕业设计以及将来从事的工程技术工作建立实践基础，具有其他理论课程和实验课程不可替代的作用。

工程训练对机械专业和近机械专业学生非常重要，对非机械专业学生也是很有用的。目前许多学校对非理工专业学生（如文科、艺术类）也开设了这门课，这说明掌握工程实践知识是现代社会对人才的基本要求之一。

第一节 工程训练的主要内容、目的要求

一、主要内容

按加工方法分类，工程训练可分成四个模块：① 热加工模块；② 传统切削加工及钳工模块；③ 数控加工模块；④ 特种加工模块。

工程训练主要内容详见表1-1。

机械制造专业知识内容丰富，但工程训练涉及的深奥理论和繁杂的原理并不多，经过认真的训练和基本的归纳总结一定能取得意想不到的效果。工程训练强调的是实践性和能力培养，其物化成果是零件，能使同学们产生自我价值实现的感觉。一只苹果，如果只听别人介绍或看书本描述，自己不亲自品尝，你永远也不能体会到苹果的真实味道。作为一名工程技术高级人才，不亲自经历机械制造的基本过程，不接触机床设备和车间厂房，不经过基本的训练，如果仅凭参观了解或通过书本理论学习，你会感到巧妇难为无米之炊，将会在专业

上很难有大的作为。

表 1-1 各工种简介

模　块	工种名称	简　介	主要设备
热加工	铸　工	熔融金属液浇入具有一定形状的型腔,凝固后形成与型腔相似的铸件,主要应用于生产复杂零件的毛坯。如塑像、机床床身等	冲天炉、坩埚炉、砂箱等
	锻　压	分为锻造和板料冲压,锻造俗称"打铁",是指金属材料在外力作用下产生塑性变形,获得所需形状的毛坯,如农具、齿轮毛坯等;板料冲压是指外力作用下使板料产生分离或变形,获得所需形状的零件,如各种罩壳等就是冲压成型的	电阻炉、压力机、胎模、冲模等
	焊　工	通过加热(压)使两个零件永久连接,分为熔焊、压力焊和钎焊等。如各种钢梁结构等就是焊接连接的	电焊机、氩弧焊机、气瓶等
	热处理	将零件加热,改变组织结构,以满足各种要求。如刀具的刀口经过热处理,变得更硬更锋利	电阻炉、盐浴炉、硬度计等
传统切削加工及钳工	(普通)车工	在(普通)车床上,工件做旋转运动,车刀按一定的路径移动,切削出一定形状的零件表面,主要加工回转表面、端平面和螺纹	卧式车床、立式车床、仿形车床、转塔车床等
	(普通)铣工	在(普通)铣床上,做旋转运动的铣刀切削零件表面,主要用于加工零件内外表面和沟槽	卧式铣床、立式铣床
	刨　工	在刨床上,用刨刀切削零件表面,主要用于加工平面、简单曲面和沟槽	牛头刨床、龙门刨床、插床
	磨　工	在磨床上用砂轮对零件进行加工,主要用于提高零件精度、降低零件表面粗糙度	外圆磨床、内圆磨床、平面磨床
	钳　工	以手工为主,完成零件的切削加工和产品的装配和维修	立式钻床、摇臂钻床、台式钻床
数控加工	数控车工	在数控车床上,用程序控制切削加工零件表面	数控车床、车削中心
	数控铣工	在数控铣床或加工中心上,用程序控制切削零件表面	数控铣床、加工中心
特种加工	线切割加工	做轴向运动的线状电极(铜丝或钼丝等)通过脉冲式火花放电,对按规定轨迹移动的工件进行切割,加工成所需形状的零件	电火花线切割加工机床
	电火花成形加工	又称电腐蚀加工,利用直流脉冲电流对导电材料进行腐蚀以去除材料,以满足一定形状和尺寸要求的一种加工方法	电火花成形加工机床
	激光加工	把光束聚集在工件表面上,使材料瞬间急剧熔化和蒸发,并产生很强的冲击波,使熔化物质爆炸式地喷射去除,利用这种原理可进行打孔、切割等加工	激光打孔机床、激光切割机床
	超声波加工	利用工具作超声频(16~30 Hz)振动,通过磨料撞击和抛磨工件,从而使工件成形的一种加工方法	超声波加工机床

机械产品的加工过程主要经过设计、准备毛坯、加工和装配等阶段,各工种在各阶段中所起作用见图1-1。

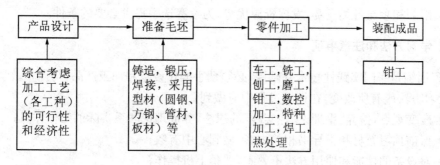

图1-1　各工种在产品制造过程中的应用

二、目的要求

1. 应达到基本要求

(1) 了解各工种的主要内容、工艺特点和在产品加工过程中的作用;

(2) 了解主要设备的结构、用途,掌握其基本操作方法;

(3) 学会正确使用常规工具、量具和夹具;

(4) 了解车间布置形式和厂房结构;

(5) 熟悉管理制度、图纸、工艺文件和安全要求;

(6) 适应车间工程环境,了解工程术语,避免内行人讲外行话、做外行事、出现低级错误。

2. 增强工程意识,提高工程素质

如今,科学发展观已深入人心,科学发展、可持续发展已成为社会进步的主流,对人才的综合能力也提出了更高的的要求。工程训练在原来的"只强调培养动手能力、学习工艺知识"的教学要求基础上,增加了"学习新知识新工艺、增强工程意识和提高工程素质、注重创新能力的培养"的教学要求,是十分必要和卓有远见的。工程训练过程中,"增强工程意识,提高工程素质"的要求是一个综合体,应贯穿于训练过程的始终,具体应在以下几方面得到加强:

(1) 培养市场意识、管理意识、法律意识、竞争意识、经济意识、质量意识、环境意识和安全意识;

(2) 发扬脚踏实地、严谨求实、不怕吃苦、埋头苦干、团结合作的奋斗精神;

(3) 提高从事工程技术工作的兴趣,保持工作和学习的热情。

3. 培养创新能力,适应二十一世纪社会和经济对工程技术人才的要求

创新是一个民族的灵魂,是一个国家兴旺发达的不竭动力。创新能力的培养是教育的基本要求,也是工程训练的主要目标。工程训练基地设备齐全,贴近现代企业的大工程背景,能为培养创新能力提供合适的平台。根据目前的实际情况,主要从以下几方面培养创新能力:

(1) 在训练中发挥主观能动性,不断思考、讨论和总结,捕捉思想的火花;

（2）自主设计产品，自主确定加工方法，自主加工和装配，自主调试产品功能；

（3）开放式教学，吸引各类学生到工程训练基地开展各种创新活动；

（4）组织和参与各类竞赛，发挥资源优势，为参赛选手提供必要的条件。

三、学习方法和注意事项

工程训练是一门实践性技术基础课，必须动手操作设备和加工产品，与课堂教学有很大区别，学习方法应有所改变，在训练过程中应做到：

（1）改变观点，摒弃"重理论、轻实践"的想法，养成理论联系实际的工作作风；

（2）课前预习教材和指导书相关内容，做到心中有数；

（3）对设备的性能和使用方法不熟悉，严禁上机操作；

（4）操作设备时注意力一定要集中，严禁一心二用，认真学习和执行设备安全操作规程，树立"安全第一"的观点，注意手、脑、眼、耳、鼻五官合理利用；

（5）遵守劳动纪律，保持良好的教学秩序；

（6）认真加工产品，完成作业题和实习报告，做好记录，积极参加讨论。

四、制造技术的发展趋势

制造技术的发展过程与科学技术的发展水平息息相关，与社会总体发展水平和市场需求密不可分，制造技术正向信息化、精密化、智能化、柔性化和绿色化方向发展。

控制技术和信息技术在制造加工业中的应用越来越重要，越来越突出。我们正处在信息时代，计算机技术和信息技术正在全方位渗入到我们社会、生活和科技的各个方面。控制技术和信息技术也正在向制造技术领域注入和融合，促进着产品的设计环节、管理方面、加工技术、加工工艺和设备条件的不断发展，目前正在发展的先进制造技术，都与信息技术的应用和注入有关。目前，基于计算机技术、制造技术和信息技术在制造技术领域的应用，促使制造技术正向智能化方向发展，产生了智能制造这一概念。

德国提出并正在实施的"工业 4.0"战略，体现了制造业强国对未来制造业发展趋势的判读和布局，是以智能制造为主导的第四次工业革命或革命性的生产方法，其目标是推动制造业向智能化转型，进而确保德国制造业的未来。工业 4.0 是连接，要把设备、生产线、工厂、供应商、产品、客户紧密地连接在一起，使得产品与生产设备之间、不同的生产设备之间以及数字世界和物理世界之间能够互联，使得机器、工作部件、系统以及人类通过网络持续地保持数字信息的交流；工业 4.0 是集成，就是企业内部信息流、资金流和物流的集成，是生产环节上的集成，追求的就是在企业内部实现所有信息环节无缝链接；工业 4.0 是数据，数据是区别于传统工业生产体系的本质特征，在"工业 4.0"时代，制造企业的数据将会呈现爆炸式增长态势，包括产品数据、运营数据、价值链数据和外部数据；工业 4.0 是创新，包括技术创新、产品创新、模式创新、业态创新和组织创新；工业 4.0 是转型，从大规模生产向个性化定制转型，从生产型制造向服务型制造转型，从要素驱动向创新驱动转型。总之，工业 4.0 是智能工厂，是智能制造，是信息化与工业化的有机整合。

我国政府于 2015 年 5 月正式发布的《中国制造 2025》规划，是中国版的"工业 4.0"规划。"中国制造 2025"将智能制造作为主攻方向，推进制造过程智能化。在重点领域试点建设智能工厂/数字化车间，加快人机智能交互、工业机器人、智能物流管理、增材制造等技术和装备在生产过程中的应用,"中国制造 2025"以推进信息化和工业化深度融合为主线,大力发展智能制造,构建信息化条件下的产业生态体系和新型制造模式,是促进工业向中高端迈进、建设制造强国的重要举措,也是新常态下打造新的国际竞争优势的必然选择,是实现"两个百年"奋斗目标和中华民族伟大复兴中国梦的战略需要。

"中国制造 2025"提出了五大工程:智能制造工程、制造业创新建设工程、工业强基工程、绿色制造工程、高端装备创新工程。其中,最核心的是实施智能制造工程,同时将普遍不被人们重视的绿色制造工程作为五大工程之一,令人耳目一新。

绿色制造是制造技术发展的重要方向。绿色是美好生活的基调,现代文明要求人们的一切行为必须遵循"绿色环保"理念。绿色要求人类友好、资源节约、环境美好,传统制造技术注重的是创造更多的社会财富,忽视了对资源的消耗和对环境的影响而产生的后果和代价,而正在兴起和快速发展的先进制造技术要求在对环境影响最小的基础上创造附加值高的社会财富,先进制造技术代替传统制造技术是一种必然趋势。绿色制造是一种理念,是一个范畴,是一个过程,主要包括绿色材料、绿色设计、绿色加工、绿色工艺、绿色包装、绿色存贮和运输、绿色回收等一系列环节,其中绿色加工是最重要的环节,绿色加工包括高速加工、精密加工、微细加工、干式切削、精密成型、特种加工、数控加工、先进焊接技术等加工工艺,它们共同的特征是材料消耗少、能源消耗小、对环境影响小、对人的身心健康影响小。

第二节 工程训练的安全技术与要求

确保安全生产是制造行业永恒的主题,没有安全保障的生产,随时有可能导致机毁人亡的惨剧发生,一切都将回归零,令人痛心。以机械制造为主的工程训练基地聚集了许多莘莘学子,但他们没有安全经验;集中了大量高速运转的设备;布满了大量的电线路和电器元件;有可能储存各式各样的易燃易爆或有毒的气体,这些因素结合在一起有可能导致安全事故的发生,后果不堪设想。在训练过程中,产生安全隐患的主要因素有以下几个方面。

一、主观因素

(1) 安全意识和工作责任心不强,自由散漫,精力不集中,工作时闲谈或不认真;

(2) 违规操作或工作技术不熟练,劳动保护用品未使用或使用不适当;

(3) 不执行岗位责任制,串岗、漏岗,工作中互相配合不协调。

二、设备和工具因素

(1) 无保护装置或保护装置不全,设备制动装置失灵,设备带"病"运转或超负荷运转;

(2) 设备开始使用前没有仔细检查设备运转情况,设备发生异常情况未能及时关停,设备维修、调整、保养不当;

(3) 工具附件有缺陷或使用不当,工件有尖角和毛刺。

三、用电因素

(1) 设备电气未接地,线路老化,绝缘不好,电器装置线路裸露,电气保险装置失灵,电源负载不符合要求,操作者鞋绝缘性不好;

（2）设备开始使用前没有仔细检查电器元件和线路，设备使用结束后未及时关闭电源。

四、空间位置和环境因素

（1）设备布置位置不合理，空间位置不够，没有安全通道；

（2）光线不好，通风不好，作业场地散乱，零件、工具乱放，地面打滑，零件加工工序或加工过程不合理；

（3）交通路线不合理，在车间交叉运输过多。

为了维护正常的教学秩序，确保人身安全和财产安全，必须采取各种形式的安全措施，制定周密的安全制度，严格执行安全规范和要求，加强监督，加强劳动保护，最大限度地消除不安全因素。每个工种的安全要求并不相同，各工种具体安全要求每个章节都有介绍，在此不再赘述，但必须遵守如下共同安全规则：

（1）从思想上认识安全的重要性，树立"安全第一"的思想意识。进入车间前必须经过安全教育与培训；

（2）按规定做好劳动保护，穿着必须符合规定；

（3）操作设备前一定要学习和理解设备安全操作规程，没有一定的把握严禁操作设备。开始使用设备时应检查并空运转一段时间，应在指导人员的指导下使用，操作时注意力应集中，严禁一心二用。看到异常情况、听到异常声音、闻到异常味道，应立即停机停电检查，操作结束后应及时进行清扫和加油保养；

（4）如发生意外事故，应保持镇静，沉着应对，及时关机断电，保护现场，并做好现场记录，及时分析事故原因。

改革开放三十多年来，我国教育事业蓬勃发展，许多学校建立了工程训练基地，并积累了大量为工程训练服务的物质财富，这是十分宝贵的教学资源。同学们在环境优雅、设施先进、教学氛围浓厚、具有现代化工程背景的训练基地，在老师的悉心指导下，亲自操作设备，亲自设计和加工产品，亲自创造物质财富，亲自体验机械制造的基本过程，在工程实践这个海洋里自由翱翔，一定会受益匪浅、其乐无穷，这也许是你一生中一次特殊的、难忘的实践和学习经历，请倍加珍惜吧！

第二章 铸造训练

训练重点

1. 了解铸造的生产过程和应用范围。

2. 理解模样、芯盒、铸型、铸件、零件之间的关系。

3. 熟悉砂型铸造的工艺特点,掌握砂型手工造型(芯)的常用方法,能独立完成简单的手工造型(芯)。

4. 了解特种铸造主要铸造原理和特点。

第一节 概 述

铸造是将熔炼后的液态金属,浇注到具有一定形状的铸型型腔中,经过凝固、冷却和清理,获得所需形状和精度的零件或毛坯(合称"铸件")的成型方法。我国应用铸造技术已有几千年的历史,从殷商时期的青铜器,到明朝永乐的青铜大钟,以及大量出土文物证明铸造技术凝聚了中华民族的勤劳和智慧,铸造技术发展史就是一部中华民族文明发展史。

一、铸造成型技术生产特点

铸造生产是一种独特的加工工艺方法,其主要特点是:

(1) 铸造适用范围广,可以生产尺寸从几毫米到几十米、重量从几克到几百吨、形状和结构十分复杂的铸件,更为重要的是可以形成难以切削加工的铸件内腔,如各种箱体、螺旋桨、机床床身等。

(2) 铸造经济实用。铸造采用的材料如金属合金、型砂等,来源广泛、价格低廉,铸件毛坯形状与零件相接近,节省了材料、能源和加工费用,提高了生产效率。

(3) 熔炼金属的过程中,可以调整铸件的化学成分和金相组织,改善其性能要求,满足对零件的各种功能需要。

(4) 铸造生产也面临许多缺点和难点,如:铸件质量不稳定、容易产生环境污染等。

二、铸造的分类

铸造生产的历史悠久,现正在使用的铸造种类很多,分类方法也较多,根据生产类型,铸造的常见分类方法见图2-1。

三、铸造生产过程

各种铸造的生产过程基本相似,主要经过造型和造芯、熔化金属、浇注、清理等过程,砂型铸造是最常用的铸造方法,砂型铸造的生产过程见图2-2。

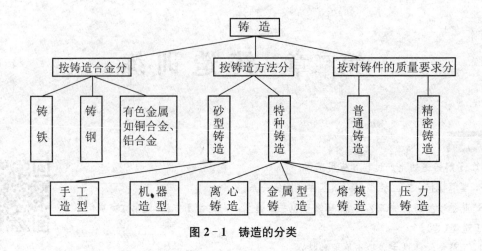

图 2-1　铸造的分类

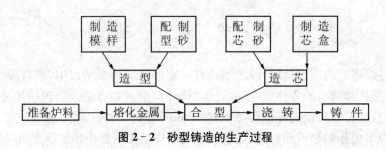

图 2-2　砂型铸造的生产过程

第二节　砂型铸造

　　从前面铸造的分类可以看出,砂型铸造是相对于特种铸造而言的。砂型铸造又称翻砂,是用原砂作为主要造型材料制成铸型,熔化的金属液依靠重力充填铸型型腔生产铸件的成形方法,钢、铁和大多数有色合金铸件都可用砂型铸造方法获得,这是最古老的铸造方法。由于砂型铸造所用的造型材料价廉易得、铸型制造简便、生产适应性强等特点,无论是单件生产、成批生产或大量生产均可采用。砂型铸造一直是铸造生产中的基本生产工艺,一般情况下,我们所称的铸造就是砂型铸造,本节主要讲解砂型铸造的基本知识。

一、型(芯)砂、模样、砂型、芯盒、型芯的基本概念及其相互关系

1. 型砂和芯砂

　　将自然界天然存在的原砂按比例与粘土、水和其他附加物等混合均匀,使其具有一定物理性能,用于制造铸型的混合材料称为型砂,制造型芯的混合材料称为芯砂。型砂和芯砂的组成:

　　(1)原砂

　　沉积于江湖海河或山地,自然形成的天然矿砂,对其有形状和化学成分的要求。

　　(2)粘结剂

　　矿砂颗粒之间是松散且没有粘结力,须用粘结剂把砂粒粘结在一起,形成砂型或型芯。

铸造常用粘结剂主要有:粘土、水玻璃、合脂、合成树脂等。

（3）水

水与粘结剂作用,粘结砂粒形成整体,型(芯)砂中水分不能过多或过少,否则影响铸件质量。

型(芯)砂所用材料除了原砂、粘结剂、水外,还加入某些附加物如煤粉、重油、锯木屑等以改善砂型或型芯的性能。

2. 模样和砂型

（1）模样

模样与铸件外形相似,造型时用来形成铸型内腔,模样的尺寸和形状是由零件图和铸造工艺参数得出的。模样、铸件、零件的关系见图2-3,其中图2-3(a)是法兰零件图,图2-3(b)是考虑铸造工艺参数而得出的铸造工艺图,图2-3(c)是铸件图,图2-3(d)是模样图,模样工艺主要参数有:

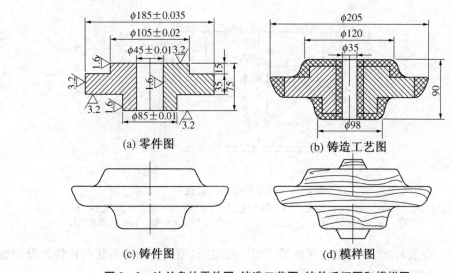

(a) 零件图　　　　　　　　　(b) 铸造工艺图

(c) 铸件图　　　　　　　　　(d) 模样图

图 2-3　法兰盘的零件图、铸造工艺图、铸件毛坯图和模样图

① 加工余量　是预先在铸件上增加而在机械加工时切去的金属层厚度。加工余量大小和合金的种类、铸件尺寸及加工面在浇注时的位置有关,如小型灰铁铸件的加工余量约为3~5 mm。

② 起模斜度　为便于模样从铸型中取出,在平行于起模方向留有一定的斜度称为起模斜度。起模斜度的大小和模样的厚度、材料和造型方法的特点等有关,中、小型铸件的起模斜度约为30′~3°。

③ 铸造圆角　为保证金属熔液顺利充满型腔、防止铸件产生裂纹和应力,把铸件面与面交界处(尖边)变为过渡圆角。

④ 铸造收缩率　考虑到铸件凝固、冷却后尺寸要缩小,为保证铸件尺寸的要求,需将模样尺寸加上(减去)相应的收缩量。中、小型灰铸铁件的铸造收缩率为10%。

根据制造模样材料的不同,常用模样分为:

① 木模　用木材制成的模样称为木模,木模是铸造生产中用得最广泛的一种。它具有价廉、质轻和易于加工成形等优点。木模的缺点是强度和硬度比较低,容易变形和损坏,使

用寿命短,一般适用于单件小批量生产。

②金属模 用金属材料制成的模样称为金属模,具有强度高、刚性大、表面光洁、尺寸精确、使用寿命长等特点,适用于自动化生产;但金属模也有制造周期长、工序多、不易制造、成本高等不利因素。金属模样一般是在工艺方案确定并且经试验成熟的情况下再进行设计和制造,制造金属模的常用材料是铝合金、铜合金、铸铁、铸钢等。

③塑料模 用塑料制成的模样,具有不易变形、重量轻、制造工艺简单、成本低、生产周期短、修复容易等优点,主要用于形状复杂和不易机加工的模样,特别适用于中、小件的成批生产。

(2) 砂型

铸型是指按照铸件(或模样)的形状预先制成的、用以注入熔融金属,待凝固后形成铸件的装备,用砂粒作为主要材料制成的铸型称作砂型,制造砂型的过程称为造型。图2-4为两箱砂型的结构简图,该砂型浇注出的铸件如图2-3(c),图2-4中主要结构有:

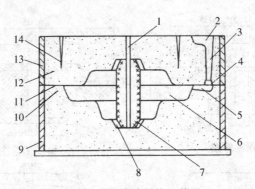

图 2-4 两箱砂型的组装图

1—型芯出气孔 2—浇口杯 3—直浇道 4—横浇道 5—内浇道 6—型腔 7—型芯 8—型芯座
9—下砂箱 10—下砂型 11—分型面 12—上砂型 13—上砂箱 14—砂型通气孔

①型腔 造型时,模样取出后在砂型上留下的空间,型腔空间的形状与铸件外形相近。浇注时金属熔液充满型腔,凝固形成所需铸件。

②上砂型和下砂型 上砂箱中的砂型称上砂型,上砂型中除了含有型腔的一部分,还有浇注通道、通气孔、上型芯座等。下砂箱中的砂型称为下砂型,下砂型中除了含有型腔的一部分外,还含有浇注通道、下型芯座等。

③型芯座 上、下型芯座用于固定和定位型芯。

④浇注系统 是金属液进入型腔的通道,浇注时,金属液经外浇道、直浇道、横浇道、内浇道进入型腔并充满型腔。

⑤分型面 上下砂型的分界面称为分型面,一般设在铸件的最大截面上。

⑥通气孔 浇注时,型腔和型砂中会产生大量气体,气体如不及时排出,会进入铸件中而产生气孔等缺陷,气体可经通气孔排出。

⑦砂箱 砂箱用来容纳、支承、固定和运输砂型。浇注小型铸件用小砂箱(图2-5),浇注大型铸件用大砂箱(图2-6)。砂箱应尽可能结构简单、便于操作、易于制造。根据生产实际情况,合理选用砂箱。

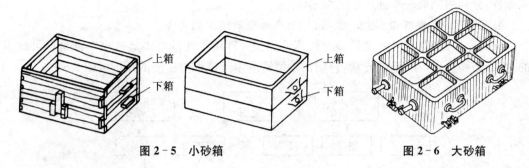

图 2-5 小砂箱   图 2-6 大砂箱

3. 型芯和芯盒

（1）型芯的作用

型芯是用来形成铸件内腔（如孔）或局部外形，用芯砂在制芯盒中制成的，在铸型中，型芯按照一定的空间位置安放在砂型的型腔中（参见图 2-4）。浇注时型芯被金属液包围，金属液凝固后去掉型芯形成铸件的内腔或孔洞，这是型芯用得最多的一种情况；对于一些外形结构比较复杂的铸件，由于单独使用模样造砂型有困难，这时也可用型芯与砂型构成铸件的局部外形。

（2）型芯的主要结构

① 型芯体　是型芯的主体，浇注时，金属液不能充入到这部分空间，从而形成铸件内腔或局部，见图 2-7。

② 型芯头　是型芯的辅助部分，在砂型装配过程中，型芯头对整个型芯起定位和支撑作用（图 2-7）。为了在造型和造芯时，便于起模和脱芯，同时也为了下芯和合箱的方便，型芯头和型芯座都带有一定斜度，型芯头与型芯座的配合间隙必须合理。

③ 型芯骨　是包在型芯的内部、对型芯起支撑和稳固作用的金属骨架，能增加型芯的整体强度，便于吊装和运输，但不影响型芯的形状和尺寸。

④ 通气孔　如图 2-7，在浇注过程中，必须快速排出型芯中的气体，大部分气体是通过型芯头上预先开出的通气孔排到大气中去的，所以必须保证通气孔是通畅的。

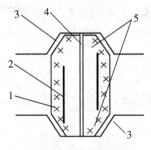

图 2-7 型芯的结构
1—型芯主体 2—型芯骨 3—型芯座 4—通气孔 5—型芯头

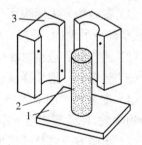

图 2-8 型芯盒与型芯
1—制芯底板 2—型芯 3—型芯盒

（3）型芯盒

一般情况下型芯是用型芯盒制成的，型芯盒的空腔与铸件的相应空腔是相似的，制造型芯时用型芯砂充满型芯盒的空腔，脱去型芯盒后形成与型芯盒空腔一致的型芯。型芯盒与型芯的关系见图 2-8，这是一对开式型芯盒，每个型芯盒各有一个半圆柱内腔，合在一起注入型砂,分开后制成一个圆柱形的型芯。

4. 型(芯)砂、模样型、芯盒、型芯、砂箱在砂型铸造中的关系

前面介绍的型(芯)砂、模样、砂型、芯盒、型芯、砂箱等在砂型铸造过程中都是不可缺少的,是砂型铸造生产的基本要素,它们在砂型铸造生产过程中扮演的角色见图2-9。

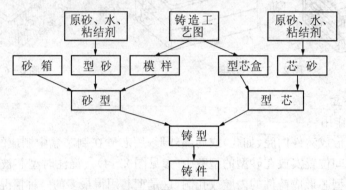

图2-9　砂型铸造生产基本要素的关系

二、手工造型

制造砂型的过程称为造型,利用模样和型砂进行造型是砂型铸造的主要工作和重要的工艺过程。常用的造型方法分为手工造型和机器造型。手工造型是指以手工为主,完成填充型砂、春紧型砂、起模样、修整、放型芯及合箱等基本造型过程,这是一种古老的、应用广泛的、适用单件小批量生产的造型方法;机器造型是在手工造型基础上发展而形成的。手工造型不需要大的成本投入,生产周期短,但对操作者(造型工)有较高的技术要求,劳动强度大,生产效率低,质量不稳定,尽管如此,手工造型是铸造生产中最常用的、不可缺少的造型方法。

1. 手工造型常用工具

手工造型是借助造型工具完成的,常用的手工造型工具见图2-10,主要有:

(1) 春砂锤　尖圆头用于每加入一层砂而击实砂粒,主要用于春实模样周围、砂箱内壁处、狭窄部分的型砂,平头板用于砂箱顶部砂的紧实。

(2) 通气针　造型时在砂型上适当位置扎通气孔。

(3) 起模针　把模样从砂型中取出时用。

(4) 皮老虎　用双手握住两个手把一张一收来回摆动,产生气体把模型上散落的砂粒及杂物吹散,使砂型表面干净平整。

(5) 半圆刀　修整圆弧形内壁和型腔内圆角。

(6) 刮砂板　主要是用于刮去高出砂箱上平面的型砂和修整大平面。

(7) 馒刀　又称砂刀,修整砂型表面或在砂型表面上挖沟槽、浇注系统、冒口、台阶等。

(8) 压勺　在砂型上修补凹的曲面。

(9) 砂勾　在砂型上修整底部或侧面,铲出砂型中散砂或其他杂物。

(10) 排笔和掸刷　用于刷涂料和弹杂物。

(11) 浇口棒　造型时埋在型砂中,造型结束后取出,形成浇道。

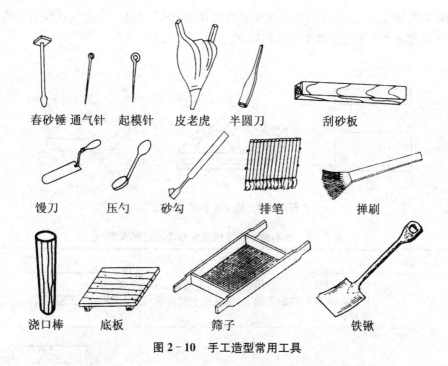

春砂锤 通气针 起模针   皮老虎 半圆刀   刮砂板

馒刀   压勺   砂勾   排笔   掸刷

浇口棒   底板   筛子   铁锹

图 2－10 手工造型常用工具

(12) 底板   一般情况下在底板上造型,其大小由砂箱和模型大小而定。

(13) 筛子   用于筛选砂粒,去除砂粒中杂物。

(14) 铁锹   用于手工翻动砂粒和铲运砂粒。

2. 手工造型基本操作

手工造型的方法很多,主要是根据铸件的形状、产量和生产条件而合理选择,常用的手工造型方法见图 2－11。其中整模造型是比较简单和常用的造型方法,下面以整模造型为例,详细介绍手工造型操作过程与技术,其他造型方法与此相似。

手工造型的方法 $\begin{cases} 整模造型 \\ 分模造型 \\ 活块造型 \\ 挖砂造型 \\ 三箱造型 \\ 刮板造型 \\ 假箱造型 \end{cases}$

图 2－11 手工造型常用方法

(1) 整模造型

顾名思义,整模造型所用的模样是一个整体,适用于最大截面在一端、且沿最大截面的垂线方向横截面依次减小的铸件,如图 2－12(a)和图 2－12(b)零件的最大截面在最上端,向下截面依次减小,造型时最大截面与砂型分型面对齐,故可选择整模造型方法,而图 2－12(c)不宜选择整模造型方法。由于整模造型只有一个模样和一个型腔,故操作简便,精度较好,它适用于齿轮坯,轴承座等铸件的造型。图 2－13(a)

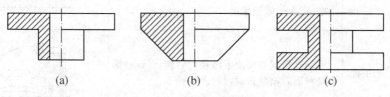

(a)   (b)   (c)

图 2－12 整模造型的选择

为轴承座零件简图,图2-13(b)为轴承座模样立体图,图2-13(c)为浇注后取出的铸件立体图,表2-1为轴承座整模造型工艺过程实例。

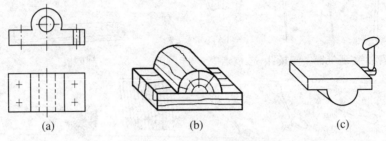

(a)　　　　　　　　　　(b)　　　　　　　　　　(c)

图 2-13　轴承座的整模造型

表 2-1　轴承座手工整模造型的工艺过程实例

操 作 步 骤	操 作 要 领	示 意 图
1. 准备工作	准备型砂、底板、砂箱、模样,选择造型工具。底板摆放在平坦的平面上,在底板中间位置放置模样	
2. 确定模样在下砂箱中的位置	在底板上再放置下砂箱,模样与砂箱内壁及箱顶面之间必须留有 30～100 mm 距离,称为吃砂量。吃砂量不宜太大,也不能过小	
3. 在模样表面撒面砂	在模样表面上撒均匀的一薄层面砂,主要是起模时便于模样和砂型分开	
4. 在下砂箱中逐层填型砂并紧实	填入型砂,填砂时应分批加入。应注意:①靠近砂箱内壁应舂紧,以防塌箱;靠近型腔部分型砂应较紧,使其具有一定强度;其余部分砂层不宜过紧以利于透气。② 每加入一次砂,这层砂都应舂紧,然后才能再次加砂,依此类推,直至把砂箱填满	
5. 刮平下砂箱上平面	用刮砂板刮去高出下砂箱的砂粒,保证砂面平整和下砂箱翻转时没有砂粒掉下	

续 表

操作步骤	操作要领	示意图
6. 翻转下砂箱	砂箱上下翻转调面,露出模样的平面朝上,并清理砂型平面	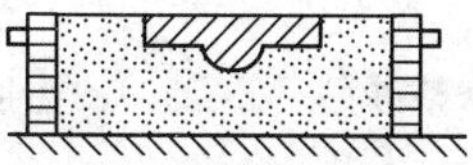
7. 放上砂箱,撒分型砂,放置浇口棒	在下砂箱上面放置空的上砂箱,保证两个砂箱对齐,并将两者固定好。在分型面上撒均匀的一薄层分型砂,分型砂是无粘结剂、干燥的原砂。应注意的是模样的分模面上不应有分型砂,如有可用皮老虎吹去。在上砂箱合适位置固定浇口棒,注意浇口棒大头在上,小头在下,垂直放置	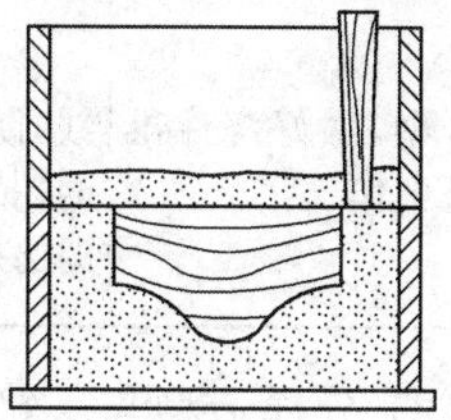
8. 在上砂箱中逐层填型砂并紧实	同步骤4,注意浇口棒应固定	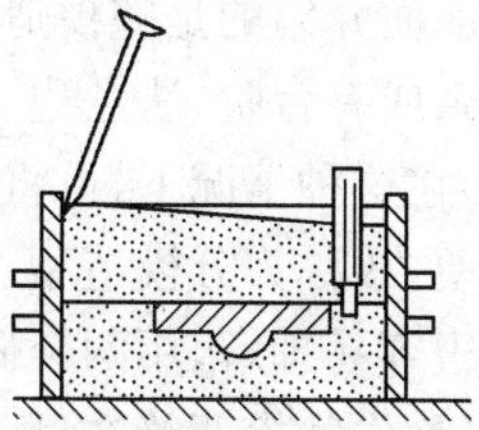
9. 刮平上砂箱上平面	用刮砂板刮去高出上砂箱的砂粒,保证砂面平整和砂箱翻转时没有砂粒掉下	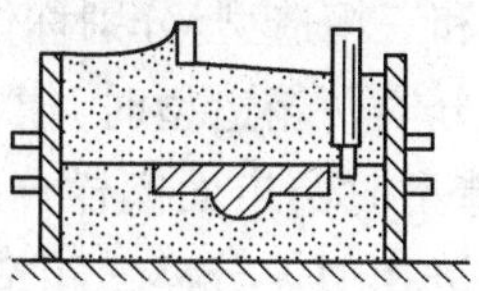
10. 扎通气孔,取出浇道棒并开外浇道	在木模上方用通气针扎通气孔。通气孔应分布均匀,深度不能穿过整个砂型。轻轻垂直向上取出浇口棒,并在相应位置开外浇道	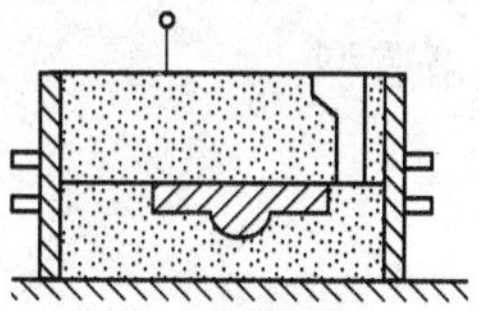
11. 划合箱线,开箱	合箱线是上、下砂箱合箱的基准,应清楚准确、便于识别。划合箱线完备后,才能轻轻移动上砂箱并翻转放置,不能碰撞	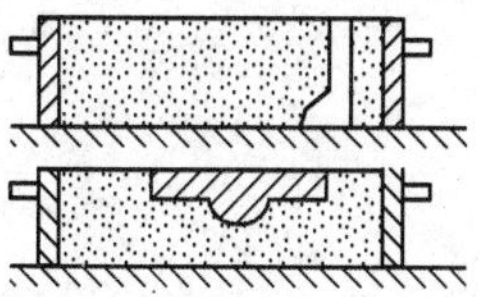
12. 起模	从下砂型中取出模样称为起模。起模前应将分型面清理干净,用工具轻轻敲击模样,使其与周围的型砂分开。应做到胆大心细,手不能抖动,起模方向应尽量垂直于分型面	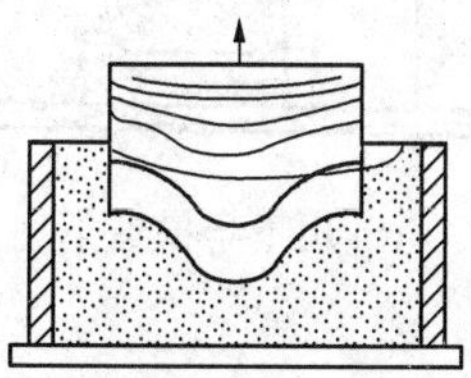
13. 挖内浇道	内浇道应大小合适,保证熔融的金属液通畅平稳充满型腔	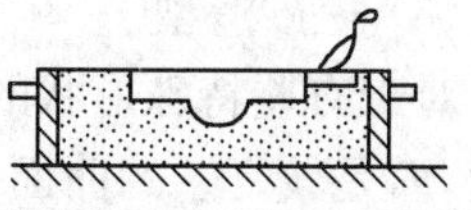

续　表

操 作 步 骤	操 作 要 领	示 意 图
14. 修整砂型	型腔如有损坏,可用造型工具修复	
15. 合型,做好浇注准备工作	合箱时应找正定位销或对准两砂箱的合箱线,防止错箱,两砂箱应紧固在一起,防止浇注时"抬箱",砂型应放置在合适位置,保证浇注时方便安全	

(2) 分模造型与三箱造型

前面介绍的是整模造型,适用于外形较简单、变化不复杂的铸件(如轴承座)。铸件外形较复杂或有台阶、法兰边、凸台等,如用整模造型方法,就很难从砂型中取出或根本无法取出模样,在这种情况下,可将模样从最大截面处分开,造型时模样位于不同的砂型,这样起模比较方便,故称为分模造型。

很容易理解,用两个砂箱造型的方法称为两箱造型,前面介绍的整模造型就是两箱造型,可称作整模两箱造型。用三个砂箱造型的方法称为三箱造型,常用的分模造型分为两箱造型和三箱造型,分别称作分模两箱造型和分模三箱造型。

分模两箱造型时,模样分成两部分,见图 2-14,这是分模两箱造型,只有一个分模面,造型时两半面模样分别位于两个砂型中,造型比较方便,分模两箱造型方法与整模造型方法相似。分模三箱造型时,有两个分模面,造型时模样分别位于三个砂型中,造型比较复杂,生产效率低,主要用于外形比较复杂或有特殊要求的铸件的造型,图 2-15 为分模三箱造型。

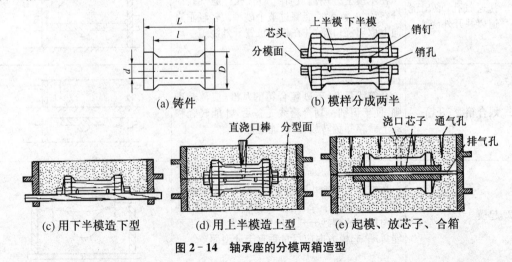

(a) 铸件　　　　(b) 模样分成两半

(c) 用下半模造下型　　　　(d) 用上半模造上型　　　　(e) 起模、放芯子、合箱

图 2-14　轴承座的分模两箱造型

(3) 挖砂造型

对于有些特殊形状的铸件(如图 2-16 中的手轮),若采用分模造型,由于其分模面不是平面,而是较复杂的曲面、斜面或台阶面等,不易操作。为了制造模型的方便,常把模型做成

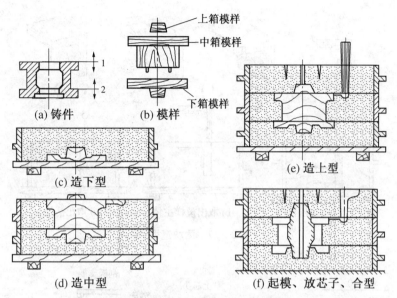

图 2 - 15　皮带轮的分模三箱造型

整体,造型时挖掉妨碍起模的砂子,使模型顺利取出,这种方便称为挖砂造型。图 2 - 16(c)所示,将下砂型模样上方的型砂挖去,露出模样上半部,修整分型面后再造上砂型,这样便于起模,其造型过程与分模造型相似。

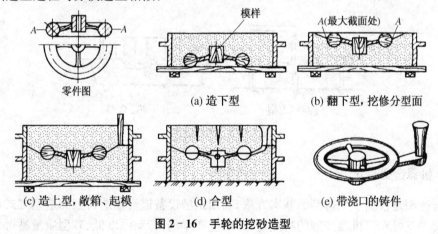

图 2 - 16　手轮的挖砂造型

（4）活块造型

如图 2 - 17,模型上带有凸台,造型时凸台妨碍起模,为此,制造模样时常把凸台做成活块(不与主体成一整体,可拆开),造型时先取出模型主体,然后再从侧面取出埋在砂型里面的凸台(活块),这种造型方法称为活块造型。

（5）刮板造型

对于某些较大的铸件,根据铸件截面形状,制成相应的刮板,然后用刮板在型砂上刮出所要求的型腔,这就是刮板造型。刮板造型方便灵活,几乎不需制作模型,生产周期短,图2 - 18是皮带轮刮板造型过程。

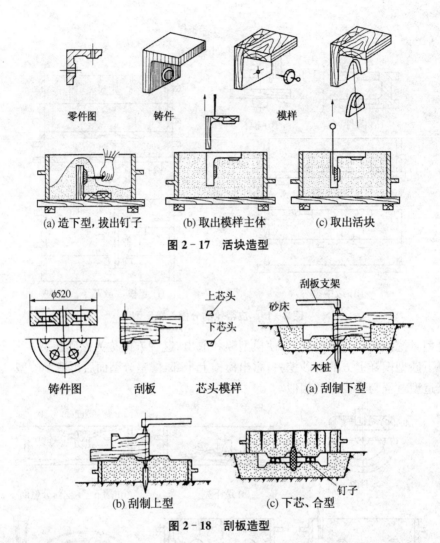

(a) 造下型,拔出钉子　　(b) 取出模样主体　　(c) 取出活块

图 2−17　活块造型

铸件图　　刮板　　芯头模样　　(a) 刮制下型

(b) 刮制上型　　　　(c) 下芯、合型

图 2−18　刮板造型

三、机器造型简介

机器造型是根据手工造型的基本方法、利用机械设备进行制造铸型的造型方式,是机器操作代替手工操作。机器造型的特点是:劳动生产率高、劳动强度低、砂型质量易得到保证。根据紧实砂型方式的不同,常用机器造型有震压紧实、压实紧实、射压紧实等。震压紧实是造型机带动砂箱上下反复震击进行造型;压实紧实是利用造型机直接对砂型施加压力,使型砂达到紧实;射压紧实是利用造型机向砂箱射出高速的型砂,在砂箱中获得比较均匀紧实度的砂型,然后再对砂型进一步压实。

四、制造型芯

与制造砂型一样,制造型(砂)芯也是砂型铸造的重要环节,常用的是利用型芯盒(相当于模样)制造型芯,根据结构,型芯盒可分为整体式、对开式。

1. 利用整体式芯盒制造型芯

适用于形状不太复杂的中、小型芯,型芯盒为一个整体,其特点是操作简单、生产效率高、能够保证型芯质量,图2-19为整体式芯盒制造型芯。

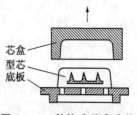

图2-19　整体式芯盒造芯

2. 利用开式芯盒制造型芯

对开式芯盒适用于制造圆柱形或对称形的型芯,它的芯盒结构一般是对称分开的,图2-20为对开式芯盒制造型芯实例,型芯用于形成铸件的圆柱孔。

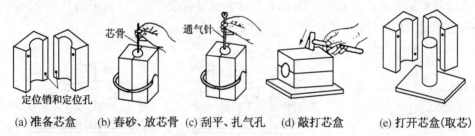

(a) 准备芯盒　(b) 春砂、放芯骨　(c) 刮平、扎气孔　(d) 敲打芯盒　(e) 打开芯盒(取芯)

图2-20　对开式芯盒造芯

本实例制造圆柱砂芯的主要工艺过程是:

(1) 配制好芯砂,准备必要的造芯工具、对开式芯盒、造芯底板、型芯骨等,芯盒应保证干净、干燥(图2-20(a))。

(2) 两半芯盒准确合上并用铁夹夹紧,加入1/3左右的芯砂并春紧;向芯砂中插入型芯骨(图2-20(b))。

(3) 向芯盒中填满芯砂并揍紧,刮去高出芯盒部分,用通气针向型芯中扎通气孔(图2-20(c))。

(4) 松开铁夹,平放芯盒,用小锤轻击芯盒,使型芯与芯盒初步分离(图2-20(d))。

(5) 芯盒放在平板上,轻轻松开两半芯盒,脱出型芯(图2-20(e))。型芯制成后需经烘干处理以提高强度和透气性。

五、砂型铸造工艺设计

砂型和型芯制成后,需组合成一个完整的铸造模型,再进行浇注,生成铸件,在此过程中,需综合分析下面几个问题:

1. 合型

合型是把砂型、型芯等组合成完整的型腔,也可以认为是把几个砂箱叠在一起,所以也叫合箱。合箱是造型工艺的最后一道工序,如果合箱不符合要求,同样也可以使铸件报废,合箱操作注意事项是:

(1) 注意检查浇注系统、冒口、通气孔是否通畅,型腔内壁须清理干净,并检查型芯的安装是否准确和稳固。

(2) 合箱后要保证合箱线对齐或定位销准确插进定位孔(槽)。

(3) 用重物压紧上箱,也可用螺栓把上、下砂箱拉紧或夹紧,否则浇注时金属液把砂箱抬起,从而使金属液从分型面溢出,发生跑火现象。

（4）砂箱尽量水平放置，保证外浇道位于方便浇注的位置，最后再次检查浇注系统、冒口和通气孔，特别应防止合箱时通气孔堵塞。

2. 分型面的选择原则

制造砂型时，一般至少有两个砂箱，砂型与砂型之间的分界面称为分型面。两箱造型有一个分型面，三箱造型有两个分型面。分型面主要由铸件的结构和浇注位置而确定，同时还要考虑便于造型和起模、合理设置浇口和冒口、正确安装砂芯等因素。一个铸件确定分型面有时有几个方案，应全面考虑，找出最佳方案。选择分型面应尽量满足以下原则：

（1）分型面尽量取铸件最大截面处，以便造型时起模。如图 2-21(a)为带斜边的法兰零件，若以最大截面 $F1-F1$ 为分型面，显然非常容易起模（图 2-21(b)）；若以 $F2-F2$ 为分型面，显然无法起模（图 2-21(c)）。分型面应尽量选择平面。

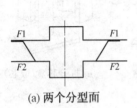
（a）两个分型面

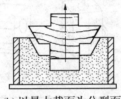
（b）以最大截面为分型面

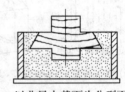
（c）以非最大截面为分型面

图 2-21　选择分型面

（2）减少分型面数量。应尽量使铸型只有一个分型面，以便采用工艺简便的两箱造型。多一个分型面，造型时间加长，增加误差，增加了砂箱的数量，提高了劳动强度，容易使铸件报废，分型面多也不适宜机器造型。

（3）尽量使铸件全部或大部分置于同一砂箱内，以保证铸件精度，提高铸件质量。

3. 浇注系统

在砂型中，熔融金属液在浇注时流入型腔的路线（通道）称为浇注系统。图 2-22 为典型的浇注系统，包括外浇道（或称浇口杯）、直浇道、横浇道、内浇道。浇注时金属液流向是：浇包→外浇道→直浇道→横浇道→内浇道→型腔。

外浇道主要作用是便于浇注，缓和来自浇包金属液的压力，使之平稳地流入下浇道；直浇道的主要作用对型腔中的金属液产生一定的压力，使金属液更容易充满型腔；横浇道是连接直浇道和内浇道，它的主要作用把直浇道流过来的金属液送到内浇道，并且起挡渣和减缓金属液速度的作用；内浇道是金属液直接流入型腔的通道，它的主要作用是控制金属液流入型腔的速度和方向，内浇道的形状、位置以及金属液流入方向，都对铸件质量影响很大。

图 2-22　典型的浇注系统

4. 冒口和冷铁

浇注时，熔融的金属液在型腔中冷却会产生体积收缩，则在铸件最后凝固部位会形成空隙，这种空隙称为缩孔，可以通过工艺方法把缩孔移到冒口中。冒口是砂型中与型腔相通并用来储存金属液，及时补充金属液体的收缩（因凝固而引起），最后凝固的专门工艺"空腔"。铸件形成后，它变成与铸件联接但无用的部分，冒口除了具有补缩作用外，还有出气和集渣作用。

铸件有些部位(如铸件厚壁处)冷却速度较慢,容易产生缩孔和裂纹等缺陷,有些表面需增加其耐磨性,可在这些表面安放冷铁,提高其冷却速度,以达到提高铸件质量和增加耐磨性的目的,冷铁的作用与冒口的作用相似。

第三节　特种铸造简介

砂型铸造是以型砂为主要造型材料的铸造方式,在长期的生产实际中,人们以砂型铸造为基础,从造型、浇注、凝固和模样等方面进行研究和改进,发明了特种铸造。特种铸造与砂型铸造有较大区别,它们各有特点,适用于不同的生产需要。

一、熔模铸造(失蜡铸造)

熔模铸造又称失蜡铸造,是用易熔材料制成与所需铸件外形相似的模型(又称蜡模),然后在蜡模外面包以造型材料,经硬化处理结成硬壳,再把硬壳中易熔的蜡模熔化排出,硬壳成为铸型,硬壳的内腔就是铸型的型腔,熔融的金属液浇注充满型腔并凝固后变成铸件。图2-23为典型零件的熔模铸造实例,其主要工艺过程是:

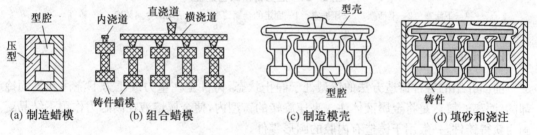

图2-23　熔模铸造工艺过程

1. 制造蜡模

根据铸件图制造压型,如图2-23(a),压型内腔与铸件外形一致,将熔化的蜡料压入压型内腔,凝固后即可成蜡模。

2. 组合蜡模

如图2-23(b),蜡模从铸型中取出后,稍加修整便可焊接在预先制好的浇注系统上,形成蜡模组,这样可提高生产率。

3. 制造模壳

蜡模表面粘附一层石英砂,经处理使石英砂硬化,如此多次重复形成较厚的硬壳,加热使蜡模熔化形成中空的硬壳,制成铸型,如图2-23(c)。把铸型(硬壳)放入电炉中高温焙烧,清除残蜡,提高其强度。

4. 填砂和浇注

如图2-23(d),把铸型放置砂箱内并在其周围填砂,便可浇注,待凝固冷却后,脱壳取出铸件,进行清理。

二、金属型铸造

将金属熔液浇注到金属材料制成的铸型中,获得铸件的方法称为金属型铸造。前面介绍的砂型铸造和熔模铸造所使用的铸型只能使用一次,而金属型铸造用的铸型(金属型)能重复使用许多次,故称永久型铸造,金属型铸造的特点是:生产效率高、铸件加工余量小。

三、压力铸造

压力铸造是在高压下把金属液以较高的速度压入铸型,并且在高压下凝固而获得铸件的方法,简称压铸,如图2-24,压力铸造是比较先进的铸造工艺。

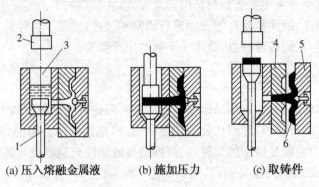

(a) 压入熔融金属液　　　　(b) 施加压力　　　　(c) 取铸件

图2-24　压力铸造工艺过程

1—下活塞　2—上活塞　3—压缩室　4—固定的金属铸型　5—活动的金属铸型　6—铸件

四、离心铸造

前面介绍的各种铸造方法的铸型处于静止状态,铸件是在重力或压力下浇注和凝固冷却的,而离心铸造是将金属液体注入高速旋转的铸型内,使金属熔液在离心力作用下结晶凝固而获得铸件,一般用于铸造有内腔的圆形零件。

如图2-25(a),铸型绕垂直轴旋转,铸件内表面呈抛物面,这种方法适用于直径大于高度的圆形铸件;图2-25(b)表示铸型绕水平轴旋转,所得铸件壁厚比较均匀,适用于铸造长度大于直径的圆形铸件,铸件外部的尺寸由铸型来确定。离心铸造的主要特点是:由于离心力的作用,金属熔液在径向能很好地充填铸型,可以生产流动性较低的合金铸件,双层金属铸件和薄壁铸件等;不需型芯就能形成圆孔,但内孔不准确,内表面质量较差,加工余量大;离心铸造的浇道很小或者不用,降低了金属熔液消耗,节约生产成本。铸钢、铸铁和有色金属铸造都可用离心铸造,铸铁管、缸套和轴承套均可使用离心铸造。

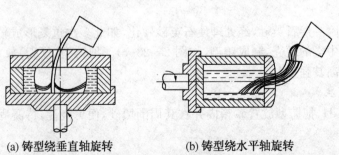

(a) 铸型绕垂直轴旋转　　　　(b) 铸型绕水平轴旋转

图2-25　离心铸造原理

五、真空造型铸造

真空造型铸造是一种真空密封造型(Vacuummolding)铸造方法,也称 V 法造型铸造工艺,也可称减压或负压造型方法。它造型时不用粘结剂,选用的是干砂作造型材料,利用塑料薄膜密封一种特制的造型砂箱。造型时,砂箱的内表面是用弹性非常好的塑料薄膜覆盖成一个封闭的空间,在砂箱内加入干砂,利用真空泵抽出内部的空气,使铸型内外产生压力差,使干砂紧实成型,砂粒之间依靠相互作用力而保持稳定的成型状态,形成型腔,铸件凝固后,解除负压状态,干砂自然松散脱落。这种造型的铸造工艺方法优点是:铸件质量好、投资费用低、模具及砂箱使用寿命长、利于环保等,是一种具有应用前景较好的绿色铸造工艺方法。适用于形状简单、质量要求高的铸件,特别适用薄壁铸件的铸造生产。

六、连续铸造

与普通的铸造工艺方法没有本质的区别,但属于比较先进的铸造方法。这种方法是将熔融的金属材料,连续不断地浇入一种特殊的金属型腔中(称为结晶器),凝固后的铸件不断从结晶器的另一端拉出,它可生产截面不变的很长的铸件,如铸锭、棒坯、板坯和管件等。它的优点的是:铸件组织性能好、生产效率高、浇注材料利用率高和容易实现自动化。

铸造是制造业的重要组成部分,也是先进制造技术的重要内容。面向 21 世纪的铸造技术正朝着更轻、更薄、更精、更强、更韧及质量高、成本低、流程短的方向发展。大型化、轻量化、精确化、高效化、数字化及绿色化是未来铸造等材料成形加工技术的重要发展方向。

绿色铸造是未来铸造行业的发展趋势。随着我国国民经济的发展方式向调整优化结构、注重效益环保、提升产业层次政策的转变,铸造行业的转型跨越发展也势在必然,基于循环经济模式的绿色、环保、节能型铸造将是今后的发展方向。

复习思考题

1. 型砂应具备什么性能?
2. 浇注系统由几部分组成? 各有何作用?
3. 铸件、模型、砂型、零件之间是什么关系?
4. 分型面的选择原则是什么?
5. 简述三种手工造型的常用方法?
6. 砂型主要由哪几部分组成?
7. 型芯的主要作用是什么?
8. 列举四种铸件常见缺陷,如何对待有缺陷的铸件?

第三章 锻压训练

第一节 概 述

锻压是对坯料施加外力,使其产生塑性变形,改变其尺寸、形状并改善性能,用以制造机械零件、工件或毛坯的成形加工方法。锻压是锻造和冲压的总称。

锻压主要按成形方式和变形温度进行分类。按成形方式锻压可分为锻造和冲压两大类;按变形温度锻压可分为热锻压、冷锻压、温锻压和等温锻压等。在锻造加工中,坯料整体发生明显的塑性变形,有较大的塑性流动;在冲压加工中,坯料主要通过改变各部位面积的空间位置而成形,其内部不出现较大距离的塑性流动。锻压主要用于加工金属制件,也可用于加工某些非金属,如工程塑料、橡胶、陶瓷坯、砖坯以及复合材料的成形等。

金属的锻压性能,以其锻造和冲压时的塑性和变形抗力来综合衡量。其中尤以材料的塑性对锻造性能的影响最为重要。因此,用于锻压的金属必须具有良好的塑性,以便在锻压加工时能产生较大的塑性变形而不破裂。钢和铜、铝及其合金,由于塑性良好,是常用的锻压材料,而铸铁则由于塑性很差,不能进行锻压。

锻压和冶金工业中的轧制、拔制等都属于塑性加工,或称压力加工,但锻压主要用于生产金属制件,而轧制、拔制等主要用于生产板材、带材、管材、型材和线材等通用性金属材料。

锻压可以改变金属组织,提高金属性能,而且可以使金属进行塑性流动而制成所需形状的工件。锻压出的工件尺寸精确,有利于组织批量生产,因此,锻压是机械制造中的重要加工方法。

第二节 锻 造

锻造是利用锻压机械对金属坯料施加压力,使其产生塑性变形以获得具有一定机械性能、一定形状和尺寸锻件的加工方法。锻造通常采用中碳钢和低合金钢作锻件材料。锻造加工一般在金属加热后进行,使金属坯料具有良好的可变形性,以保证锻造加工顺利地进行。根据变形温度的不同,锻造可分为热锻、温锻和冷锻三种,其中应用最广泛的是热锻。热锻的基本生产工艺过程如下:下料、加热、锻造成形、冷却、热处理、清理、检验。根据成形方法的不同,锻造一般可分为自由锻造、模型锻造(模锻)和特种锻造三种。

一、坯料的加热和锻件的冷却

1. 加热的目的

坯料加热是为了提高其塑性和降低变形抗力,以便锻造时可以用较小的锻打力,使坯料产生较大的塑性变形而不破裂。一般地说,金属随着加热温度的升高,塑性增加,变形抗力降低,可锻性得以提高。但是加热温度过高又容易产生一些缺陷,因此,锻坯的加热温度应控制在一定的温度范围之内。

2. 锻造温度范围

虽然坯料加热后能显著提高其锻造性能,但如果加热温度过高或时间过长,则表面金属氧化和脱碳现象比较严重,甚至产生过热、过烧及裂纹等缺陷,因此,锻造必须严格控制在规定的温度范围内进行。

锻造温度范围是指从始锻温度到终锻温度之间的间隔。始锻温度指坯料锻造时所允许加热到的最高温度;终锻温度指坯料停止锻造的温度。确定锻造温度范围的原则是:在保证坯料具有良好锻造性能的前提下,始锻温度尽量取高些,终锻温度应尽量低些,尽量放宽锻造温度范围,以降低消耗,提高生产率。几种常用材料的锻造温度范围见表 3-1。

表 3-1　常用材料的锻造温度范围

材料种类	始锻温度(℃)	终锻温度(℃)
低碳钢	1200~1250	800
中碳钢	1150~1200	800
合金结构钢	1100~1180	850
高速工具钢	1100~1150	900
铜合金	800~900	650~700
铝合金	350~500	350~380

碳钢在加热及锻造过程中的温度变化,一方面可以用仪表较准确地测量出来,另一方面可通过观察火色(即坯料的颜色)的变化大致判断。钢料火色与加热温度的对应关系见表3-2。

表 3-2　碳钢的加热温度与其火色的对应关系

大致温度(℃)	1300 以上	1200	1100	900	800	700	600 以下
火色	亮白	淡黄	橙黄	淡红	樱红	暗红	暗褐

二、自由锻

采用简单、通用的工具或在锻造设备的上、下砧之间使坯料产生塑性变形而获得锻件的方法称为自由锻造,简称自由锻。自由锻分手工自由锻和机器自由锻两种。手工自由锻生产效率低,劳动强度大,仅用于修配或简单、小型、小批锻件的生产,在现代工业生产中,机器自由锻已成为锻造生产的主要方法,在重型机械制造中,它具有特别重要的作用。

1. 自由锻基本工序

自由锻加工各种形状的锻件是通过一系列工序逐步完成的。根据变形性质和变形程度的不同，自由锻工序可分为基本工序、辅助工序和精整工序三类。

改变坯料的形状和尺寸，实现锻件基本成形的工序称为基本工序。自由锻的基本工序包括镦粗、拔长、冲孔、弯曲、扭转、切割、错移等；为便于实施基本工序而使坯料预先产生某些局部、少量变形的工序称为辅助工序，如倒棱、压肩、分段等；为修整锻件的形状和尺寸，消除表面不平，校正弯曲和歪扭，使锻件达到图纸要求的工序称为精整工序，一般在终锻温度以下进行，如滚圆、平整、校直等。下面简要介绍自由锻的基本工序。

(1) 镦粗

镦粗是使坯料高度减小、横截面积增大的锻造工序，是自由锻最基本的工序。镦粗分为完全镦粗和局部镦粗，如图 3-1 所示。它常用于锻造饼、块类状锻件，如齿轮坯、法兰等；而在环、套类空心锻件锻造中，镦粗也用于冲孔前使坯料截面积增大，高度减小并使之平整。

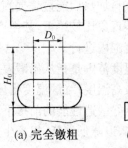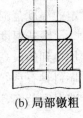

(a) 完全镦粗　　(b) 局部镦粗

图 3-1　镦粗

为了保证锻件质量，除坯料要满足一定的工艺要求外，镦粗时必须采取正确的操作方法，才能使镦粗得以顺利进行，镦粗的一般规则、操作方法及注意事项如下：

① 坯料尺寸　坯料的原始高度 H_0 与其直径 D_0 的比值应小于 2.5，否则易镦弯（图 3-2(a)），镦弯的坯料要及时矫正（图 3-2(b)）。

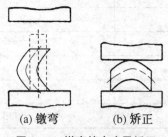　　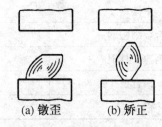

(a) 镦弯　　(b) 矫正　　　　(a) 镦歪　　(b) 矫正

图 3-2　镦弯的产生及矫正　　图 3-3　镦歪的产生及矫正

② 镦歪的防止及矫正　镦粗部分的坯料加热温度要高且均匀，其端部要平整并与其轴线垂直，镦粗时要使坯料不断地绕中心线转动，否则可能产生镦歪的现象（图 3-3(a)）。矫正镦歪的方法是将坯料斜立，轻打镦歪的斜角（图 3-3(b)），然后放正，继续锻打。

③ 防止折叠　如果坯料的原始高度 H_0 大于锤头最大行程的 0.7~0.8 倍；或锤击力量不足时，还可能将坯料镦成双鼓形（图 3-4(a)）。若不及时矫正而继续锻打，则会产生折叠，使锻件报废（图 3-4(b)）。

(2) 拔长

拔长是使坯料长度增加而横截面积减小的锻

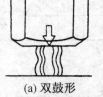　　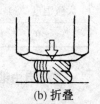

(a) 双鼓形　　　　　　(b) 折叠

图 3-4　双鼓形及折叠

造工序。拔长主要用于制造长轴类的实心或空心零件的毛坯，如轴、拉杆、曲轴、炮筒等。

拔长的一般规则、操作方法及注意事项如下：

① 送进　如果坯料在平砧铁上拔上长时,应选用适当的送进量 L,送进量 L 一般为砧铁宽度的 0.3～0.7 倍,送进量太大,坯料主要向宽度方向流动,会降低拔长效率;送进量太小,又容易产生折叠。

② 翻转　拔长过程中,要不断地翻转锻件,使其截面经常保持近于方形,翻转的方法如图 3-5(a)所示。采用图 3-5(b)的方法翻转时,在锻打每一面时,应注意坯料的宽度与厚度之比不要超过 2.5,否则再次翻转后继续拔长将容易产生折叠。

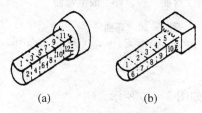

图 3-5　拔长时坯料的翻转方法

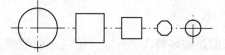

图 3-6　拔长圆形截面坯料的截面变化过程

③ 圆形截面坯料的拔长　圆形截面坯料的拔长,必须先把坯料锻成方形截面,然后拔长,拔长到边长接近锻件的直径时,锻成八角形,然后滚打成圆形。其过程如图 3-6 所示。

④ 锻台阶　局部拔长锻制台阶轴或带有台阶的方形、矩形截面的锻件时,必须在截面分界处压出凹槽,称为压肩,然后再拔长,即可锻出台阶,如图 3-7 所示。压肩深度为台阶高度的。

⑤ 修整　拔长后锻件必须进行修整,以使其表面平整。

(3) 冲孔

冲孔是指用冲子在坯料上冲出通孔或不通孔的工序。冲孔主要有实心冲头冲孔、空心冲头冲孔等,其中实心冲头冲孔又分为单面冲孔和双面冲孔。双面冲孔的一般规则、操作方法及注意事项如下:

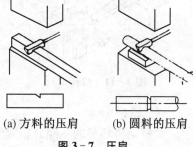

(a) 方料的压肩　　(b) 圆料的压肩

图 3-7　压肩

① 准备　冲孔前坯料须预先镦粗,以尽量减少冲孔深度并使端面平整。由于冲孔时坯料的局部变形量很大,为了提高塑性和防止冲裂,坯料应均匀加热到始锻温度。

② 试冲　为保证孔位正确,应先进行试冲,即先用冲子轻轻冲出孔位的凹痕,检查孔位准确后方可深孔。若有误差,可再次试冲,加以纠正。

③ 冲深　孔位检查或修正无误后,向凹痕内撒些煤粉(其作用是为了便于取出冲头),再继续冲深。此时应注意保持冲头与砧面垂直,防止冲歪。如图 3-8(a)所示。

④ 冲透　一般锻件采用双面冲孔法,即将孔冲到坯料厚度的 2/3～3/4 深度时,取出冲子,翻转坯料,然后从反面将孔冲透。如图 3-8(b)所示。

较薄的坯料在冲孔时,可采用单面冲孔,如图 3-9 所示。单面冲孔时应将冲子大头朝下,漏盘孔径不宜过大,且须仔细对正。

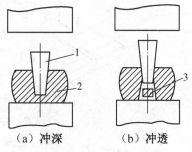

（a）冲深　　（b）冲透

图 3-8　双面冲孔

1—冲子　2—坯料　3—冲孔余料

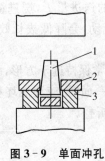

图 3-9　单面冲孔

1—冲子　2—坯料　3—漏盘

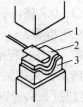

（a）角度弯曲　　　（b）成型弯曲

图 3-10　弯曲

1—成型压铁　2—坯料　3—成型垫铁

（4）弯曲

弯曲是使坯料弯成一定角度或形状的锻造工序。如图 3-10 所示。

（5）扭转

扭转是将坯料的一部分相对于另一部分旋转一定角度的锻造工序。如图 3-11 所示。

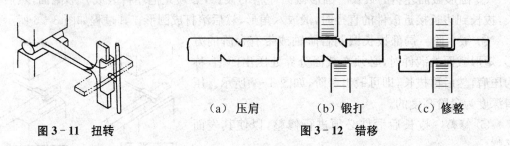

图 3-11　扭转

（a）压肩　　　（b）锻打　　　（c）修整

图 3-12　错移

（6）错移

错移是将坯料的一部分相对于另一部分平移错开的锻造工序。如图 3-12 所示，先在错移部位压肩，然后加垫板及支撑，锻打错开，最后修整。

（7）切割

切割是分割坯料或切除锻件余料的锻造工序，如图 3-13 所示。切割方形截面工件时，先用剁刀垂直切入工件，快断开时，把工件翻转，再用剁刀截断。切割圆形工件截面时，需边切割边旋转，直至切断。切割时，锻件的温度不宜过高，以防引起不必要的多余变形。

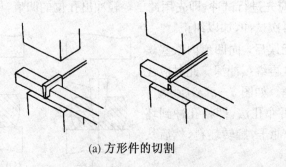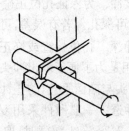

（a）方形件的切割　　　（b）圆形件的切割

图 3-13　切割

2. 自由锻工艺示例

实际生产时,锻造应根据具体的锻件形状、尺寸等采用几种基本工序的组合完成。表3-3是阶梯轴锻件的自由锻工艺方案。

表 3-3 阶梯轴锻件的自由锻工艺过程

锻件名称	阶梯轴	工艺类别	自由锻
材　料	45	设　备	150 kg 空气锤
加热火次	2	锻造温度范围	1200~800℃
锻件图		坯料图	

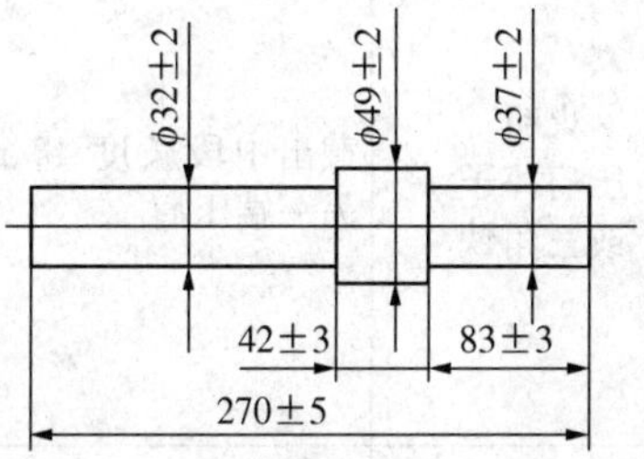

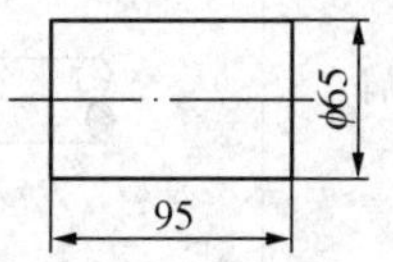

序号	工序名称	工序简图	使用工具	操作要点
1	拔长	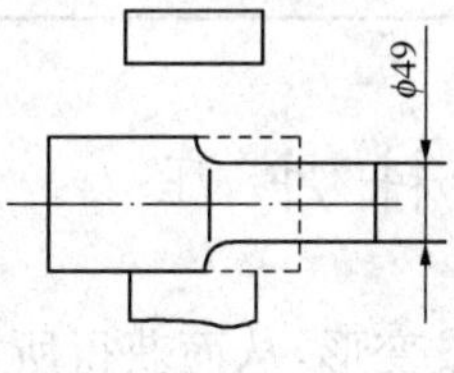	火钳	整体拔长至ϕ49±2
2	压肩	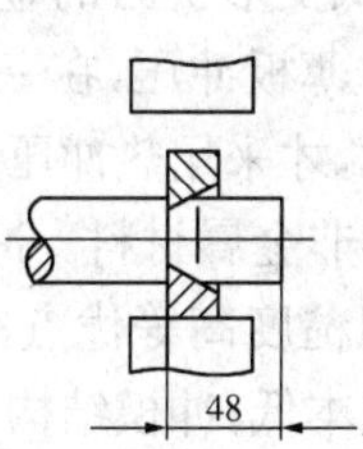	火钳 压肩摔子 或三角铁	边转边打旋转坯料
3	拔长	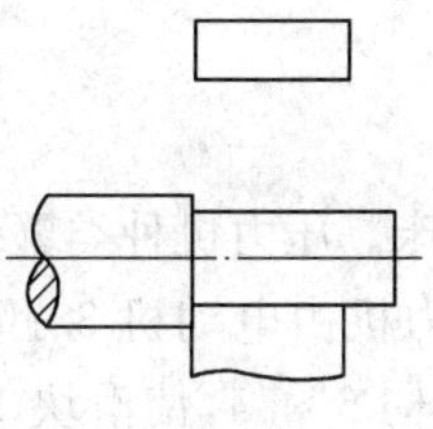	火钳	将压肩一端拔长至略大于ϕ37

序号	工序名称	工序简图	使用工具	操作要点
4	摔圆	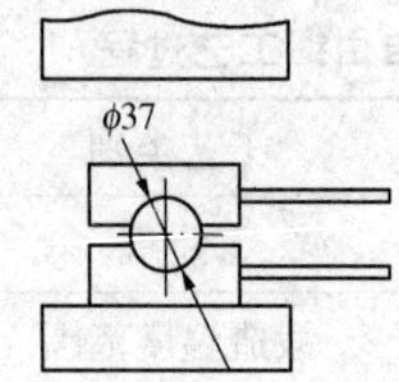 $\phi37$	火钳 摔圆摔子	将拔长部分摔圆至$\phi37\pm2$
5	压肩	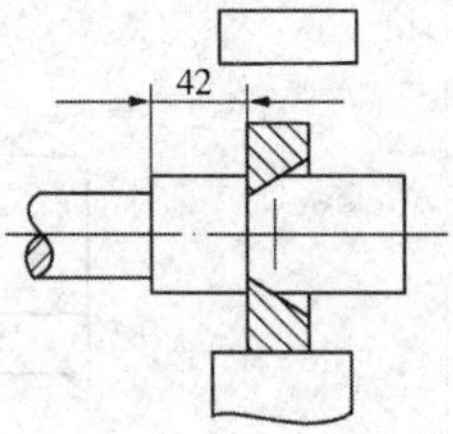 42	火钳 压肩摔子 或三角铁	截出中段长度 42 mm 后,将另一端压肩
6	拔长	(略)	火钳	将压肩一端拔长至略大于$\phi32$
7	摔圆	(略)	火钳,摔圆摔子	将拔长部分摔圆至$\phi32\pm2$
8	精整	(略)	火钳,钢板尺	检查及修整轴向弯曲

第三节　板料冲压

冲压是利用装在冲床上的模具使板料分离或变形,从而获得所需形状和尺寸的毛坯或零件的加工方法。冲压多用于具有足够塑性和较低变形抗力的金属材料(如低碳钢和有色金属及其合金等)薄板。板料厚度小于 6 mm 的称薄板冲压,在一般情况下,板料不需要加热,故又称冷冲压。当板料厚度大于 8～10 mm 时,才采用热冲压。冲压也可用于加工非金属材料,如硬橡胶、胶木板、石棉板、皮革、云母片等非金属材料。冲压具有如下特点:冲压件具有质量轻、强度较高、刚性好、尺寸精度和表面粗糙度高等优点;操作简单,工艺过程易实现机械化和自动化,生产率高,材料消耗少,产品成本低;冲模结构复杂,精度要求高,制造费用高,只适于大批量生产。

一、冲压设备

1. 冲床

压力机是进行冲压加工的基本设备,亦称冲床。压力机种类繁多,图 3 - 14 为开式双柱可倾式压力机(冲床)的外观图和传动简图。压力机由电动机 3 驱动,经 V 带减速系统 13 及离合器 7 带动曲轴 6 旋转;再通过曲柄连杆机构 6 和 4,使滑块 10 沿导轨做上下往复运动。冲模的下模板固定在工作台上;上模板安装在滑块下端,随着滑块做上下往复运动,从而完成冲压动作。

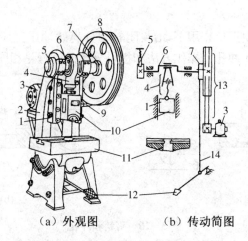

（a）外观图　　　　　（b）传动简图

图 3－14　开式双柱压力机及传动简图

1—导轨　2—床身　3—电动机　4—连杆　5—制动器　6—曲轴　7—离合器　8—带轮
9—V 带　10—滑块　11—工作台　12—踏板　13—V 带减速系统　14—拉杆

2. 剪板机(剪床)

剪板机又称剪床,是对板料进行剪切的设备,主要用于下料。剪切是使板料沿不封闭轮廓分离的工序。剪板机的传动机构如图 3－15 所示。电动机带动皮带轮、齿轮和曲轴转动,曲轴的转动使滑块及上刀片做上、下运动,进行剪切工作,下刀片固定在工作台上。

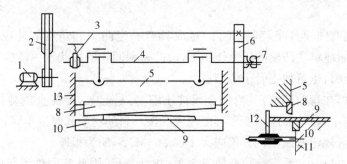

图 3－15　剪板机结构及剪板示意图

1—电动机　2—带轮　3—制动器　4—齿轮　5—离合器制动器　6—曲柄　7—滑块
8—导轨　9—上刀片　10—挡铁　11—下刀片　12—板料　13—工作台

二、冲压基本工序

板料冲压的基本工序分为分离工序和变形工序两大类。使坯料的一部分与另一部分产生分离的工序叫分离工序。包括剪切、冲裁(落料和冲孔)、切边、剖切等工序。使坯料的一部分相对另一部分产生位移而不破坏的工序叫变形工序。包括弯曲、拉深、成形和翻边等工序。下面将简单介绍几种常见冲压工序。

1. 剪切

剪切是使板料沿不封闭的轮廓分离的冲压工序,通常在剪板机上进行,其目的是将原始板料剪切成一定宽度的长条坯料,以便在下一步的冲压工序中进行送料,因此,剪切工序通常作为其他冲压工序的准备工序。

2. 冲裁

冲裁是使板料在冲模刃口作用下,沿封闭轮廓分离的冲压工序,冲裁包括落料和冲孔,如图 3-16 所示。落料和冲孔的操作方法和板料分离的过程是相同的,只是用途不同。

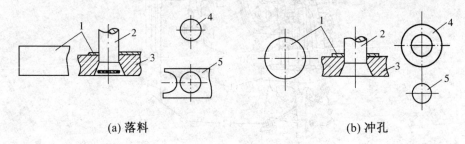

(a) 落料　　　　　　　　　　　　(b) 冲孔

图 3-16　落料和冲孔
1—坯料　2—凸模　3—凹模　4—成品　5—废料

(1) 落料

落料是用冲裁模从坯料上冲下所需要的块料(图 3-16(a)),冲下的部分作为工件或进一步加工的半成品,其余部分则为废料。

(2) 冲孔

冲孔是用冲裁模在半成品工件(或坯料)上冲出所需要的孔洞(图 3-16(b))。冲下的部分是废料,而冲孔后的板料本身(周边)是工件。

3. 弯曲

弯曲是利用弯曲模具将坯料(工件)弯成具有一定曲率和角度的冲压变形工序,如图 3-17 所示。金属坯料在凸模的压力作用下,按凸模和凹模的形状发生弯曲变形。弯曲变形不仅可以加工板料,也可加工管子等型材。

弯曲变形时,在弯曲部位,其内侧金属被压缩,容易起皱,外侧金属被拉伸,容易拉裂。而弯曲半径 r 越小,拉伸和压缩变形程度越大。按坯料的材质和厚度不同,对最小弯曲半径应有所限制,一般规定弯曲半径 r 值应大于 $(0.25 \sim 1)S$,S 为板厚。

由于在弯曲过程中,受弯部位金属发生弹-塑性变形,因此弯曲件的角度比弯曲模的角度略有增大(一般回弹角度为 $0 \sim 10°$)。

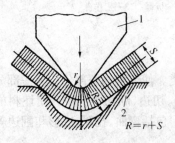

图 3-17　弯曲过程简图
1—凸模　2—凹模

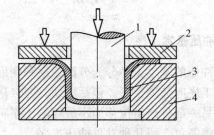

图 3-18　拉深
1—凸模　2—压边圈　3—工件　4—凹模

4. 拉深

拉深是利用拉深模具将平直的板料压制成空心工件的冲压成形工序,如图 3-18 所示。

将平直板料(坯料)放在凸模和凹模之间,并由压边圈适当压紧,其作用是防止坯料在厚度方向变形。在凸模的压力作用下,金属坯料被拉入凹模后变形,最终被拉制成杯形或盒形的空心工件,并且其壁厚基本不变。

三、冲压模具

冲压模具(简称冲模)是使坯料分离或变形必不可少的工艺装备。按其功能不同,可分为简单模、连续模和复合模三种。

1. 冲压模具的结构组成和作用

(1) 工作部分:包括凸模、凹模等,实现板料的分离或变形,完成冲压工序。

(2) 定位部分:包括导板、定位销等,用于控制坯料的送进方向和送进量。

(3) 卸料部分:包括卸料板、顶板等,用于在冲压后使凸模从坯料中脱出。

(4) 模架部分:包括上、下模板和导柱、导套等,用于与冲床连接、传递压力和保证上、下模具对准。

2. 冲压模具的种类

冲压模具按其结构特点分为简单模、连续模、复合模。

(1) 简单模

在冲床的一次行程中只完成一道冲压工序的模具称为简单模。图 3-19 所示为落料用的简单模。凸模冲下的零件(或废料)进入凹模孔落下,而坯料则夹住凸模并随凸模一起回程向上运动。坯料碰到卸料板时(固定在凹模上)被推下。简单模结构简单、制造容易,但其生产率低,只适用于小批量、低精度冲压件的生产。

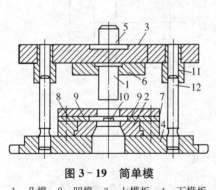

图 3-19　简单模

1—凸模　2—凹模　3—上模板　4—下模板
5—模柄　6,7—压板　8—卸料板　9—导板
10—定位销　11—导套　12—导柱

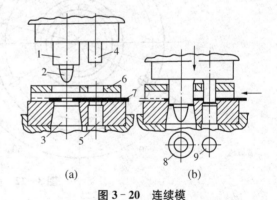

图 3-20　连续模

1—落料凸模　2—定位销　3—落料凹模
4—冲孔凸模　5—冲孔凹模　6—卸料板
7—坯料　8—成品　9—废料

(2) 连续模

在冲床的一次冲程中,在模具的不同工位上能同时完成两道或两道以上冲压工序的模具,称为连续模,图 3-20 为落料和冲孔的连续模,即在一次冲程内,可同时完成落料和冲孔两个工序。连续模生产率较高,适合于大批量、一般精度冲压件的生产。

(3) 复合模

在冲床的一次冲程中,在模具的同一工位上能完成两道或两道以上冲压工序的模具,图

3-21 为落料及拉深复合模。复合模结构复杂,但其具有较高的生产度,适于大批量、高精度冲压件的生产。

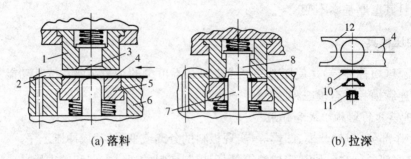

(a) 落料　　　　　　　　　　　　　　　　　　　　　　(b) 拉深

图 3-21　复合模

1—落料凸模　2—挡料销　3—拉深凹模　4—条料　5—压板(卸件器)　6—落料凹模
7—拉深凸模　8—顶出器　9—坯料　10—开始拉深件　11—零件　12—切余材料

四、板料冲压综合实例分析

图 3-22 是汽车上的一个典型小壳体零件,材料是 08 钢,厚度 1.5,年产量 10 万件,设备选用J23-25 压力机,所用模具已制作成功,分析其冲压加工工艺过程。

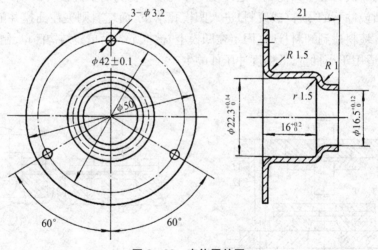

图 3-22　壳体零件图

(1) 零件结构和工艺分析。零件是一个对称的小型壳体结构,年产量 10 万件,属于中批量生产,材料是 1.5 mm 厚的 08 钢板材,冲压工艺性好,尺寸要求较高,主要依靠模具和工艺过程保证。

(2) 准备工艺装备。用到的模具主要是:落料及$\phi22.3$孔初次拉深复合模、$\phi22.3$孔二次拉深模、$\phi22.3$孔整形拉深模、$\phi16.5$冲孔模、$\phi16.5$翻边整形模、$\phi3.2$冲孔模、切边模。选用的冲压设备是 J23-25 压力机。

(3) 准备毛坯材料。为了提高加工效率,一件毛坯材料上加工 27 只冲压件,材料的下料尺寸是:70×1900。

(4) 冲压加工过程。

如图 3-23 所示,是冲压加工过程中零件毛坯的形状。

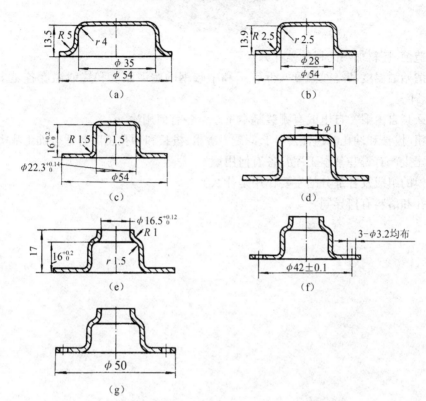

图 3-23 零件冲压工艺过程毛坯示意图

① 落料及φ22.3 孔初次拉深。为了提高效率,将落料工序和φ22.3 孔初次拉深工序合在一起,用到的模具是落料及拉深复合模(落料及φ22.3 孔初次拉深复合模),由于φ22.3 的精度要求比较高,分三次拉深成形,本工艺过程形成的坯料尺寸和形状如图 3-23(a)所示。

② φ22.3 孔二次拉深。进一步减少孔的直径,增加孔的长度,接近图纸尺寸要求。用到的模具是φ22.3 孔二次拉深模,本工艺过程形成的坯料尺寸和形状如图 3-23(b)所示。

③ φ22.3 孔拉深成形。用到的模具是φ22.3 孔整形拉深模,经过三次拉深,φ22.3 孔达到图纸要求,本工艺过程形成的坯料尺寸和形状如图 3-23(c)所示。

④ φ16.5 冲孔。在φ22.3 孔的底面上冲φ16.5 孔的底孔,冲孔直径φ11,用到的模具是φ16.5 冲孔模,本工艺过程形成的坯料尺寸和形状如图 3-23(d)所示。

⑤ 翻边。通过翻边和整形,形成φ16.5 通孔,并达到图纸规定的尺寸,用到的模具是φ16.5 翻边整形模,本工艺过程形成的坯料尺寸和形状如图 3-23(e)所示。

⑥ 冲孔φ3.2。冲三个φ3.2 小孔,并达到图纸规定的尺寸,用到的模具是φ3.2 冲孔模,本工艺过程形成的坯料尺寸和形状如图 3-23(f)所示。

⑦ 切边。用落料的方法切除最大外圆毛边,保证图纸尺寸φ50,用到的模具是切边模,本工艺过程形成的坯料尺寸和形状如图 3-23(g)所示。

(5)去除毛边和毛刺。

(6)检验。

复习思考题

1. 锻造前,坯料加热的目的是什么?

2. 何谓始锻温度和终锻温度? 低碳钢和中碳钢的始锻温度和终锻温度各是多少? 各呈现什么颜色?

3. 什么是自由锻? 自由锻有哪些基本工序? 各有何用途?

4. 镦粗、拔长和冲孔时应注意什么问题? 镦粗、拔长和冲孔工序各适合加工哪类锻件?

5. 冲压生产有哪些基本工序? 各有何用途?

6. 冲模的组成及各部分的主要作用是什么?

7. 冲孔和落料有何异同?

第四章 焊接训练

1. 了解手工电弧焊的设备、电焊条的组成部分及其作用。
2. 熟悉手工电弧焊焊接工艺参数的选择及操作过程。
3. 了解手工电弧焊的焊接接头形式、坡口形式和焊缝的空间位置。
4. 熟悉氧气-乙炔切割原理、切割过程和金属气割的条件。

第一节 概 述

焊接是通过加热或加压,或两者并用,用或不用填充材料,使工件达到原子结合的一种工艺方法。它作为一种基本的加工方法应用很广,与国民经济各个部门都有着直接的关系。

焊接方法种类很多,根据焊接过程的特点,可分为熔化焊、压力焊和钎焊三大类。

一、熔化焊接

使被连接的构件表面局部加热熔化成液体,然后冷却结晶成一体的方法。按照热源形式不同,熔化焊接方法分为:气焊、铝热焊、电弧焊、电渣焊、电子束焊、激光焊等若干种。按保护熔池的方法不同分为埋弧焊、气体保护焊等很多种。此外,电弧焊按电极特征可分为熔化电极和非熔化电极两大类。

二、压力焊接

利用摩擦、扩散和加压等物理作用,使两个连接表面上的原子相互接近到晶格距离,从而在固体条件下实现的连接统称为固相焊接。固相焊接时通常都必须加压,因此这类加压的焊接方法称为压力焊接。按照加热方法不同,压力焊接的基本方法有:冷压焊(不采取加热措施的压焊)、电阻焊、摩擦焊、超声波焊、爆炸焊、锻焊、扩散焊、闪光对焊等若干种。

三、钎焊

利用某些低熔点金属(钎料)作连接的媒介物,熔化在被连接表面,然后冷却结晶形成结合面的方法称为钎焊。按照热源和保护条件不同,钎焊方法分为:火焰钎焊、真空或充气感应钎焊、电阻炉钎焊、盐浴钎焊等若干种。

第二节 手工电弧焊

手工电弧焊简称手弧焊,是用手工操纵电焊条进行焊接的一种电弧焊方法。它以电弧热作熔化母材和焊条的热源,其设备结构简单、成本低、安装使用方便、操作机动灵活,适于各种场合的焊接,因此应用比较广泛。目前它仍然是最常用的焊接方法。

一、焊接过程和焊接电弧

1.焊接过程

手工电弧焊的焊接过程如图4-1所示。

焊接前,先将工件和焊钳通过导线分别接到电焊机的两个输出端上,并用焊钳夹持焊条。然后对准工件开始引弧,电弧产生时将工件接头处和焊条熔化,形成熔池,随着工件和焊条的不断熔化,焊钳夹持焊条进行向下和向焊接方向进给运动,以保持弧长稳定,并不断形成新的熔池,原先的熔池不断冷却凝固形成焊缝。焊条的药皮在焊接过程中也不断熔化,形成熔渣覆盖在熔池表面,对焊缝金属起到保护作用。

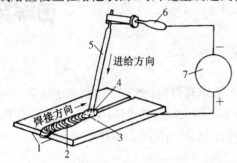

图4-1　手工电弧焊焊接过程

1—焊件　2—焊缝　3—熔池　4—电弧
5—焊条　6—焊钳　7—弧焊机

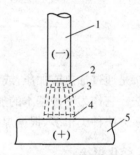

图4-2　焊接电弧

1—焊条　2—阴极区　3—弧柱区
4—阳极区　5—工件

2.焊接电弧

焊接电弧是焊条与工件间的气体介质中产生持久而强烈的放电现象。焊接电弧如图4-2所示,它由阴极区、弧柱区和阳极区三部分组成。阴极区在阴极端部,阳极区在工件端部,弧柱区是处于阴极区和阳极区之间的区域,用焊条焊接钢材时,阴极区的温度可达2400 K,产生的热量约占电弧总热量的36%,阳极区的温度可达2600 K,产生的热量占电弧总热量的43%,弧柱区的中心温度最高,可达5000~8000 K,热量约占总热量的21%。

用直流焊机焊接时,工件接正极(+),焊条接负极(—),叫做正接法;工件接负极(—),焊条接正极(+),叫做负接法。直流焊接时要区别正负接法是因为直流电弧的热量分布在正、负极上是不同的。如选用酸性焊条,则阳极部分放出的热量较阴极部分高,如工件需要热量高时,就应该选用正接;反之,则用反接;如选用碱性焊条,则阴极放出热量较阳极高。如焊件需要热量高时,选用反接;反之,则用正接。使用交流电焊接时,由于电弧极性瞬时交替变化,焊条和工件上产生的热量几乎相等,因此没有正反接之分。

二、接头形式、坡口形式及焊缝空间位置

1.接头形式

常见的接头形式有:对接、搭接、角接和T型接头几种,如图4-3所示。

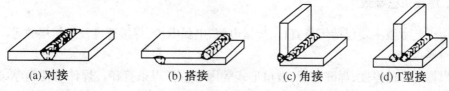

（a）对接　　　　（b）搭接　　　　（c）角接　　　　（d）T型接

图 4 - 3　接头形式

2. 对接接头坡口形式

当焊件较薄（小于 6 mm）时，在焊件接头处留有一定的间隙就能保证焊透；当焊件大于 6 mm 时，为了焊透和减少母材熔入熔池中的相对数量，根据设计和工艺需要，在焊件的待焊部位加工成一定几何形状的沟槽称为坡口。为了防止烧穿，常在坡口根部留有 2~3 mm 的直边称为钝边。为保证钝边焊透也需要留有根部间隙。常见的对接接头坡口形状如图 4 - 4 所示。

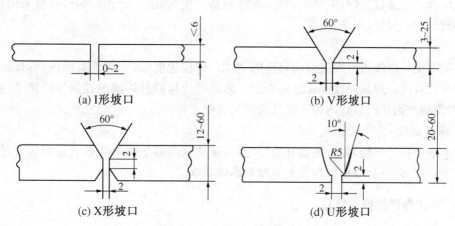

（a）I 形坡口　　　　　　　　　　（b）V 形坡口

（c）X 形坡口　　　　　　　　　　（d）U 形坡口

图 4 - 4　对接接头坡口形式

3. 焊缝的空间位置

根据焊缝在空间的位置不同，可分为平焊、立焊、横焊和仰焊四种，如图 4 - 5 所示。

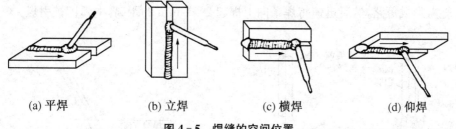

（a）平焊　　　　（b）立焊　　　　（c）横焊　　　　（d）仰焊

图 4 - 5　焊缝的空间位置

平焊操作最方便，生产率高，焊缝质量好。立焊时，因熔池金属有向下滴落趋势，所以操作难度大，焊缝成形不好，生产率低。横焊时，熔池金属易下流，会导致焊缝上边咬边，下边出现焊瘤。仰焊时，操作最不方便，焊条熔滴过渡和焊缝成形都很困难，不但生产率低，焊接质量也很难保证。在立焊、横焊、仰焊时，要尽量采用小电流短弧焊接，同时要控制好焊条角度和运条方法。

三、焊接工艺参数

焊接工艺参数主要包括焊条直径、焊接电流、电弧电压、焊接速度及焊接层数等。

1. 焊条直径

应根据焊件的厚度、焊缝位置、坡口形式等因素选择焊条直径。焊件厚度越厚，选用直径越大；坡口多层焊接时，第一层用直径较小的焊条，其余各层应尽量采用大直径的焊条；非平焊位置的焊接，宜选用直径较小的焊条。

2. 焊接电流

焊接电流直接影响焊接过程的稳定性和焊缝质量。焊接电流的选择应根据焊条直径、焊件厚度、接头形式、焊缝的空间位置、焊条种类等因素综合考虑。

3. 电弧电压

电弧两端的电压称为电弧电压，其大小取决于电弧长度。电弧长，电弧电压高；电弧短，电弧电压低。电弧过长时，电弧不稳定，焊缝容易产生气孔。一般情况下，尽量采用短弧操作，且弧长一般不超过焊条直径。

4. 焊接速度

焊接速度是指焊条沿焊接方向移动的速度。焊接速度低，则焊缝宽而深；焊接速度高，则焊缝窄而且浅。焊接速度要凭经验而定。施焊时应根据具体情况控制焊接速度，在外观上，达到焊缝表面几何形状均匀一致且符合尺寸要求。

5. 焊接层数

对于中厚板的焊接，除了两面开坡口之外，还要采取多层焊接才能满足焊接质量要求。具体需要焊接多少层，应根据焊缝的宽度和高度来确定。

四、手工电弧焊操作过程

1. 引弧

使焊条与工件间产生稳定电弧的操作即为引弧。常用的引弧方法有划擦法和敲击法两种，如图 4-6 所示。划擦法引弧是将焊条对准焊件，在其表面上轻微划擦形成短路，然后迅速将焊条向上提起 2~4 mm 的距离，电弧即被引燃；敲击法引弧是将焊条对准焊件并在其表面上轻敲形成短路，然后迅速将焊条向上提起 2~4 mm 的距离，电弧即被引燃。

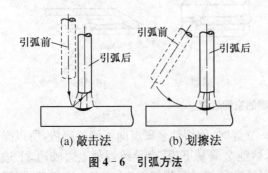

图 4-6　引弧方法

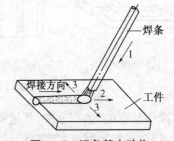

图 4-7　运条基本动作

1—向下运动　2—沿焊缝方向移动　3—横向移动

2. 运条

运条是在引弧以后为保证焊接的顺利进行而做的动作,焊接时焊条要同时完成三种基本运动,如图 4 - 7 所示:① 焊条向下进给运动。进给速度应等于焊条的熔化速度,以保持稳定的弧长。② 焊条沿焊缝方向移动。③ 焊条沿焊缝横向摆动。焊条以一定的轨迹周期性向焊缝左右摆动,以获得所需宽度的焊缝。

3. 收尾熄弧

焊缝收尾时要求尽量填满弧坑。收尾的方法有划圈法(在终点做圆圈运动、填满弧坑)、回焊法(到终点后再反方向往回焊一小段)和反复断弧法(在终点处多次熄弧、引弧、把弧坑填满)。回焊法适于碱性焊条,反复断弧法适于薄板或大电流焊接。熄弧操作不好,会造成裂纹、气孔、夹渣等缺陷。

第三节　气焊和气割

一、气焊

气焊是利用可燃性气体和氧气混合燃烧产生的火焰,来熔化工件和焊丝进行焊接的方法。通常使用的可燃性气体是乙炔。其工作原理如图 4 - 8 所示。

氧气与乙炔气在焊炬中混合,点燃后产生高温火焰,熔化焊件连接处的金属和焊丝形成熔池,经冷却凝固后形成焊缝,从而将焊件连接在一起。气焊时焊丝只作填充金属,和熔化的母材一起组成焊缝。在气体燃烧时,产生大量的一氧化碳和二氧化碳等气体笼罩熔池,起保护作用。

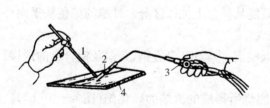

图 4 - 8　气焊工作图

1—焊丝　2—气焊火焰　3—焊炬　4—焊件

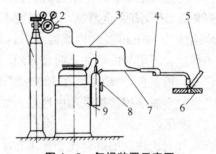

图 4 - 9　气焊装置示意图

1—氧气瓶　2—减压阀　3—氧气管　4—焊炬
5—焊丝　6—焊件　7—乙炔管　8—回火保险器
9—乙炔发生器

1. 气焊设备与工具

气焊设备主要由氧气瓶、乙炔瓶(或乙炔发生器)、减压器、回火保险器、焊炬、输气管等组成,如图 4 - 9 所示。

2. 气焊材料

(1) 焊丝

气焊时焊丝被不断送入熔池内,与熔化了的母材金属熔合形成焊缝。因此焊丝的化学成分对焊缝质量影响很大。一般低碳钢焊件采用 H08,H08A 焊丝;优质碳素钢和低合金结构钢的焊接,可采用 H08Mn、H08MnH、H10Mn2 等,补焊灰铸铁时可采用RZC-1型或RZC-2型焊丝。

(2) 熔剂

气焊过程中,焊剂的作用是为了除去焊缝表面的氧化物和保护熔池金属,在焊接低碳钢时因火焰本身已具有相当的保护作用,可不用焊剂。但在焊接有色金属、铸铁和不锈钢等材料时,必须使用相应的熔剂。熔剂可直接加入到熔池中,也可在焊前涂于待焊部位与焊丝上。常用的焊剂有:CJ101(气剂101)用于焊接不锈钢、耐热钢,俗称不锈钢焊粉;CJ201(气剂201)用于焊接铸铁;CJ301(气剂301)用于焊接铜合金、铸铁。

3. 气焊火焰

焊接时调节氧气和乙炔气的不同比例,将得到三种不同的火焰,具体分为中性焰、碳化焰和氧化焰,如图4-10所示。

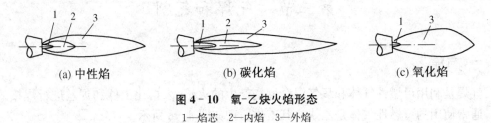

(a) 中性焰　　　　　　(b) 碳化焰　　　　　　(c) 氧化焰

图 4-10　氧-乙炔火焰形态

1—焰芯　2—内焰　3—外焰

(1) 中性焰

当氧气与乙炔气的混合比为 1.1~1.2 时,燃烧所形成的火焰为中性焰,在燃烧区内既无过量氧又无游离碳,所以中性焰又称正常焰(图4-10(a))。由焰芯,内焰和外焰三部分组成。焰芯是火焰中靠焊炬最近的呈尖锥形而发亮的部分,焰芯中的乙炔受热后分解为游离的碳和氢,还没有完全燃烧,所以温度不太高,仅为 800~1200℃。内焰呈蓝白色,位于距焰芯前端约 2~4 mm 处的内焰温度,最高可达 3100~3150℃。焊接时应用此区火焰加热焊件和焊丝。外焰与内焰并无明显界限。只能从颜色上加以区分。外焰的焰色从里向外由淡紫色变为橙黄色,外焰温度在 1200~2500℃。

大多数金属的焊接都采用中性焰。如低碳钢、中碳钢、合金钢、紫铜及铝合金的焊接。

(2) 碳化焰

当氧气与乙炔气的混合比小于 1.1 时,燃烧所形成的火焰为碳化焰(图4-10(b))。由于氧气较少,燃烧不完全,整体火焰比中性焰长。因火焰中含有游离碳,所以它具有较强的还原作用,也有一定的渗碳作用,碳化焰最高温度为 2700~3000℃。

碳化焰适用于焊接高碳钢、铸铁和硬质合金等材料。

(3) 氧化焰

当氧气与乙炔气的混合比大于 1.2 时,燃烧所形成的火焰为氧化焰(图4-10(c))由于氧气充足、燃烧剧烈,火焰明显缩短,且火焰挺直并有较强的"嘶嘶"声。氧化焰最高温度为3100~3300℃,由于具有氧化性,焊接一般碳钢时会造成金属氧化和合金元素烧损,降低焊缝质量,一般只用来焊接黄铜或锡青铜。

4. 气焊基本操作

气焊基本操作包括正确引燃和使用焊炬、起焊、焊缝接头及收尾等。

（1）点火、调节火焰、熄火

点火前，先将氧气调节阀开启少许，然后再开启乙炔调节阀，使两种气体混合后从喷嘴喷出，随后点燃。在点燃过程中，如连续发出"叭叭"声或火焰熄灭，应立即关小氧气调节阀或放掉不纯的乙炔，直至正常点燃即可。

刚点燃的火焰一般为碳化焰，不适于直接气焊。点燃后调节氧气调节阀使火焰加大，同时调节乙炔调节阀，直至获得所需要的火焰类型和能率，即可进行焊接。熄灭火焰时，应先关闭乙炔调节阀，随后关闭氧气调节阀，否则会出现大量的碳灰，并且容易发生回火。

（2）起焊及焊丝的填充

① 起焊　焊接时，右手握焊炬、左手拿焊丝。起焊时，焊炬倾角可稍大些，采取往复移动法对起焊周围的金属进行预热，然后将焊点加热使之成为白亮清晰的熔池，即可加入焊丝并继续向前移动焊炬进行连续焊接。如果采用左焊法进行平焊时，焊炬倾角为 40°～50°，焊丝的倾角也为 40°～50°，如图 4 - 11 所示。

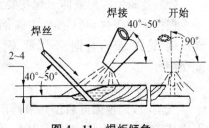

图 4 - 11　焊炬倾角

② 焊丝的填充　正常焊接时，应将焊丝末端置于外焰火焰下进行预热，当焊丝的熔滴滴入熔池时，要将焊丝抬起，并移动火焰以形成新的熔池，然后，再继续不断地向熔池中加入焊丝熔滴，即可形成一道焊缝。

（3）焊炬与焊丝的摆动

① 焊炬的摆动　焊炬的摆动有三种形式：一是沿焊缝方向做前后摆动，以便不断熔化焊件和焊丝形成连续焊缝；二是在垂直于焊缝方向做上下跳动，以调节熔池温度；三是在焊缝宽度方向做横向摆动（或打圆圈运动），便于坡口边缘充分熔合。在实际操作中，焊炬可同时存在三种运动，也可仅有两种或一种运动形式，具体根据焊缝结构形式与要求而定。

② 焊丝的摆动　焊丝的摆动也有三种方式，即沿焊缝前进方向的摆动，上下和左右摆动。焊丝的摆动与焊炬的摆动相配合，才能形成良好的焊缝。

（4）接头和收尾

① 焊缝接头　接头指在已经凝固的熔池处重新起焊（例如更换焊丝时）。接头时应用火焰将原熔池周围充分加热，使已固化的熔池重新熔化而形成新的熔池之后，方可加入焊丝继续焊接。对于重要的焊缝，接头至少要与原焊缝重叠 8～10 mm。

② 焊缝收尾　到达焊缝终点收尾时，由于温度较高，散热条件差，此时，减小焊炬倾角，加快焊接速度并多加一些焊丝使熔池面积扩大，避免烧穿。

二、气割

1. 氧气切割原理

气割是利用气体火焰的热能将工件待切割处预热到一定温度后，喷出高速切割氧气流，使其燃烧并放出热量实现切割的方法。如图 4 - 12 所示。气割实质上是金属在氧气中燃烧，燃烧的生成物呈熔融状态而被高压氧气流吹走的过程，又称氧气切割，气割的过程是预热—燃烧—吹渣形成切口不断重复进行的过程。

2. 金属气割的条件

(1) 金属的燃点应低于熔点,否则金属先熔化,使切口凹凸不平。

(2) 金属燃烧生成氧化物的熔点应低于金属本身的熔点,以便氧化物熔化后被吹掉。

(3) 金属燃烧时要放出足够的热量,以加热下一层待切割金属,有利于切割过程的继续进行。

(4) 金属本身导热性要低,否则热量散失,不利于预热。

(5) 金属生成的液体氧化物要流动性好,粘性差,易吹除。

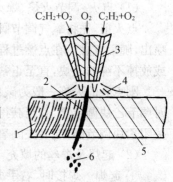

图 4 - 12　氧气切割示意图

根据上述条件,低碳钢、中碳钢、低合金钢等适合气割,而高碳钢、铸铁、高合金钢、不锈钢、铜、铝等有色金属及其合金不能切割。

3. 气割的操作

气割时,先稍微开启预热氧阀门,再打开乙炔阀门并立即点火。然后加大预热氧流量,形成环形的预热火焰,对割件进行预热。待起割处被预热至燃点时,立即打开切割氧阀门,此时,氧气流将切口的熔渣吹除,并按切割线路不断缓慢移动割炬,即可在割件上形成切割口。

在气割操作过程中,关键要保持割嘴与工件间的几何关系。气割时割嘴对切口左右两边必须垂直,割嘴在切割方向上与工件之间的夹角随厚度而变化。切割 5 mm 以上的钢板时,割嘴应向切割方向后倾 20°～50°;切割厚度在 5～30 mm 钢板时,割嘴可始终保持与工件垂直;切割厚钢板时,开始朝切割方向前倾 5°～10°,结尾后倾 5°～10°,中间保持与工件垂直。割嘴离工件表面距离应始终使预热的焰芯端部距工件 3～5 mm。

第四节　其他焊接方法

一、气体保护焊

1. 二氧化碳气体保护焊

二氧化碳气体保护焊是采用 CO_2 气体作为保护介质,焊丝作电极和填充金属的电弧焊方法。它主要由焊接电源、焊枪、供气系统、控制系统以及送丝机构、焊件、焊丝和电缆线等组成。其基本工作原理如图 4 - 13 所示。

焊接时,金属焊丝通过滚轮的驱动,以一定的速度进入到焊嘴前端燃烧,加热被焊金属并形成熔池。电弧是靠焊机电源产生并维持的。同时,在焊枪的喷嘴出口周围有来自气瓶并具有一定压力的 CO_2 气

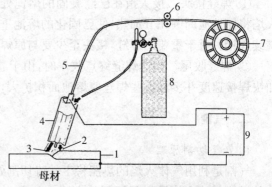

图 4 - 13　CO_2 气体保护焊基本原理

1—被焊金属　2—CO_2 气体　3—电弧　4—焊枪喷嘴
5—焊丝　6—送丝滚轮　7—焊丝轴卷　8—CO_2 气瓶
9—焊机电源

体做保护,使电弧、熔池与周围空气隔绝,避免熔池被氧化。在此系统中,除焊件外,其余各组成部分均组装或连接在一台可移动的二氧化碳气体保护焊机上,且供气、送丝都由焊机自动控制,焊接时操作者只需持焊枪沿焊缝方向移动即可完成焊接操作,故又称为半自动二氧化碳气体保护焊。

二氧化碳气体保护焊的主要特点:

(1) 生产率高　二氧化碳电弧的穿透能力强,熔深大,而且焊丝的熔化率高,所以熔敷速度快,生产率可比手工电弧焊高 1~3 倍。

(2) 焊接成本低　CO_2 气体是酿造厂和化工厂的副产品,来源广,价格低。因此二氧化碳气体保护焊的成本只有埋弧焊和手工电弧焊的 40%~50% 左右。

(3) 能耗低　二氧化碳气体保护焊和手工电弧焊相比较,同样 3 mm 厚的低碳钢板对接焊接,每米焊缝消耗的电能,前者为后者的 70% 左右。所以,二氧化碳气体保护焊也是较好的节能焊接方法。

(4) 适用范围广　可进行全位置焊接,可焊 1 mm 左右的薄板,焊接最大厚度几乎不受限制,而且焊接薄板时,比气焊速度快,变形小。

(5) 抗锈抗裂性能好　焊缝中含氢量低。

(6) 易于实现机械化操作　因焊后不需清渣,又是明弧,便于监视和控制,所以易于实现机械化操作。

除了上述这些特点外,它也存在一些缺点,如焊接过程中有金属飞溅,焊缝外形较为粗糙,以及电弧气氛具有较强的氧化性必须采用含有脱氧剂的焊丝等等。

由于二氧化碳气体保护焊具有上述一系列的特点,所以,它在造船、汽车制造、石油化工、工程机械、农业机械、冶金等生产中得到广泛的应用。

2. 氩弧焊

用氩气作为保护气体的电弧焊称为氩弧焊,根据氩弧焊电极种类不同,可分为熔化极氩弧焊和不熔化极(钨极)氩弧焊,如图 4-14 所示。

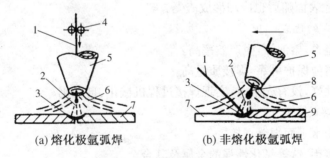

(a) 熔化极氩弧焊　　　　　(b) 非熔化极氩弧焊

图 4-14　氩弧焊示意图

1—焊丝　2—电弧　3—熔池　4—送丝轮　5—喷嘴　6—氩气　7—工件　8—钨极　9—焊缝

(1) 钨极氩弧焊

钨极氩弧焊是采用高熔点的钨棒作为电极,焊接时钨极不熔化,仅起产生电弧的作用。填充金属从一侧送入,填充金属和焊件一起熔化形成焊缝。整个过程是在氩气的保护下进行的。

由于氩气是惰性气体,不与金属发生化学反应,不烧损被焊金属和合金元素,又不溶解于金属引起气孔,是一种理想的保护气体,能获得高质量的焊缝。氩气的导热系数小,电弧热量损失小,电弧一旦引燃,电弧非常稳定。钨极氩弧焊是明弧焊接,便于观察熔池,易于控制,可以进行全位置的焊接,但氩气价格贵,焊接成本高。熔深浅,生产率低,抗风抗锈能力差,设备较复杂,维修较为困难,通常适用于易氧化的有色金属、高强度合金钢及某些特殊性能钢(如不锈钢、耐热钢)等材料薄板焊接。

(2) 熔化极氩弧焊

熔化极氩弧焊利用金属焊丝作为电极,焊接时,焊丝和焊件在氩气保护下产生电弧,焊丝自动送进并熔化,金属熔滴呈很细的颗粒喷射过渡进入熔池中。

为使电弧稳定,熔化极氩弧焊通常采用直流反接法。焊接时,电流密度大,熔池深,焊接效率高,电弧稳定,飞溅小,焊接质量高,适用于各种材料、全位置焊接,尤其适用于有色金属、耐热钢、不锈钢以及3～25 mm中厚板材的焊接。

二、埋弧自动焊

埋弧焊是电弧在焊剂层下燃烧进行焊接的方法。它的全称是埋弧自动焊,又称焊剂层下自动电弧焊。引弧、送丝及电弧沿焊接方向移动等过程均由焊机自动控制完成。

埋弧自动焊焊接过程如图 4-15 所示,工件被焊处覆盖着一层 30～50 mm 厚的颗粒状焊剂,焊丝连续送进,并在焊剂层下与焊件间产生电弧,电弧的热量使焊丝、工件熔化,形成金属熔池;电弧周围的焊剂被电弧熔化成液态熔渣,而液态熔渣构成的弹性膜包围着电弧和熔池,使它们与空气隔绝。随着电弧向前移动,电弧不断熔化前方的母材金属、焊丝及熔剂,而熔池后面的金属冷却形成焊缝。液态熔渣浮在熔池表面随后也冷却形成渣壳。

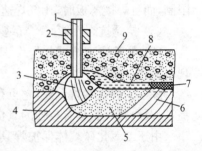

图 4-15　埋弧焊焊接过程示意图
1—焊丝　2—导电嘴　3—电弧
4—焊件　5—熔池　6—焊缝
7—渣壳　8—熔渣　9—焊剂

1. 埋弧自动焊的优点

(1) 焊接电流大,熔池深,生产效率高。

(2) 对焊接熔池保护可靠,焊接质量高。

(3) 劳动条件好,没有光辐射,实现焊接过程机械化、自动化。

2. 埋弧自动焊的缺点

(1) 只适用于水平面焊缝焊接。

(2) 难于焊接铝、钛等氧化性强的金属及其合金。

(3) 只适用于长焊缝的焊接。

(4) 电弧稳定性不好,不适合焊接小于 1 mm 的薄板。

三、电阻焊

电阻焊是利用电流通过焊件接头的接触面及邻近区域产生的电阻热,将焊件加热到塑性状态或局部熔化状态,再通过电极施加压力,从而形成牢固接头的一种焊接方法。

电阻焊的基本形式有点焊、对焊和缝焊三种,如图 4-16 所示。

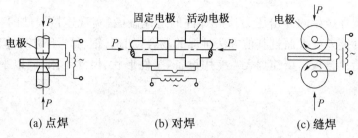

(a) 点焊　　　　　　　(b) 对焊　　　　　　　(c) 缝焊

图 4-16　电阻焊基本形式

1. 点焊

点焊是焊件装配成搭接接头,主要用于焊接搭接接头,并放置在上下电极之间压紧;然后通电,产生电阻热熔化母材金属,形成焊点的电阻焊方法。

点焊变形小,工件表面光洁,适用于密封要求不高的薄板冲压件搭接及薄板、型钢构件的焊接。它广泛用于汽车、航空航天、电子等工业。

2. 缝焊

缝焊(又称滚焊)是焊件装配成搭接或对接接头并置于两滚轮电极之间,滚轮加压焊件并转动,连续或断续送电,形成一条连续焊缝的电阻焊方法。缝焊适用于 3 mm 以下、要求密封或接头强度要求较高的薄板的焊接。

3. 对焊

对焊分电阻对焊和闪光对焊,如图 4-17 所示。

电阻对焊是将焊件装配成对接接头,使其端面紧密接触,利用电阻热加热至塑性状态,然后迅速施加顶锻力完成焊接的方法,它操作简单,接头比较光洁,但由于接头中有杂质,强度不高。

闪光对焊是将焊件装配成对接接头,接通电源,并使其端部逐渐移近达到局部接触,利用电阻加热这些接触点(产生闪光),使端面金属熔化,直至端部在一定深度范围内达到预定温度时,迅速施加顶锻力完成焊接的方法。这种焊接方法对接头表面的加工和清理要求不高,由于加工过程中有液态金属

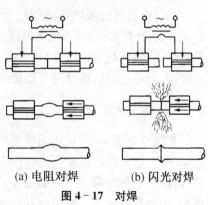

(a) 电阻对焊　　　　(b) 闪光对焊

图 4-17　对焊

挤出,使其接触面间的氧化物杂质得以清除,接头质量比电阻对焊好,得到普遍应用,但是闪光对焊金属消耗较多,接头表面较为粗糙。

四、超声波焊

利用超声波的高频振荡能量对焊件接头进行局部加热和表面清理,然后施加压力实现焊接的一种压焊方法。因为焊接过程中焊件没有电流通过,且没有火焰、电弧等热源作用,所以无热影响区和变形,表面无需严格清理,焊接质量好,适用于焊接厚度小于 0.5 mm 的工件,尤其适用于异种材料的焊接。

五、爆炸焊

利用炸药爆炸产生的冲击压力造成焊件的迅速碰撞,实现连接焊件的一种压焊方法。主要用于材料性能差异大而且其他方法难焊的场合,如铝-钢、钛-不锈钢、钽、锆等的焊接,也可以用于制造复合板。爆炸焊无需专用设备,工件形状、尺寸不限,但以平板、圆柱、圆锥形为宜。

六、钎焊

利用某些熔点低于被连接构件材料熔点的熔化金属(钎料)作连接的媒介物在连接界面上的流散浸润作用,使其冷却结晶形成结合面的方法称为钎焊。

按照热源和保护条件不同,钎焊方法分为:火焰钎焊(以氧乙炔燃烧火焰为热源);真空或充气感应钎焊(以高频感应电流的电阻热为热源);电阻炉钎焊(以电阻炉辐射热为热源);盐浴钎焊(以高温盐浴为热源)等若干种。

钎焊广泛用于制造硬质合金刀具、钻探钻头、自行车架、仪表、导线、电器部件等。其中,火焰钎焊硬质合金刀具时,采用黄铜作钎料,硼砂、硼酸等作钎剂;焊接电器部件时,使用焊锡作钎料,松香作钎剂。

七、电渣焊

利用电流通过液体熔渣所产生的电阻热进行熔焊的方法称为电渣焊。通常用于板厚 20 mm 以上的大厚工件,最大厚度可达 2 m,而且不开坡口,只需在接缝处保持 20～40 mm 的间隙,节省钢材和焊接材料,生产效率和经济效益高。缺点是焊接接头晶粒粗大,对于重要结构,可通过焊后热处理来细化晶粒,改善力学性能。

八、电子束焊

在真空环境中,从炽热阴极发射的电子被高压静电场加速,并经磁场聚集成高能量密度的电子束,以极高的速度轰击焊件表面,由于电子运动受阻而被制动,遂将动能变为热能而使焊件熔化,从而形成牢固的接头。其特点是焊速很快、焊缝深而窄、热影响区和焊接变形极小、焊缝质量较高。能焊接其他焊接工艺难于焊接的形状复杂的焊件、特种金属和难熔金属,也适用于异种金属及金属与非金属的焊接等。

九、激光焊

以聚集的激光束作为热源轰击焊件所产生的热量进行焊接的方法称为激光焊。其特点是焊缝窄,热影响区和变形极小。激光束在大气中能远距离传射到焊件上,不像电子束那样需要真空室。但穿透能力不及电子束焊。激光焊可进行同种金属或异种金属间的焊接,其中包括铝、铜、银、钼、锆、铌以及难熔金属材料等,甚至还可以焊接玻璃钢等非金属材料。

第五节　焊接缺陷分析与焊接质量检验

一、焊接缺陷分析

焊件常见的缺陷有夹渣、气孔、未焊透、咬边、裂纹和未熔合等，其中未焊透和裂纹是最危险的缺陷，在重要的焊接结构中是绝对不允许出现的。焊接缺陷将直接影响产品的安全运行，必须加以防范，常见的焊接缺陷产生的原因及防范措施见表 4-1。

表 4-1　常见的焊件缺陷及其分析

序号	缺陷名称	缺陷特征	示意图	缺陷形成原因	主要防范措施
1	夹渣	焊接熔渣残留在焊缝金属中	点状夹渣 条状夹渣	焊接电流太小，多层焊时，层间清理不干净，焊接速度过高	正确选用电流，正确掌握焊接速度及焊接角度；多层焊时认真清理层间渣
2	气孔	焊缝内部或表面有孔穴		焊接电流过小，焊接速度太快；焊前清理不当，有水、铁锈、油污；电弧太长，保护不好；药皮受潮	正确选用电流，正确掌握焊接速度，焊前清理干净，烘干焊条
3	未焊透	焊缝根部未完全熔透	未焊透	装配间隙太小，坡口角度太小，焊接电流太小，焊速过高，焊条角度偏移	正确设计坡口尺寸，提高装配质量，正确选用电流，正确掌握焊接速度和焊条角度
4	咬边	焊件边缘熔化后没有补充而留下的缺口	咬边	电流过大，运条不当，角焊缝焊接时焊条角度或电弧长度不正确	正确选用电流，改进操作技术
5	裂纹	焊缝、热影响区内部或表面有裂纹		焊接材料化学成分不当；焊前清理不当，焊条没有烘干；焊接结构设计不合理，焊接顺序不当	焊前清理干净，烘干焊条，合理设计结构，选择合适的焊接顺序
6	未熔合	焊道与母材或焊道与焊道之间未完全熔化结合	未熔合	层间清渣不净，焊接电流太小，焊条药皮偏心，焊条摆幅太小	加强层间清渣，改进运条技术

二、焊件质量检验

焊接完毕后,应根据产品的技术要求及本产品检验技术标准对焊件进行质量检验。常用的检验方法有外观检验、致密性检验及无损检测等。

1. 外观检测

用肉眼或低倍数的放大镜或用标准样板、量具等,检查焊缝外形和尺寸是否符合要求,焊缝表面是否存在裂纹、气孔、咬边、焊瘤等外部缺陷。

2. 致密性检测

对贮存气体或液体的压力容器或管道,焊后一般都要进行致密性检测。

(1) 水压试验　一般是对压力容器或管道超载检验,试验压力为工作压力的 1.25～1.5 倍,看焊缝是否有漏水现象。如有水滴或水渍出现,则有焊接缺陷。

(2) 气压试验　将容器或管道充以压缩空气,并在焊缝四周涂以肥皂水,如果发现肥皂水起泡,说明该处有穿透性缺陷,也可在容器中加入压缩空气并放入水槽,看有否气泡冒出。

(3) 煤油检验　在焊缝的一面涂上白垩粉水溶液,待干燥后,在另一面涂刷煤油。因为煤油的渗透力很强,若有穿透性焊接缺陷,煤油便会渗透过来,使所涂的白垩粉上出现缺陷的黑色斑痕。

3. 无损检测

(1) 磁粉检验　磁粉检测是将焊件磁化,使磁力线通过焊缝,当遇到焊缝表面或接近表面处的缺陷时,磁力线绕过缺陷,并有一部分磁力线暴露在空气中,产生漏磁而吸引撒在焊缝表面上的磁性氧化铁粉,根据铁粉被吸附的痕迹,就能判断缺陷的位置和大小。磁粉检测仅适用于检验铁磁性材料的表面或近表面处的缺陷。

(2) 渗透检验　将擦干净的焊件表面喷涂渗透性良好的红色着色剂,待它渗透到焊缝表面的缺陷内,再将焊件表面擦净,涂上一层白色显色液,干燥后,渗入到焊件缺陷中的着色剂由于毛细管作用被白色显色剂所吸附,在表面呈现出缺陷的红色痕迹。渗透检验可用于检验任何表面光洁材料的表面缺陷。

(3) 射线检验　根据射线对金属具有较强的穿透能力的特性和衰减规律进行无损检验,焊缝背面放上专用底片,正面用射线照射,使底片感光,由于缺陷与其他部位感光不同,底片显影后的黑度也不同,可显示出缺陷的位置、大小和种类。射线检验多用 X 射线和 γ 射线,主要用于检验焊缝内部的裂纹、未焊透、气孔和夹渣等缺陷。

(4) 超声波检验　超声波可以在金属及其他均匀介质中传播,由于在不同介质的界面上会产生反射,可用于内部缺陷的检验,根据焊件内部缺陷反射波特征可以确定缺陷的位置。超声波可以检验任何焊件材料、任何部位的缺陷,并且能较灵敏地发现缺陷的位置,但对缺陷的性质、形状和大小较难确定,因此常与射线检验配合使用。

第六节　典型零件焊接训练

采用手工电弧焊,焊接 100 mm×50 mm×5 mm 的两块 Q235 钢板,焊一条 100 mm 的对接平焊缝。

目的和要求:了解手工电弧焊的焊接工艺,掌握焊接方法。

具体操作如下：

一、准备工作

1. 备料

首先经过计算合理取材，并划线，用剪切或气割等方法下料，而后对工件进行校正，清理待焊部位周围的铁锈和油污，根据钢板的厚度 5 mm，因此选择不开坡口。

2. 正确选择焊接参数

根据实际训练条件，选用 BX3－500 型交流弧焊机，根据工件厚度、接头形式和焊接位置等综合因素，选择 E4303 的焊条，焊接电流选择 100 A。

二、焊接过程

1. 装配，点固

如图 4－18 所示，将两块板放平，对齐，留有 1～2 mm 间隙，并在旁边放置一块引弧板，首先，在引弧板上采用敲击法引弧，引着电弧后，将电弧拉到工件离两边约 20～30 mm 处焊两个固定点。焊后用清渣锤除去焊点表面的熔渣。

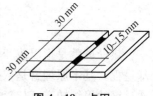

图 4－18　点固

2. 焊接

如图 4－19 所示，首先，在点固面的背面工件上采用划擦法引弧，然后，正确运条，采用短弧慢速焊接，焊接时还要注意保证焊缝的宽度一致，熔深要大于板厚的一半。熄弧时，可采用反复断弧法，在终点处多次熄弧、引弧、把弧坑填满。焊后用清渣锤将熔渣去除干净，再按同样的要求，焊接另一面焊缝。

三、焊后清理检查

焊后用清渣锤及钢丝刷等工具将工件表面的熔渣和飞溅物去除干净，进行外观检查，如有缺陷，再进行补焊处理。

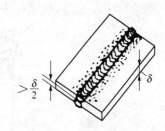

图 4－19　焊接成形

复习思考题

1. 什么是直流正接法和反接法？
2. 焊条的组成部分及其各部分的作用是什么？
3. 常用的手工电弧焊接头形式有哪些？
4. 焊缝的空间位置有哪几种？
5. 手工电弧焊的工艺参数包括哪些？具体如何选择？
6. 气焊的主要设备和工具有哪些？
7. 氧气切割的条件是什么？
8. CO_2 气体保护焊和氩弧焊有何不同？各有何特点？
9. 常见的手弧焊焊接缺陷有哪些？产生的主要原因是什么？

第五章　热处理训练

1. 熟悉铁碳合金相图，了解钢在加热和冷却时的组织转变。
2. 掌握钢的退火、正火、淬火和回火知识，熟悉钢的表面热处理、化学热处理。
3. 具有操作电阻炉进行热处理的基本技能。

第一节　金属材料热处理

热处理就是指以改变金属性能为目的(改善工艺性能、提高强度)的受控固态加热与冷却过程。基本原理就是依据钢在加热和冷却时，当达到其实际相变温度(又称临界温度)时，通过钢的组织转变，以获得所需要的组织结构，满足零件的各项性能要求。

利用图 5-1 所示的铁碳合金相图可以看出钢在不同温度时的组织转变过程。相图中，纵坐标表示温度，横坐标表示成分，左端原点为组元纯铁，右端为 Fe_3C，横坐标上固定的成

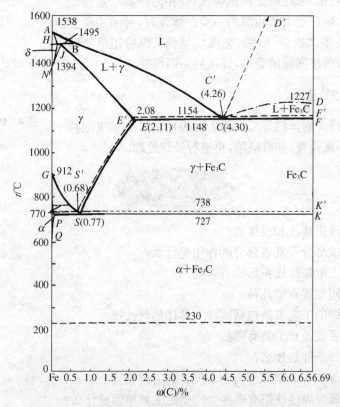

图 5-1　铁碳合金相图

分均代表一种铁碳合金。相图中各点的符号是约定通用的,不能随意变更;特性线是不同成分合金具有相同物理意义相交点的连接线,也是铁碳合金在缓慢加热或冷却时开始发生或相变终了的线。表 5-1 为在 Fe-Fe₃C 相图中特性点的温度、成分及含义。

表 5-1　Fe-Fe₃C 相图特性点的温度、成分及含义

特性点	温度(℃)	w(C)(%)	含　义	几点说明
A	1538	0	纯铁的熔点	铁素体:碳溶于 α-Fe(温度低于 912℃ 的铁)中形成的间隙固溶体称为铁素体,用符号"F"表示
C	1148	4.3	共晶点 $L_{wC}4.3\% \xrightarrow{1148℃} Ld(A_{wC2.11\%}+Fe_3C)$	
D	122	6.69	渗碳体的熔点(计算值)	奥氏体:碳溶于 γ-Fe(温度在 912~1394℃ 的铁)中形成的间隙固溶体称为奥氏体,用符号"A"表示
E	1148	2.11	碳在 γ-Fe 中的最大溶解度	
G	912	0	纯铁的同素异晶转变点 α-Fe $\xrightarrow{912℃} \gamma$-Fe	渗碳体:渗碳体是铁和碳的金属化合物,具有复杂的晶体结构,用化学方程式 Fe₃C 表示
P	727	0.0218	碳在 α-Fe 中的最大溶解度	珠光体:珠光体是由铁素体和渗碳体组成的机械混合物,用符号"P"表示
S	727	0.77	共析点 $A_{wC0.77\%} \xrightarrow{727℃} P(F_{wC0.0218\%}+Fe_3C)$	莱氏体:是由奥氏体和渗碳体组成的机械混合物,用符号"Ld"表示
Q	600 室温	0.0057 0.0008	600℃时碳在 α-Fe 中的溶解度 室温时碳在 γ-Fe 中的溶解度	L:液相

　　由于钢在热处理过程中,加热和冷却时间都比较快,因此一般钢的实际相变温度会略高于(加热时)或低于(冷却时)铁碳合金相图中的相变温度,如何确定加热温度,主要根据材料的种类、成分和热处理的目的来确定。

　　各种热处理方法主要有加热、保温和冷却三个阶段,根据这三个阶段工艺参数的变化,将热处理方法分为普通热处理、表面热处理和特殊热处理等。由于热处理目的的不同,因此,热处理工序常穿插在毛坯制造和切削加工的某些工序之间进行。例如,为了消除原材料毛坯或半成品在上一道工序中产生的组织缺陷并改善切削加工条件而需要进行预先热处理,又如,为了使材料的力学性能提高并达到零件的最终使用要求而需要进行最终热处理。

一、钢的普通热处理

　　普通热处理是将工件整体进行加热、保温和冷却,以使其获得均匀组织和性能的一种工艺方法(又称整体热处理)。它包括退火、正火、淬火和回火四种。图 5-2 所示为钢的普通热处理工艺曲线。

　　1. 钢的退火

　　退火是将钢件加热到适当温度,保温一定时间后随炉冷却或埋入导热性较差的介质中缓慢冷却的一种工艺方法。根据钢的成分和热处理目的不同,退火分完全退火、球化退火和去应

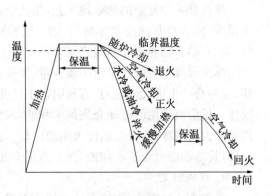

图 5-2　钢的普通热处理工艺

力退火。

（1）完全退火

完全退火是将钢件加热到临界温度 Ac_3（铁碳相图中 GS 线）以上 30～50℃，在炉中缓慢冷却到 500～600℃时出炉空冷，以获得接近平衡组织的热处理工艺。其目的是细化晶粒、降低硬度和改善切削加工性。一般常作为一些不重要零件的最终热处理或作为某些重要零件的预先热处理，如消除中、低碳钢和合金钢的锻、铸件的缺陷。

（2）球化退火

球化退火是将钢件加热到临界温度 Ac_1（铁碳相图中 PSK 线）以上 20～40℃，在炉中缓慢冷却到 500～600℃时出炉空冷。其目的在于降低硬度、改善切削加工性、改善组织和提高塑性并为以后淬火作准备，以防止工件淬火变形和开裂。球化退火主要用于高碳钢和合金工具钢。

（3）去应力退火

去应力退火又称低温退火，将工件加热到 500～650℃，保温一定时间后随炉冷却到 200℃出炉空冷。其目的主要是消除铸件、锻件、焊接件、冷冲压件（或冷拉件）及机加工件的残余应力。

2. 钢的正火

正火是将钢件加热到临界温度 Ac_3 以上 30～50℃，保温一定时间，从炉中取出在空气中冷却。正火的目的是细化组织，消除组织缺陷和内应力及改善低碳钢的切削加工性。由于正火的冷却速度稍快于退火，经正火后的零件，其强度和硬度比退火时高，而塑性和韧度略有下降，消除内应力不如退火彻底。因此，正火主要有以下几方面的应用：

（1）用于普通结构件的最终热处理，可细化晶粒，提高力学性能。

（2）用于低、中碳钢的预先热处理，可获得合适的硬度，便于切削加工。

（3）用于过共析钢，以消除网状渗碳体，有利于球化退火的进行。

3. 钢的淬火

淬火是将钢件加热到临界温度 Ac_3 以上 30～50℃（亚共析钢）或 Ac_1 以上 30～50℃（过共析钢），保温适当时间，然后快速冷却（一般为油冷或水冷），从而获得高硬度（马氏体）组织的一种工艺方法。淬火的主要目的是提高零件的硬度，增加耐磨性。各种工具、模具、量具和滚动轴承及重要的零部件都需要进行淬火处理。淬火后必须进行回火，才能使零件获得优良的综合力学性能。

淬火是一种复杂的热处理工艺，是决定产品质量的关键工序，选择淬火工艺参数（如淬火温度、淬火冷却速度及零件浸入淬火介质中的方式等）时，必须根据钢的成分、零件的形状、大小，结合临界温度曲线来综合确定。

淬火温度主要取决于钢中碳含量，淬火时冷却速度是淬火质量的关键，淬火冷却速度过快，工件会产生很大内应力，容易引起工件变形和开裂；冷却速度过慢，不易使碳钢淬火成马氏体。目前最常用的冷却介质是水和油，水的冷却速度较快，油的冷却速度较低，一般碳钢件的淬火用水冷却，合金钢淬火用油冷却。此外还有某些盐浴及碱浴也常被用作淬火冷却介质，其冷却能力介于水和油之间，适用于油淬不硬、水淬开裂的碳钢。

4. 钢的回火

将淬火后的钢件，加热到 Ac_1 以下的某一温度，保温一定时间，然后冷却到室温的热处理工艺即为回火。

淬火钢一般不直接使用,因为淬火后得到很脆的不稳定马氏体组织,并存在内应力,工件容易变形、开裂、零件尺寸也会有变化,淬火后零件的塑性和韧度会降低,不能满足零件的最终使用要求。因此,钢件淬火后必须进行回火,以获得要求的强度、塑性、韧性和硬度。钢淬火回火后的力学性能决定于淬火的质量和回火的温度,按照回火温度和工件所要求的性能,一般将回火分为低温回火、中温回火和高温回火。

(1) 低温回火(150～200℃)

低温回火的目的是降低淬火应力,提高工件韧性,保证淬火后的高硬度和高耐磨度,主要用于处理各种高碳钢工具、模具、滚动轴承以及渗碳和表面淬火的零件。回火后硬度可达HRC55～64。

(2) 中温回火(350～500℃)

中温回火的目的是为了获得高的弹性极限和屈服强度,同时具有一定的韧性,主要用于处理各种弹簧。回火后硬度一般为 HRC35～45。

(3) 高温回火(500～650℃)

高温回火的目的是为了获得强度、硬度、塑性、韧度等都较好的综合力学性能,通常将淬火加高温回火称为调质处理。调质处理主要用于要求良好综合力学性能,硬度为 200～350 HBS 的各种重要零件,特别是受交变载荷的零件,如连杆、各种轴、齿轮、螺栓等。

二、钢的表面热处理

表面热处理是指仅对工件表面进行热处理以改变其表面组织和性能,而其心部基本上保持处理前的组织和性能的工艺方法。例如,在动载荷和强烈摩擦条件下工作的齿轮、凸轮轴、机床床身导轨等,都要进行表面热处理以保证其使用性能要求。常用的表面热处理有表面淬火和化学热处理两种。

1. 表面淬火

表面淬火是将工件表面快速加热到淬火温度,然后迅速冷却,仅使表面层获得淬火组织的热处理工艺。表面淬火方法很多,工业上广泛应用的有火焰加热表面淬火和感应加热表面淬火两种,此外还有真空热处理、激光热处理、离子轰击热处理等。

(1) 火焰加热表面淬火

火焰加热表面淬火是指用氧-乙炔焰(或其他可燃气体火焰)对零件表面进行快速加热至淬火温度,此时立即喷水或乳化液冷却。火焰表面淬火常用于处理中碳钢、中碳合金钢的零件。

火焰表面淬火淬硬层的深度一般为 2～6 mm,由于该法操作简单,无需特殊设备,可适于单件或小批量生产的大型零件和需要局部淬火的工具及零件(如锤子等)。但由于其加热不均匀,易造成工件表面过热,淬火质量不稳定,因而限制了其在机械制造中的广泛应用。

(2) 感应加热表面淬火

感应加热表面淬火是指利用工件在交变磁场产生的感应电流,在极短的时间内将工件表面加热到所需的淬火温度,而后向其喷水冷却的淬火方法。此法淬火质量稳定,淬硬层容易控制,且生产率高,便于实现机械化和自动化,但由于高频感应设备复杂、成本高,适用于形状简单、大批量生产的零件。

必须注意,工件在感应加热之前需进行预先热处理,一般为调质或正火,以保证零件表面在淬火后获得均匀细小的马氏体和改善工件的心部硬度、强度和韧性及切削加工性并减小淬火变形;零件在感应加热表面淬火后需要进行低温回火(180~200℃),以降低内应力和脆性。在实际生产中,当淬火冷却至200℃时即停止喷水,利用工件中的余热传到表面而达到自行回火的目的。

2. 化学热处理

化学热处理是将工件置于某种化学介质中,通过加热、保温和冷却使介质中某些元素渗入工件表面,以达到改变工件表面层的化学成分和组织,从而使零件表面具有与心部不同的特殊性能的一种热处理工艺。

化学热处理方法较多,根据渗入元素的不同可使零件表面具有不同的性能。其中渗碳、碳氮共渗可提高钢的硬度、耐磨性和疲劳强度;氮化、渗硼、渗铬可显著提高零件表面的耐磨性和耐腐蚀性;渗铝可提高耐热抗氧化性;渗硅可提高耐酸性。在一般机械制造中,最常用的渗碳、氮化和气体碳氮共渗。

第二节　热处理常用设备

热处理设备按其在热处理生产中的作用,可分为主要设备与辅助设备两大类。主要设备用于完成热处理的主要操作,以加热设备和冷却设备为主,其中加热设备包括热处理炉(电阻炉、盐浴炉、燃料炉等)及热处理加热装置(感应加热装置、激光加热装置、电接触加热装置等),冷却设备包括淬火槽、淬火机床等。辅助设备用于完成各种辅助工序、生产操作、动力供应及保证生产安全等任务,主要包括:清理设备(喷砂机、抛丸机、清洗机、酸洗槽等)、矫正设备、可控气氛制作设备、液体原料(燃料)贮存及分配装置、油循环装置、动力设备、计量仪表、起重运输机械等。

一、电阻炉

热处理电阻炉的基本工作原理是利用电流通过电热元件(如电阻丝、带、棒)时,由于电流的热效应而产生热能,借辐射或对流的作用将热量传至工件上,致使了工件加热。电阻炉主要分为箱式电阻炉和井式电阻炉等。

1. 箱式电阻炉

箱式电阻炉结构简单、操作容易,成本低,且能完成多种热处理工艺和多品种的小批量生产,但这类炉子都存在着热效率低、热损失大、升温慢、炉温不均、炉子密封性差、加热时氧化脱碳严重以及装卸大型零件不方便等缺点。箱式电阻炉一般按工作温度可分为高温炉、中温炉及低温炉,其中中温箱式电阻炉应用最广泛。高温箱式电阻炉有1200℃和1300℃(最高工作温度)两种,主要用于高合金钢件热处理加热,其高温箱

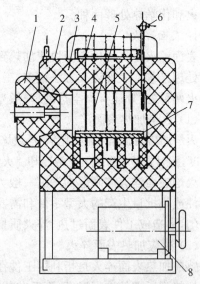

图5-3　高温箱式电阻炉结构图
1—炉门　2—外壳　3—炉衬　4—电源接头
5—电热元件　6—热电偶　7—炉底板　8—变压器

式炉的结构如图 5-3 所示。中温箱式电阻炉,最高工作温度是 950℃,属于通用性炉,使用十分广泛,可用于碳钢和合金钢的退火、正火、调质、渗碳、淬火、回火等,同时还可作为简易保护气氛炉对工件进行热处理,结构简图如图 5-4 所示。低温箱式电阻炉多用于回火,也可用于有色金属材料的热处理。由于低温炉主要是靠对流传热,炉中要有风扇装置,以强迫气体流动,提高传热效应,缩短加热时间和提高加热均匀性,它的应用远不及低温井式电阻炉广泛。

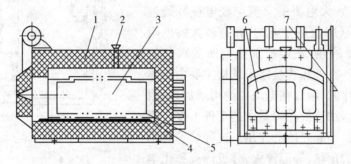

图 5-4　中温箱式电阻炉的结构简图
1—炉衬　2—热电偶　3—工作室　4—炉底板　5—电热元件　6—炉门　7—炉门提升装置

2. 井式电阻炉

　　井式电阻炉炉口开在顶面,可直接利用多种起吊设备垂直装卸工件,工件在炉内垂直悬挂加热,可避免由于工件自重而变形。由于炉体较高,为操作方便一般都将井式电阻炉放在地坑中,常用的有中温井式电阻炉、低温井式电阻炉和气体渗碳井式电阻炉等。中温井式电阻炉最高工作温度 950℃,主要用于长形工件的退火、正火和淬火加热,以及高速钢工件(如拉刀)的淬火预热及回火等。结构如图 5-5 所示。低温井式电阻炉最高工作温度 650℃,在结构上和中温井式电阻炉相似,所不同的是低温炉的热传递以对流为主,为了强迫炉气流动,在炉盖上安装有风扇,以促使炉气均匀流动循环。

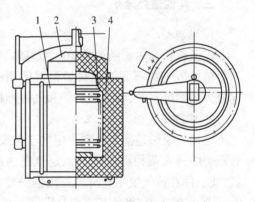

图 5-5　中温井式电阻炉结构简图
1—炉壳　2—炉盖　3—电热元件　4—炉衬

井式气体渗碳炉除用于气体渗碳外,还可用于渗氮、碳氮共渗等化学热处理,它的结构与井式电阻炉相似,是由炉壳、炉衬、炉盖及提升机构、风扇、炉罐、电热元件、滴量器、温度控制等装置组成,如图 5-6 所示,在炉盖上装置风扇的目的,是让炉内的活性介质均匀分布。

二、浴炉

　　浴炉是利用液体作为介质进行加热的一种热处理炉。按所用液体介质的不同,浴炉有盐浴炉、碱浴炉、油浴炉等,其中以盐浴炉最为普遍。盐浴炉用中性盐作为加热介质,根据盐的种类和比例,可在 150～1350℃ 范围内应用,能完成多种热处理工艺如淬火、回火、分级淬火、等温淬火、局部加热以及多种化学热处理。工件在盐浴炉中加热具有很多优点,如加热

速度快、温度均匀、工件氧化和脱碳较轻(注意仍然
要添加脱氧剂)、变形小等。缺点是:劳动条件较
差,操作不够安全,水滴入炉中会引起熔盐飞溅,易
发生事故。

盐浴炉按加热方式可分为内热式和外热式两
种。内热式盐浴炉是以熔盐本身作为发热体,当低
电压(36 V 以下)、大电流的交流电经电极并通过
电极间的熔盐时(熔盐是导电的,并有较大的电阻
值),会产生大量的热,把熔盐加热到所要求的温
度,用以加热工件。外热式盐浴炉结构主要由炉体
和坩埚组成,工作时,给放在电炉中的坩埚加热,坩
埚受热使盐熔化,加热放在熔盐中的工件。在这里
盐只是一种介质,不起导体的作用。这种炉子可用
于碳钢、合金钢的预热、等温淬火、分级淬火和化学
热处理等。其优点是热源不受限制,不需要变压
器。缺点是坩埚寿命较短。

三、其他热处理炉

1. 燃料炉

以燃料作为热源的加热炉称为燃料炉,这是其
与电阻炉最大的不同。燃料炉根据使用的燃料不
同分为固体燃料炉、液体燃料炉和气体燃料炉。

2. 可控气氛炉

可控气氛炉是指为达到一定的工艺要求,向热
处理炉中通入某种可控制在预定范围内的混合气
氛,使工件在该气氛中进行热处理的炉型。其优点有:① 能防止工件加热时的氧化脱碳;
② 对脱碳的工件,可使其表面复碳;③ 能进行渗碳、渗氮、碳氮共渗等工艺,并可严格控制
表面碳含量和渗层厚度;④ 机械化、自动化程度高。

3. 真空炉

真空热处理炉是指在加热时,炉内被抽成真空的热处理炉型。它用于热处理具有以下
优点:① 可以使工件进行光亮热处理,起到净化、脱脂、脱氧的作用,使工件的质量得到显
著提高;② 真空炉不需要保护气体发生装置,设备的使用及维护比较方便,工作环境得到了
改善;③ 可达到其他电阻炉不能达到的高温。其缺点是:加热速度慢、设备复杂、投资
较高。

四、冷却设备

由于热处理工件的工艺要求不同,在热处理过程中所采用的冷却方法也不同,常用的冷
却方法有空冷、水冷、油冷等,因此,所用的冷却设备也不同。如有缓冷设备(冷却用热处理
炉、冷却坑、冷却室等)、急冷设备(淬火槽、喷浴淬火设备、冷却板等)以及淬火机床等。

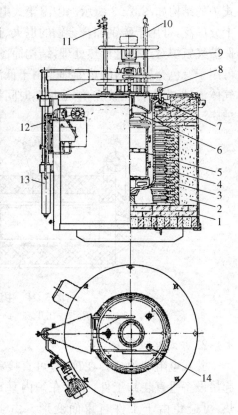

图 5-6　井式气体渗碳炉的结构简图

1—炉壳　2—炉衬　3—电热元件　4—炉罐
5—料管　6—风叶　7—炉盖　8—吊环螺钉
9—电机　10—气管　11—滴管　12—油泵
13—油缸　14—试样管

1. 水槽

淬火水槽通常用钢板焊接而成,槽的内外涂有防锈油漆,水槽的形状有长方形、正方形和圆形几种,以长方形应用最多。一般淬火槽都设有溢流装置,通常称为溢流槽。溢流槽与淬火槽焊在一起,可将热的淬火介质溢流到此再集中到排出管排出,常见溢流槽形状和位置如图 5-7 所示。

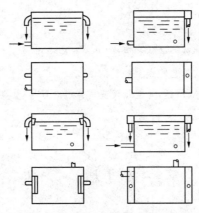

图 5-7　常见溢流槽的形状和位置

2. 油槽

油槽与水槽不同之处在于油槽底部或靠近底部的侧壁上,开有事故放油孔,以便当车间发生火灾或淬火槽需要清理时,将油迅速放出。另外淬火油槽常配有适当的冷却装置,图 5-8 为油循环冷却系统示意图。

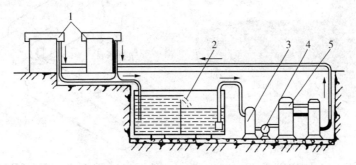

图 5-8　油循环冷却系统示意图
1—淬火油槽　2—集油槽　3—过滤器　4—液压泵　5—冷却器

1. 什么是退火? 工件为什么要退火?

2. 什么是正火? 什么情况下工件应选择正火处理?

3. 什么是淬火? 工件为什么要淬火?

第六章 普通车削加工训练

1. 熟悉车床的基本型号,各部分的名称和用途,并能正确操作。
2. 通过实习,了解车削加工的工艺特点及加工范围。
3. 掌握常用车刀的种类、牌号、用途,并能正确使用常用的刀具、量具及夹具。
4. 掌握车削加工的基本方法。
5. 能独立加工一般的零件。

第一节 概 述

普通车削加工是指在普通车床上,工件做旋转运动,刀具做平面直线或曲线运动,完成机械零件切削加工的过程。其中工件的旋转为主运动,刀具的移动为进给运动,如图6-1所示。

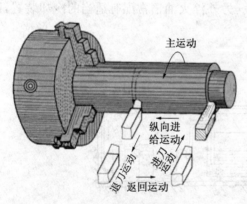

图6-1 车削运动

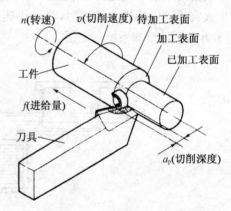

图6-2 切削用量三要素

一、车工切削用量三要素及其合理运用

车工切削用量三要素是指切削速度 v、进给量 f 和切削深度 a_p(又称背吃刀量),图6-2表示车外圆的用量三要素。

1. 切削速度 v

切削速度是工件作旋转运动时,外圆的线速度,计算公式为:

$$v = \frac{\pi D n}{1000 \times 60}(\text{m/s})$$

式中:n 为工件的转速,单位:r/min;D 为工件待加工表面直径,单位:mm。

2. 进给量 f

进给量为工件每转一圈,刀具在进给方向相对移动量,其单位为 mm/r。

3. 背吃刀量 a_p

背吃刀量是指工件的已加工表面与待加工表面之间的距离,即

$$a_p = \frac{1}{2}(D-d)(\text{mm})$$

式中：D 为工件待加工表面直径,单位：mm；d 为工件已加工表面直径,单位：mm。

切削速度、进给量和背吃刀量之所以称为切削用量三要素是因为它们对切削加工质量、生产率、机床的动力消耗、刀具的磨损有着很大的影响,是重要的切削参数。粗加工时,为了提高生产率,尽快切除大部分加工余量,在机床刚度允许的情况下选择较大的背吃刀量和进给量,但考虑到刀具耐用度和机床功率的限制,切削速度选择不宜太高；精加工时,为保证工件的加工质量,应选用较小的背吃刀量和进给量,而切削速度选择较高。根据被加工工件的材料、切削加工条件、加工质量要求,在实际生产中可由经验或参考机械加工手册合理选择切削用量。

二、车削加工的范围

车削加工主要用来加工零件上的回转表面,包括内外圆柱面、圆锥面、环槽、成型面、端面、螺纹、钻孔、扩孔、铰孔、滚花等,如图 6-3 所示。加工零件的尺寸公差等级可达 IT8-IT7,表面粗糙度 R_a 值可达 0.8 μm。

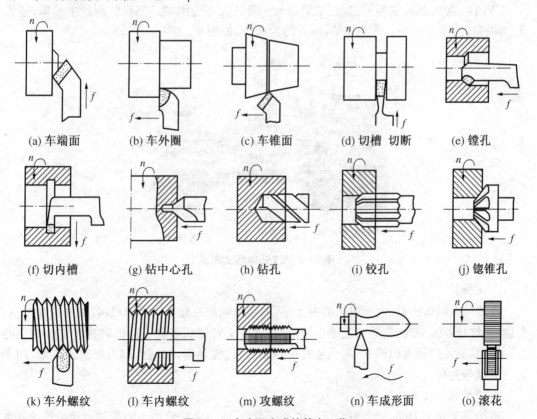

| (a) 车端面 | (b) 车外圈 | (c) 车锥面 | (d) 切槽 切断 | (e) 镗孔 |

| (f) 切内槽 | (g) 钻中心孔 | (h) 钻孔 | (i) 铰孔 | (j) 锪锥孔 |

| (k) 车外螺纹 | (l) 车内螺纹 | (m) 攻螺纹 | (n) 车成形面 | (o) 滚花 |

图 6-3　车床可完成的基本工作

第二节　车　床

车床的种类很多，为了满足车削加工的需要，根据加工零件的要求，应选用不同型号类型的车床。车床按其用途和结构的不同可分为：仪表车床、卧式车床、立式车床、转塔车床、曲轴及凸轮轴车床、仿形及多刀车床、半自动车床和数控车床等。其中又以卧式车床所占比例最高，应用最为普遍，本节主要介绍 CY6140 卧式车床。

一、CY6140 卧式车床的型号及含义

为了便于管理和使用，必须给每种机床定一个型号。我国目前机床型号的编制是按照 GB/T15375 - 1994"金属切削机床型号编制方法"实行并运用，是由汉语拼音字母和阿拉伯数字组成。CY6140 卧式车床型号及含义如下：

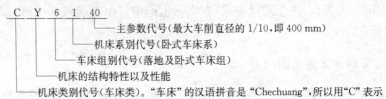

C Y 6 1 40

- 主参数代号(最大车削直径的 1/10，即 400 mm)
- 机床系别代号(卧式车床系)
- 车床组别代号(落地及卧式车床组)
- 机床的结构特性以及性能
- 机床类别代号(车床类)。"车床"的汉语拼音是 "Chechuang"，所以用"C"表示

二、主要组成部分及作用

CY6140 卧式车床主要由三箱、二架以及一身几大部分组成。三箱分别是主轴箱、进给箱、溜板箱，二架分别是刀架和尾架，一身即是床身，如图 6 - 4 所示。

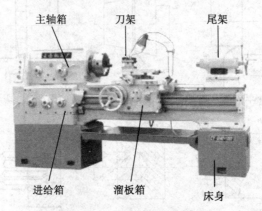

主轴箱　　刀架　　尾架

进给箱　　溜板箱　　床身

图 6 - 4　CY6140 卧式车床

1. 主轴箱

主轴箱也叫床头箱，位于机床的左上端，内装主轴和一套主轴变速机构，用来带动主轴、卡盘(工件)转动。变换箱外的变速手柄位置，可使主轴得到各种不同的转速。主轴为空心台阶轴，其前端内部为内锥孔，用于装夹顶尖或刀具、夹具等，前端外部为螺纹或锥面，用于安装卡盘等夹具。

2. 进给箱

进给箱又叫走刀箱，内装进给运动的变速齿轮，它是将挂轮传来的旋转运动传给丝杠和

光杠。改变进给手柄的位置,可使光杠或丝杠得到不同的转速,从而改变纵横向进给量或螺纹螺距的大小。

3. 溜板箱

溜板箱又称拖板箱,它是将光杠传来的旋转运动变为车刀的纵横向直线移动,也可将丝杠传来的运动转换为螺纹走刀运动。

4. 刀架

刀架是用来夹持刀具并使其作纵向、横向或斜向进给运动。它由一个四方刀架、一个转盘以及大、中、小三个拖板组成。

(1)四方刀架　固定在小滑板上,用来夹持刀具。可以同时装夹四把不同的刀具。换刀时,逆时针松开手柄,即可转动四方刀架,车削时必须顺时针旋紧手柄。

(2)转盘　其上有刻度,它与中滑板用螺栓连接。松开螺母,便可在水平面内旋转任意角度。

(3)大拖板　与溜板箱连接,沿床身导轨做纵向移动,主要车外圆表面。

(4)中拖板　沿床鞍上面的导轨做横向移动,主要车外圆端面。

(5)小拖板　沿转盘上面的导轨做短距离纵向移动,还可以将转盘扳转某一角度后,小拖板带动车刀做相应的斜向移动,可以车锥面。

5. 尾架

尾架安装在床身导轨上,可沿导轨调节位置。尾架可以装夹顶尖以支撑较长工件,还可以安装钻头、铰刀等刀具,用以钻孔、扩孔等加工,主要由以下几部分组成:

(1)套筒　其左端有锥孔,用以安装顶尖或锥柄刀具。套筒在尾架体内的前后位置可用手轮调节,并可用锁紧手柄固定。将套筒退到最后位置时,即可卸出顶尖或刀具。

(2)尾座体　与底座相连,当松开固定螺钉后,就可用调节螺钉调整顶尖的横向位置。

(3)底座　直接支撑于床身导轨上。

6. 床身

主要用来支承和连接各主要部分并保证各个部件之间有正确的相对位置关系。床身是由前后床腿支撑并固定在地基上。

三、机床的传动系统

CY6140 型号车床的传动系统如图 6 - 5 所示。

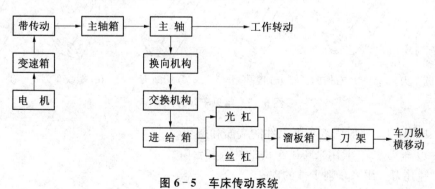

图 6 - 5　车床传动系统

电动机输出的动力,经带传动给变速机构使主轴得到各种不同的转速,主轴通过卡盘等夹具带动工件做旋转运动。同时,主轴的旋转运动由挂轮箱,经进给箱,通过光杠或丝杠传递给溜板箱,使溜板带动安装于刀架上的刀具做进给运动或车螺纹运动。

第三节　车刀及其量具

一、车刀的组成

车刀由刀头(切削部分)和刀杆(夹持部分)组成。以外圆车刀为例,车刀的切削部分一般由三面、两刃和一尖组成,如图6-6所示。

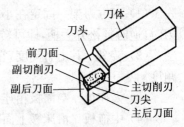

图 6-6　外圆车刀的组成

1. 三面

(1) 前刀面(前面)　刀具上切屑流过的表面。

(2) 主后刀面(主后面)　与工件加工表面相对的表面。

(3) 副后刀面(副后面)　与工件已加工表面相对的表面。

2. 两刃

(1) 主切削刃　前刀面与主后面的交线,担负主要切削工作。

(2) 副切削刃　前刀面与副后刀面的交线,担负辅助切削工作。

3. 一尖

即为刀尖,主切削刃与副切削刃之交点,一般为一小段过渡圆弧。

车刀的结构是由车刀切削部分的连接形式决定的。如果车刀切削部分与刀杆是整体结构,则此类车刀即为整体式车刀,如高速钢车刀。如果车刀切削部分是由刀片连接形成的,则按刀片的夹固形式,有焊接式车刀和机械夹固式车刀。

二、常用的车刀种类和用途

车刀按用途可分 45°车刀、90°车刀、切断刀、镗孔刀、成形车刀和螺纹车刀等。

常用的车刀的种类如图 6-7 所示。

(a) 45°外圆车刀　　(b) 90°右偏刀　　　(c) 镗孔刀　　　(d) 切断刀　　(e) 螺纹车刀　　(f) 成形车刀

图 6-7　常见车刀的种类

(1) 45°车刀　一般用来车削工件的端面和倒角。

(2) 90°车刀　一般用来车削工件的外圆和台阶。

(3) 镗孔刀　用来车削工件的内孔。

(4) 切断刀　用来切断工件或在工件上切出沟槽。

（5）螺纹车刀　用来车削螺纹。

（6）成形车刀　用来车削台阶处的圆角、圆槽或车削特殊形状工件。

三、车刀的安装

车刀的安装很重要，如图 6‐8 所示，安装时应注意以下几点：

（1）车刀不要伸出太长，一般不超过刀杆厚度的 1.5 倍。

（2）刀尖应与工件中心线等高，否则会影响前角和后角的大小。

（3）刀杆中心线应与工件中心线垂直，否则会影响主、副偏角的大小。

（4）车刀垫片要平整，宜少不宜多，以防振动。

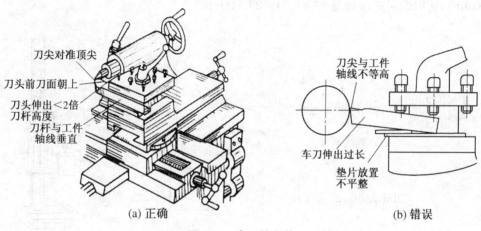

（a）正确　　　　　　　　　　　　（b）错误

图 6‐8　车刀的安装

四、游标卡尺、游标深度尺和游标高度尺

游标卡尺是一种比较精密的量具，如图 6‐9 所示。它可以直接量出工件的内径、外径、宽度、深度等。按照测量尺寸的范围，游标卡尺有 0～125 mm、0～150 mm、0～200 mm、0～300 mm 等多种规格；按测量精度可分为 0.1 mm、0.05 mm 和 0.02 mm 三种。具体使用时可根据零件大小和尺寸精度来选择。下面以 0.02 mm（即 1/50）游标卡尺为例，说明刻线原理、读数方法及其注意事项。

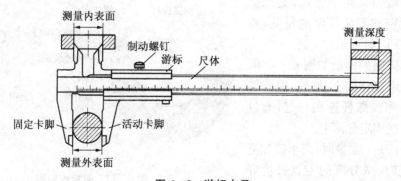

图 6‐9　游标卡尺

　　测量前应将卡尺擦干净,检查量爪贴合后副尺的零线是否和主尺的零线对齐,如图 6‐10(a)所示。测量时所用测力应使两量爪刚好接触零件的表面为宜,卡尺要避免倾斜,随即即可读数;或者用紧固螺钉把副尺固定好,取下卡尺进行读数。

　　读数的方法是:首先以副尺零刻度线为准在主尺尺身上读取毫米整数,即以毫米为单位的整数部分;然后看副尺上第几条刻度线与主尺尺身的刻度线对齐,读出零线到与主尺尺身刻度线对齐的刻度线格数,并将格数与卡尺测量精度相乘得到小数部分,最后将主尺上读出的整数与小数相加得到最后的读数。如游标上没有哪个刻度与主尺刻度线对齐,则选择最近的一根读数,有效数字要与精度对齐,如图 6‐10(b)所示读出整数部分是 23(mm),经观察零线到与主尺尺身刻度线对齐的刻度线格数是 27 小格,所以小数部分为 $27 \times 0.02 = 0.54(mm)$,所以最后的读数是 $23 + 0.54 = 23.54(mm)$。

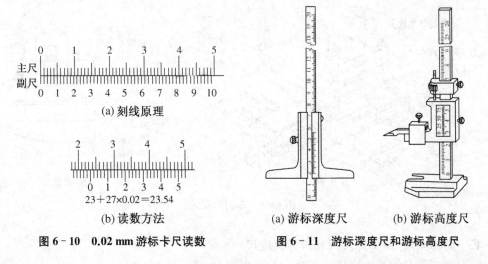

图 6‐10　0.02 mm 游标卡尺读数　　　　图 6‐11　游标深度尺和游标高度尺

　　图 6‐11 是专门用于测量深度和高度的游标尺。深度尺可用于绝对测量和相对测量,高度游标尺除用来测量高度外,也可用于精密划线。其深度尺和高度尺的操作和读数方法与游标卡尺大致相同。

五、螺旋测微器

　　螺旋测微器又叫千分尺,是比游标卡尺更精密的测量长度的量具,测量精度可达到0.01 mm。

　　螺旋测微器的构造如图 6‐12 所示。小砧固定在框架上,旋钮、微调旋钮、微分筒、测微螺杆连在一起,通过精密螺纹套在固定套筒上。

　　读数方法是:测量时,当小砧和测微螺杆并拢时,微分筒的零点若恰好与固定套筒的零点重合,旋出测微螺

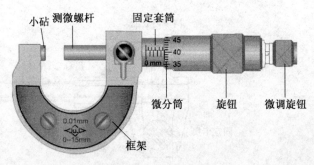

图 6‐12　螺旋测微器

杆,并使小砧和测微螺杆的面正好接触工件待测长度的两端,那么测微螺杆向右移动的距离就是所测的长度。这个距离的整毫米数由固定刻度读出,小数部分则由可动刻度读出。图 6－13(a)的测量尺寸为 12＋0.045＝12.045(mm),图 6－13(b)的测量尺寸为 32.5＋0.35＝32.85(mm)。

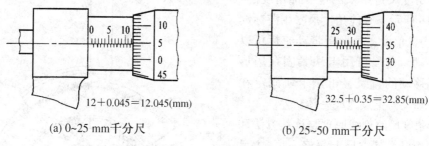

(a) 0~25 mm千分尺　　　　　　　　　　(b) 25~50 mm千分尺

图 6－13　千分尺的读数

六、百分表

百分表的刻度值为 0.01 mm,是一种精度较高的测量工具。它只能读出相对的数值,不能测出绝对数值。主要用来检验零件的形状误差和位置误差,也常用于工件装夹时精确找正。

百分表的结构原理和读数方法:

百分表的结构如图 6－14 所示,当测量头向上或向下移动 1 mm 时,通过测量杆上的齿条和几个齿轮带动大指针转一周,小指针转一格。刻度盘在圆周上有 100 等分的刻度线,其每格的读数值为 0.01 mm;小指针每格读数值为 1 mm。测量时大、小指针所示读数变化值之和即为尺寸变化量。

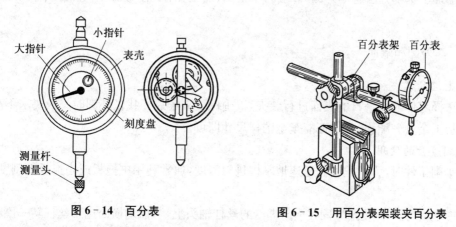

图 6－14　百分表　　　　**图 6－15　用百分表架装夹百分表**

百分表使用时应装在百分表架上,如图 6－15 所示。

百分表使用注意事项:

(1) 使用前应检查测量杆的灵活性。做法是:轻轻推动测量杆,看能否在套筒内灵活移动。每次松开手后,指针应回到原来的刻度位置。

(2) 测量时,百分表的测量杆要与被测表面垂直。

（3）百分表用完后，应擦拭干净，放入盒内，并使测量杆处于自由状态，防止表内弹簧过早失效。

七、万能角度尺

万能角度尺是用来测量零件角度的，如图 6-16 所示。万能角度尺采用游标读数，可测任意角度。扇形板带动游标可以沿主尺移动。角尺可用卡块紧固在扇形板上。可移动的直尺又可用卡块固定在角尺上。基尺与主尺连成一体。

万能角度尺的刻线原理与读数方法和游标卡尺相同。其主尺上每格一度，主尺上的 29° 与游标的 30 格相对应。游标每格为 29/30，即为 58′。主尺与游标每格相差 2′，就是说，万能角度尺的读数精度为 2′。

测量时应先校对万能角度尺的零位。校零后的万能角度尺可根据工件所测角度的大致范围组合基尺、角尺、直尺的相互位置，可测量 0°～320° 范围的任意角度。

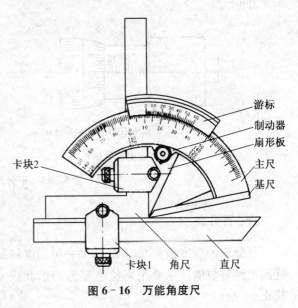

图 6-16　万能角度尺

第四节　车削加工基本方法

车削加工基本方法有车外圆和端面、车锥面、加工孔、车槽、切断、车螺纹、车成形面和滚花等。

一、车外圆和端面

1. 毛坯的装夹和找正

应选择零件毛坯平直的表面进行装夹，以确保装夹牢靠。找正外圆时一般要求不高，只要能使加工余量分配均匀，保证能车至图样尺寸即可。

2. 刻度盘的使用

在车削工件时，为了正确和迅速地掌握进刀深度，通常利用中拖板或小拖板上刻度盘进行操作。

以中拖板为例，刻度盘紧固在横向进给的丝杠轴头上，当摇动横向进给丝杠转一圈时，刻度盘也转了一周，这时固定在中拖板上的螺母就带动中拖板车刀移动一个导程，如果横向进给丝杠导程为 5 mm，刻度盘分 100 格，当摇动进给丝杠转动一周时，中拖板就移动 5 mm，当刻度盘转过一格时，中拖板移动量为 5÷100＝0.05 mm。使用刻度盘时，由于螺杆和螺母之间配合往往存在间隙，因此会产生空行程（即刻度盘转动而拖板未移动），必须向相反方向退回全部空行程，然后再转到需要的格数，而不能直接退回到需要的格数，如图 6-17 所示。

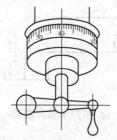
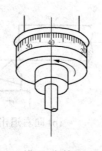
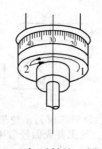

(a) 要求手柄转至30,但转过头成40　　(b) 错误:直接退至30　　(c) 正确:反转约一周后,再转至所需位置30

图 6-17　刻度盘的应用

3. 车外圆

将工件车成圆柱形表面的加工称为车外圆,是最常见、最基本的车削加工。常见的外圆车削如图 6-18 所示。

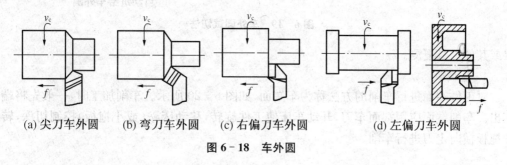

(a) 尖刀车外圆　　(b) 弯刀车外圆　　(c) 右偏刀车外圆　　(d) 左偏刀车外圆

图 6-18　车外圆

圆柱形表面是构成各种机器零件形状的基本表面之一。例如轴、套筒都是由大小不同的圆柱面组成的。

外圆车削一般可以分为粗车外圆和精车外圆两种。

粗车外圆就是把毛坯上的多余部分(即加工余量)尽快地车去,这时不要求工件达到图纸要求的尺寸精度和表面粗糙度。粗车时应留有一定的精车余量。

精车外圆是把工件上经过粗车后留有的少量余量车去,使工件达到图纸或工艺上规定的尺寸精度和表面粗糙度。

车外圆注意事项:

(1) 移动床鞍至工件的右端,用中拖板控制进刀深度,摇动小拖板丝杠或床鞍纵向移动车削外圆,一次进给完毕,横向退刀,再纵向移动刀架或床鞍至工件右端,进行第二、第三次进给车削,直至符合图样要求为止。

(2) 车削外圆时,通常要进行试切削和测量。其具体方法是:开车对刀,使车刀和工件外圆表面轻微接触,然后纵向退出车刀(横向不要退),按要求横向进给 a_{p1} 后试切外圆 1～3 mm,再纵向退出车刀,停车测量,如果发现测量值符合图纸尺寸,就按 a_{p1} 车出整个外圆面,如果尺寸还大,要重新调整背吃刀量至 a_{p2} 后进行试切,直到尺寸合格为止,如图6-19所示。

(3) 为了确保外圆的车削长度,通常先采用刻线痕法,后采用测量法进行,即在车削前根据需要的长度,在工件的表面刻一条线痕。然后根据线痕进行车削,当车削完毕,再用卡

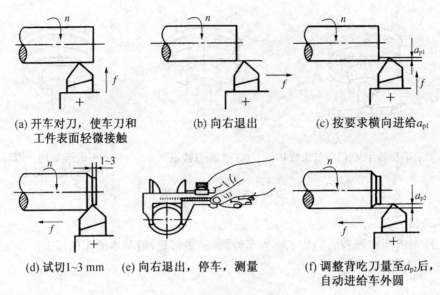

(a) 开车对刀，使车刀和　　　(b) 向右退出　　　　　(c) 按要求横向进给a_{p1}
　　　工件表面轻微接触

(d) 试切1~3 mm　(e) 向右退出，停车，测量　(f) 调整背吃刀量至a_{p2}后，
　　　　　　　　　　　　　　　　　　　　　　　　　自动进给车外圆

图 6－19　车外圆试切法

尺或其他工具复测。

　　4. 车端面

　　对工件端面进行车削的方法称为车端面，如图 6－20 所示。车削加工时，一般先将端面车出。车削端面应用端面车刀，开动车床使工件旋转，移动床鞍（或小拖板）控制切深，转动中拖板横向走刀进行车削。

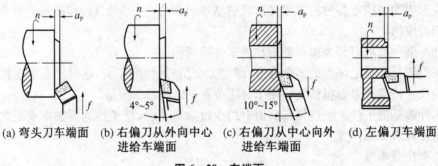

(a) 弯头刀车端面　(b) 右偏刀从外向中心　(c) 右偏刀从中心向外　(d) 左偏刀车端面
　　　　　　　　　　　进给车端面　　　　　　进给车端面

图 6－20　车端面

　　弯头刀车端面，可采用较大背吃刀量，切削顺利，表面光洁，大小平面均可车削，应用较多。右偏刀车端面，适宜车削尺寸较小、中心带孔或一般的台阶端面。用左偏刀车端面，刀头强度较好，适宜车削较大端面，尤其是铸、锻件大端面。

　　车端面注意事项：

　　（1）车刀的刀尖应对准工件的回转中心，否则会在端面的中心留下凸台。

　　（2）工件中心处的线速度较低，为了获得较好的表面质量，车端面的转速要比车外圆的转速高一些。

　　（3）直径较大的端面车削时应将床鞍锁紧在床身上。

　　（4）精度要求高的端面，应分粗、精加工。

二、车削锥面

将工件车成锥体的方法叫车锥面。锥体可直接用角度表示，如 30°、45°、60°等，也可以用锥度表示，如 1∶5,1∶10,1∶20 等。

车削锥面的方法有四种：小刀架转位法、偏移尾座法、靠模法和宽刀法。

1. 小刀架转位法

车较短的圆锥体时，可以用转动小拖板的方法，如图 6-21 所示。小拖板的转动角度也就是小拖板导轨与车床主轴轴线相交的一个角度，它的大小应等于所加工零件的圆锥半角值，小拖板的转动方向决定于工件在车床上的加工位置。

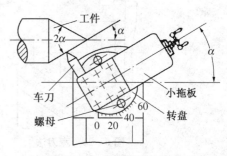

图 6-21　小刀架转位法

转动小拖板车圆锥体的方法是松开固定小拖板的螺母，使小拖板随转盘转动半锥角，然后紧固螺母。车削时，转动小拖板手柄，即可加工出所需圆锥面。这种方法操作简单，不受锥度大小的限制，但由于受到小拖板行程的限制不能加工较长的圆锥。

2. 偏移尾座法

如图 6-22 所示，将工件安装在前后顶尖中，将尾座带动顶尖横向偏移距离 S，使得工件的中心线与主轴中心线成 α 角，通过车刀纵向自动走刀而车出锥面。其计算公式为：

$$S=L \cdot \tan\alpha = L(D-d)2l$$

式中：L 为前后顶尖距离；l 为圆锥长度；D 为锥面大端直径；d 为锥面小端直径。

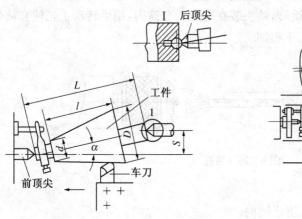

图 6-22　偏移尾座法　　　　　　　**图 6-23　靠模法**

3. 靠模法

靠模法车锥面一般适合于大批量生产，如图 6-23 所示。靠模装置的底座固定在床身的后面，底座上装有锥度靠模板，松开紧固螺钉，靠模板绕中心轴旋转，这样便与工件的轴线成一定的夹角，靠模上的滑块可以沿靠模滑动，而滑块通过连接板与中拖板连接在一起。中拖板上的丝杠与螺母脱开，这样其手柄便不再控制刀架横向位置，而将小拖板转过 90°，用小拖板上的丝杠调节刀具横向位置从而调整所需的背吃刀量。

4. 宽刀法

宽刀法就是利用主切削刃横向进给直接车出圆锥面。切削刃的长度略大于圆锥母线的长度并且切削刃与工件中心线成半锥角,这种加工方法操作简单,可以加工任意角度的圆锥。由于此种方法加工效率高,适合批量生产。但是要求切削加工系统(如刀具性能等)要有较高的刚性,如图 6 - 24 所示。

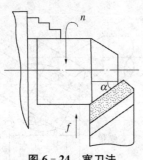

图 6 - 24 宽刀法

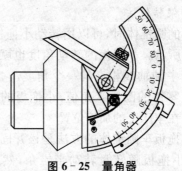

图 6 - 25 量角器

5. 锥面检查方法

(1) 用量角器(图 6 - 25)测量(适用于精度不高的圆锥表面)。

(2) 用套规检查(适用于较高精度的锥面)。

三、钻孔、镗孔和铰孔

1. 钻孔

如图 6 - 26 所示,用钻头在实体材料上加工孔的方法称为钻孔。在车床上钻孔与在钻床上钻孔的切削运动不同,在钻床上加工的主运动是钻头的旋转,进给运动是钻头的轴向进给;在车床上钻孔时,主运动是工件旋转,钻头装在尾座的套筒内,用手转动手轮使套筒带动钻头实现进给运动,车床钻孔一般用于粗加工。

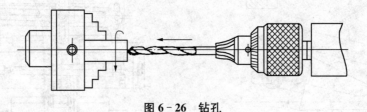

图 6 - 26 钻孔

钻孔的步骤:

(1) 车平端面 便于钻头定心,防止钻偏。

(2) 预钻中心孔 用中心钻在工件中心处先钻出中心孔,或用车刀在工件中心处车出定心小坑。

(3) 装夹钻头 选择与所钻孔直径对应的麻花钻,麻花钻工作部分长度略长于孔深。如果是直柄麻花钻,则用钻夹头装夹后,再把钻夹头的锥柄插入尾座套筒。对于锥柄麻花钻,如钻头太小可加用过度锥套,或直接插入尾座套筒内。

(4) 调整尾座纵向位置 松开尾座锁紧装置,移动尾座,直至钻头接近工件,将尾座锁紧,此时要考虑套筒伸出不应太长,以保证尾座的刚性。

（5）开车钻孔　钻孔是封闭式切削，散热困难，容易导致钻头过热，所以，钻孔时的切削速度不宜过高，钻盲孔时，可利用尾座套筒上的刻度控制深度，也可在钻头上做深度标记来控制孔深。孔将钻通时，应减缓进给速度，以防折断钻头。钻孔结束后，先退出钻头，然后停车。

（6）排削与润滑　钻深孔时应经常将钻头退出，以利于排削和冷却钻头。钻削钢件时应加注切削液。

2. 镗孔

所谓镗孔加工就是指利用镗孔刀对工件上铸出、锻出或钻出的孔作进一步的加工，如图6-27所示。

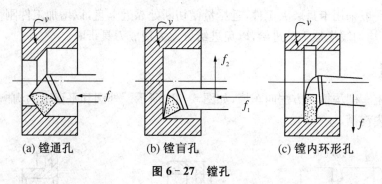

(a) 镗通孔　　　　　(b) 镗盲孔　　　　　(c) 镗内环形孔

图 6-27　镗孔

在车床上镗孔时，工件做旋转运动，镗刀做进给运动。由于镗刀要进入孔内进行镗削，因此，镗刀切削部分的结构尺寸较小，刀杆也比较细，刚性比较差，镗孔时要选择较小的背吃刀量和进给量。

在车床上镗孔时其径向尺寸的控制方法与外圆车削时基本一样，车不通孔或台阶孔时，当镗刀纵向进给至末端时，需作横向进给加工内端面，以保证内端面与孔轴线垂直。

3. 铰孔

铰孔是用铰刀做扩孔后或半精镗孔后的精加工。操作注意事项为：

（1）铰孔余量不能太大或太小。

（2）铰削时车床应低速运转。

（3）铰钢件孔时，必须加切削液，以保证表面质量。

四、切断

切断是指将坯料或工件从夹持端上分离下来的过程，切断方法如图6-28所示。

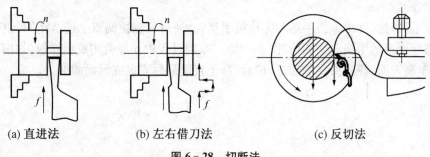

(a) 直进法　　　　　(b) 左右借刀法　　　　　(c) 反切法

图 6-28　切断法

1. 直进法切断工件

直进法切断工件是指垂直于工件轴线方向切断,这种切断方法切断效率高,但对车床刀具刃磨装夹有较高的要求,否则容易造成切断刀的折断。

2. 左右借刀法切断工件

左右借刀法切断工件是指切断刀径向进给的同时,在轴线方向多次往返移动直至工件切断,在切削系统(刀具、工件、车床)刚性不足的情况下可采用这种方法切断工件。

3. 反切法切断工件

反切法切断工件是指工件反转,车刀反装进行切断的方法。这种切断法适用于较大直径工件的加工。

切断时一般采用卡盘装夹工件,且尽量使切断处靠近卡盘,以增加工件刚性;切断时,切削速度要低,均匀缓慢地手动进给,以免进给量太大造成刀具折断。

五、车槽

在工件上车削沟槽的方法叫车槽,如图 6 - 29 所示。外圆和平面上的沟槽叫外沟槽,内孔的沟槽叫内沟槽。

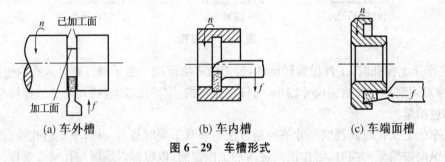

(a) 车外槽　　　　　　　　(b) 车内槽　　　　　　　　(c) 车端面槽

图 6 - 29　车槽形式

在轴的外圆表面车槽与车端面有些类似。车槽刀有一条主切削刃、两条副切削刃、两个刀尖,切槽时沿径向由外向中心进刀。

宽度小于 5 mm 的窄槽,用主切削刃尺寸与槽宽相等的车槽刀一次车出;切削宽度大于 5 mm 的宽槽,车削时,先沿纵向分段粗车,再精车,车出槽深及槽宽。

六、车成形面

对表面轮廓为曲面的回转体零件的加工称之为成形面加工,如在普通车床上切削手柄、手轮、球体等,车削成形面的方法有双手控制法、成形车刀法、靠模法等。

1. 双手控制法

用双手同时摇动中拖板手柄和大拖板手柄,并通过目测协调双手进退动作,使车刀走过的轨迹与所要求的手柄曲线相仿(图 6 - 30)。车削过程中要经常用成形样板(如图 6 - 31 所示)检验车削表面,经过反复的加工、检验、修正直至最后完成成形面的加工。

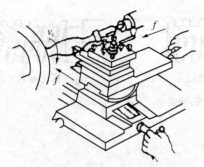

图 6-30　双手控制法车成形面

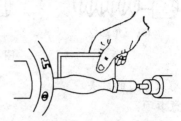

图 6-31　用成形样板测量

双手控制法特点是灵活方便,但需有较高操作技术。

2. 成形车刀法

切削刃形状与工件表面形状一致的车刀称为成形车刀(图 6-32)。用成形车刀加工成形面时,车刀只需做横向进给就可以车出所需的成形面,此方法操作方便、生产效率高,但由于样板刀的刀刃不能太宽,刃磨十分困难,因此,一般适用于加工形状简单、轮廓尺寸要求不高的成形面,如图 6-33 所示。

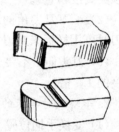

图 6-32　成形刀

3. 靠模法

用靠模法车成形面与用靠模法车锥面的原理是一样的(图 6-34),此方法操作方便,零件的加工尺寸不受限制,可实现自动进给,生产率高,但靠模的制造成本高,适合大批量生产。

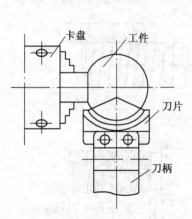

图 6-33　成形车刀法车成形面

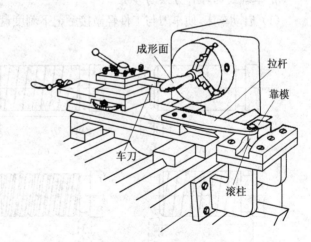

图 6-34　靠模法车成形面

七、车螺纹

将工件表面车削成螺纹的方法叫做车螺纹。螺纹的种类很多,按用途分联接螺纹和传动螺纹;按牙型分三角螺纹、梯形螺纹和矩形螺纹等,如图 6-35 所示。其中米制三角螺纹(又称普通螺纹)应用最广。

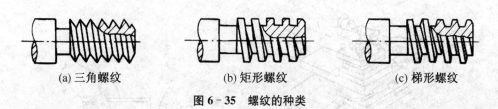

(a) 三角螺纹　　　　　　(b) 矩形螺纹　　　　　　(c) 梯形螺纹

图 6 - 35　螺纹的种类

1. 螺纹车刀的装夹

注意事项：

（1）装夹车刀时，刀尖一般应对准工件中心（可根据尾座顶尖高度检查）。

（2）车刀刀尖角的对称中心线必须与工件轴线垂直，装刀时可用样板来对刀，如图 6 - 36 所示。

（3）刀头伸出不要过长，一般为 20～25 mm（约为刀杆厚度的 1.5 倍）。

2. 车螺纹时车床的调整

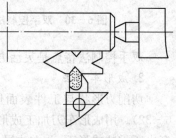

图 6 - 36　螺纹车刀的对刀

（1）变换手柄位置　一般按工件螺距在进给箱铭牌上找到交换齿轮的齿数和手柄位置，并把手柄拨到所需的位置上。

（2）调整拖板间隙　调整中、小拖板镶条时，不能太紧，也不能太松。太紧了，摇动拖板费力，操作不灵活；太松了，车螺纹时容易产生"扎刀"。顺时针方向旋转小拖板手柄，消除小拖板丝杠与螺母的间隙。

3. 车螺纹的操作方法与步骤

（1）启动车床，使车刀与工件轻微接触记下刻度盘读数后，向右退出车刀，如图6 - 37(a)。

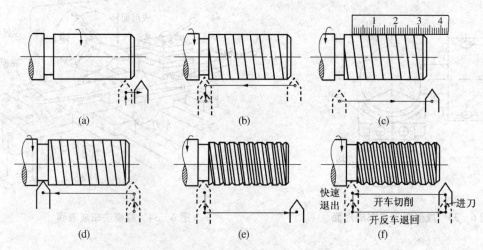

(a)　　　　　　　　(b)　　　　　　　　(c)

(d)　　　　　　　　(e)　　　　　　　　(f)

图 6 - 37　螺纹车削方法与步骤

（2）合上开合螺母，在工件表面上试切出一条螺旋线，横向退出车刀，停车，如图 6 - 37(b)。

（3）开反车使车刀退至工件右端，检查螺距是否正确，如图 6 - 37(c)。

（4）利用刻度调整切削深度，如图 6 - 37(d)。

（5）车刀将至行程终了时，做好退刀停车准备，先快速退出车刀，然后停车，开反车退回刀架，如图6-37(e)。

（6）再次横向进给，继续切削，直至螺纹加工完成，如图6-37(f)。

八、滚花

为了增加某些零件的摩擦力或使其表面美观，往往在零件表面上滚出各种花纹，例如车床的刻度盘、外径千分尺的微分套管以及铰、攻扳手等，这些花纹一般是在车床上用滚花刀滚压而成的，如图6-38所示。

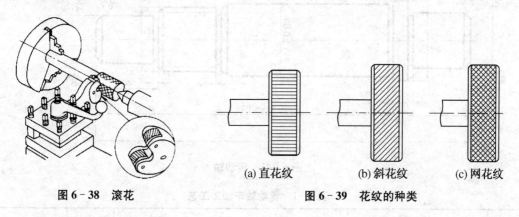

图6-38　滚花

(a) 直花纹　　(b) 斜花纹　　(c) 网花纹

图6-39　花纹的种类

1. 花纹的种类

花纹的种类有直花纹、斜花纹、网花纹等，如图6-39所示。

2. 滚花刀

常用滚花刀有单轮滚花刀和双轮滚花刀。单轮滚花刀（图6-40(a)）滚压直花纹和斜花纹，双轮滚花刀（图6-40(b)）滚压网花纹。

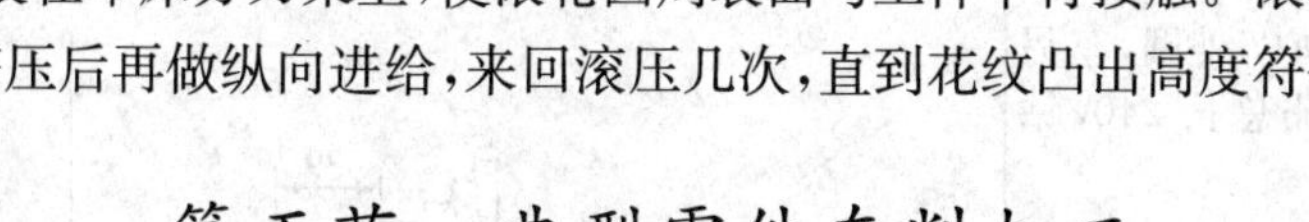

(a)　　　　　　　　　　(b)

图6-40　滚花刀

3. 滚花方法

把滚花刀安装在车床方刀架上，使滚轮圆周表面与工件平行接触。滚花时，工件低速旋转，滚花轮径向挤压后再做纵向进给，来回滚压几次，直到花纹凸出高度符合要求。

第五节　典型零件车削加工

一、轴类零件的车削加工

轴是组成机器的重要零件，也是机械加工中常见的典型零件。它支撑着其他转动件回转并传递扭矩，同时又通过轴承与机器的机架连接。

　　轴类零件是旋转零件,其长度大于直径,由外圆柱面、圆锥面、内孔、螺纹及相应端面组成。

　　图 6-41 所示的传动轴,由外圆、轴肩、螺纹、退刀槽、砂轮越程槽等组成,其车削加工工艺过程见表 6-1。

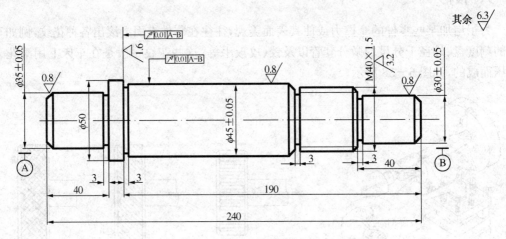

图 6-41　传动轴

表 6-1　传动轴车加工工艺

序号	加工内容	加工简图	刀具或工具	安装方法
1	下料ϕ55×245			
2	夹持ϕ55 外圆,车端面			
3	用尾座顶尖顶住工件,钻ϕ2.5 的中心孔		右偏刀顶尖	三爪卡盘、顶尖
4	粗车外圆ϕ52×202;粗车ϕ45、ϕ40、ϕ30 各外圆;直径留余量2,长度留余量1			
5	调头夹持ϕ47 外圆,车另一端面,保证总长 240,钻中心孔ϕ2.5		中心钻右偏刀	三爪卡盘
6	粗车ϕ35 外圆,直径留余量2,长度留余量1			

续　表

序号	加工内容	加工简图	刀具或工具	安装方法
7	修研中心孔		四棱顶尖	三爪卡盘
8	用卡箍卡 B 端,采用双顶尖装夹工件,精车φ50 外圆至尺寸		右偏刀切槽刀	双顶尖
9	精车φ35 外圆至尺寸			
10	车槽,保证长度 40			
11	倒角			
12	用卡箍卡 A 端,精车φ45 外圆至尺寸		右偏刀切槽刀螺纹刀	双顶尖
13	精车 M40 大径为φ40$_{-0.2}^{-0.1}$ 外圆至尺寸			
14	精车φ30 外圆至尺寸			
15	切槽三个,分别保证长度为 190、80 和 40;			
16	倒角三个			
17	车螺纹 M40×1.5			

二、盘套类零件的车削加工

盘套类零件的结构特点基本相似,加工工艺过程基本相仿。图 6-42 所示为盘套类齿轮坯的零件图,其车削加工工艺过程见表 6-2。

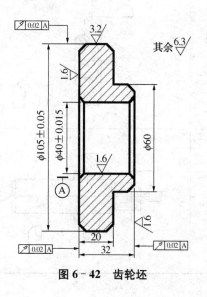

图 6-42　齿轮坯

表 6-2 齿轮坯加工工艺

序号	加工内容	加工简图	刀具或工具	安装方法
1	下料ϕ110×36			
2	夹ϕ110外圆长20车端面	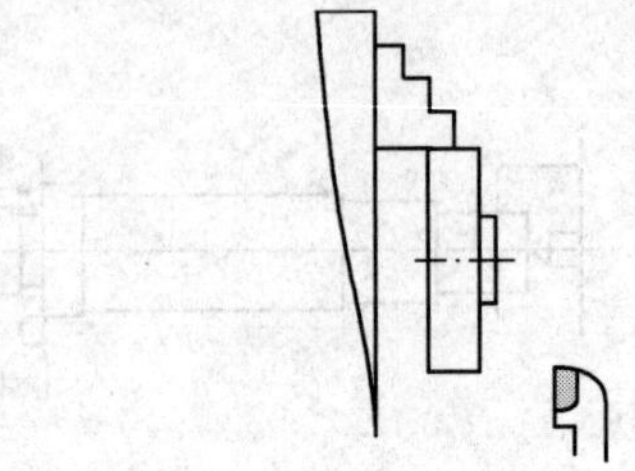	右偏刀	三爪卡盘
3	车外圆ϕ63×12			
4	调头夹ϕ63外圆,粗车端面,粗车外圆至ϕ107×22	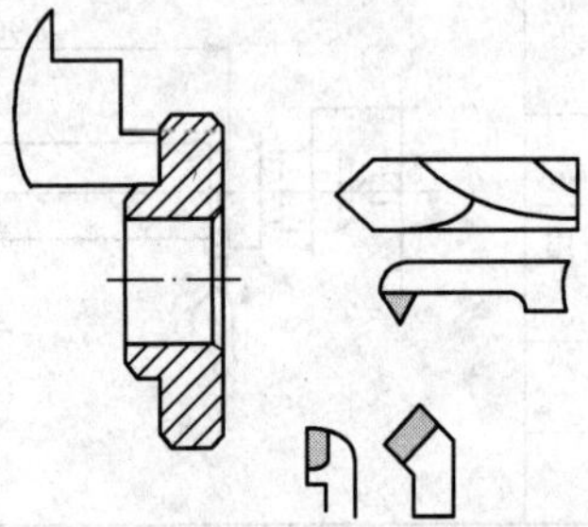	右偏刀 45°弯头刀 麻花钻 镗孔刀	三爪卡盘
5	钻孔ϕ36			
6	粗精镗孔ϕ40至尺寸			
7	精车端面、保证总长33			
8	精车外圆ϕ105至尺寸			
9	倒内角 1×45°、外角 2×45°			
10	调头夹ϕ105外圆、垫铜皮、找正,精车台肩面保证厚度ϕ20	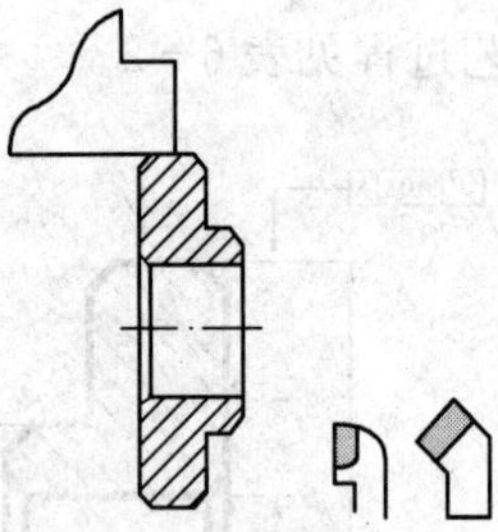	右偏刀 45°弯头刀	三爪卡盘
11	车小端面、保证总长32.3			
12	精车外圆ϕ60至尺寸			
13	倒内角1×45°、2×45°			
14	精车小端面保证总长32	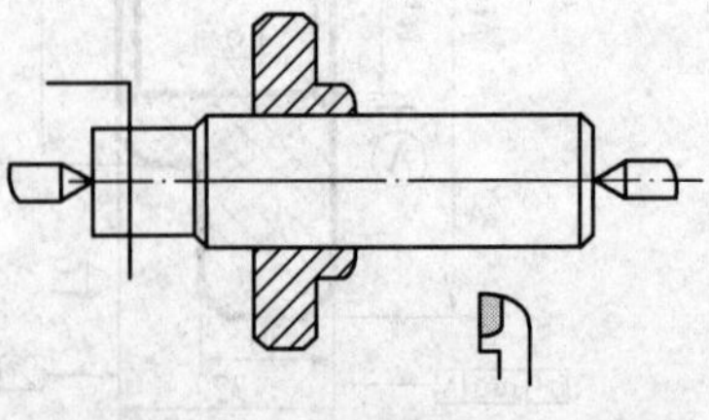	右偏刀	双顶尖 卡箍 锥度心轴

复习思考题

1. 卧式车床主要由哪几部分组成? 各有何作用?

2. 解释 CY6140 车床型号的含义。

3. 车床的主运动和进给运动是怎样实现的?

4. 常用的车刀有哪些? 装夹车刀时应注意什么?

5. 车削加工的基本方法有哪些?

6. 图 6-43 为传动轴的零件图,选用毛坯材质为 45 钢,直径是 55,长度是 245,调质处理,在 CY6140 车床上加工,有精度要求的尺寸留 0.10 的磨削加工余量,制定车削加工工艺过程。

7. 图 6-44 是齿轮的零件图,毛坯是 45 钢,毛坯尺寸是 $\phi 95 \times 40$,调质处理,在 CY6140 车床上加工至图纸尺寸,制定轴加工工艺过程。

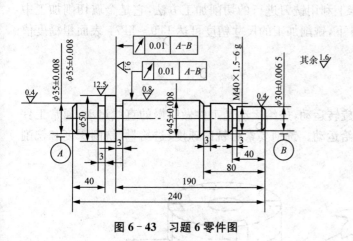

图 6-43　习题 6 零件图　　　　图 6-44　习题 7 零件图

第七章　普通铣削加工训练

1. 了解铣削加工的加工范围及特点。
2. 了解铣床的种类,熟悉常用铣床的结构及功能。
3. 了解铣床常用刀具的结构与用途。
4. 熟悉万能分度头的结构、用途,掌握简单分度的方法。
5. 在铣床上能正确安装工件、刀具,能完成平面、斜面及沟槽的铣削加工。

第一节　概　述

普通铣削加工是指在普通铣床上利用铣刀进行的切削加工方法,它是金属切削加工中常用的方法之一。在正常生产条件下,铣削加工的尺寸精度可达 IT9~IT7,表面粗糙度值 R_a 可达 6.3~1.6 μm。

一、铣削运动与铣削要素

铣削时,主运动是铣刀做快速旋转运动,进给运动是工件做缓慢的直线运动,通常工件有纵向、横向与垂直三个方向的进给运动。铣削要素由铣削速度、进给量、铣削深度和铣削宽度组成,如图 7-1 所示。

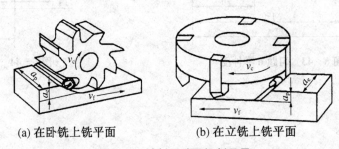

(a) 在卧铣上铣平面　　　　　(b) 在立铣上铣平面

图 7-1　铣削运动及切削用量

1. **切削速度 v_c(mm/s)**

铣刀最大直径处的线速度。

2. **进给量 f**

铣削时,工件在进给运动方向上相对刀具的移动量。由于铣刀为多刃刀具,有三种表示方法:

(1) 每齿进给量 f_z(mm/齿)　铣刀每转过一个刀齿,工件沿进给方向移动的距离。

(2) 每转进给量 f(mm/r)　铣刀每转一圈,工件沿进给方向移动的距离。

(3) 每分钟进给量 v_f(mm/min)　工件每分钟沿进给方向移动的距离。

3. 铣削深度 a_p（背吃刀量）

a_p 是指平行于铣刀轴线方向测量的切削层尺寸，单位为 mm。

4. 铣削宽度 a_e（侧吃刀量）

a_e 是指垂直于铣刀轴线方向测量的切削层尺寸，单位为 mm。

5. 铣削用量的选择原则

通常粗加工应优先采用较大的侧吃刀量或背吃刀量，其次是选择较大的进给量，最后选择适宜的切削速度，这是因为切削速度对刀具耐用度影响最大，进给量次之，侧吃刀量或背吃刀量影响最小；精加工时为减小工艺系统的弹性变形，必须采用较小的进给量。

二、铣削加工范围

铣削加工范围很广，主要用于加工平面、斜面、垂直面、各种沟槽和成形面（如齿形）等，如图 7-2 所示。也可对工件上的孔进行钻削与镗削加工，利用万能分度头还可进行分度件的铣削加工。

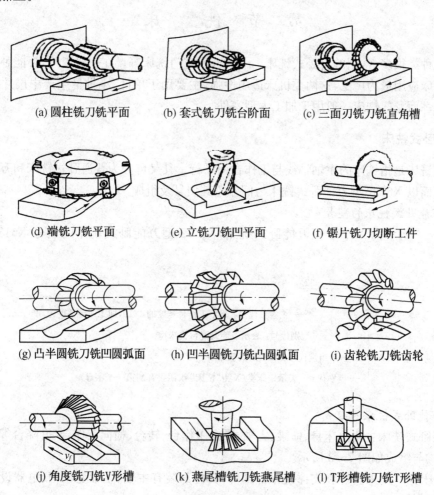

(a) 圆柱铣刀铣平面　　　(b) 套式铣刀铣台阶面　　　(c) 三面刃铣刀铣直角槽

(d) 端铣刀铣平面　　　(e) 立铣刀铣凹平面　　　(f) 锯片铣刀切断工件

(g) 凸半圆铣刀铣凹圆弧面　　　(h) 凹半圆铣刀铣凸圆弧面　　　(i) 齿轮铣刀铣齿轮

(j) 角度铣刀铣V形槽　　　(k) 燕尾槽铣刀铣燕尾槽　　　(l) T形槽铣刀铣T形槽

图 7-2　铣削加工的应用范围

三、铣削加工的特点

1. 生产效率较高

由于铣刀为多齿刀具,铣削时铣刀每转一周每个刀齿参加一次切削,各刀齿能实现轮换切削,因此刀具的散热条件较好,利于提高切削速度。另外,铣削的主运动是铣刀的旋转运动,有利于高速切削,所以铣削的生产率较高。

2. 适应性强

由于铣刀类型很多,机床附件也很多,使得铣削加工的范围很广,能加工各种形状复杂的零件。

3. 加工质量不稳定

由于铣削时参加切削的刀齿数以及在铣削时每个刀齿的切削厚度的变化,会引起切削力和切削面积的变化,导致铣削过程不平稳,加工的零件质量不稳定。

第二节　铣　床

铣床种类很多,常用的有卧式铣床、立式铣床、龙门铣床等。在一般工厂,万能卧式铣床和立式铣床应用最为广泛,这两类机床适用性强,主要用于单件、小批量生产中尺寸不是太大的工件。而龙门铣床一般用于加工大型零件。

一、卧式铣床

卧式铣床是指铣床的主轴轴线与工作台面平行。其又可分为普通卧式铣床和万能卧式铣床。下面以 X6132 型万能卧式铣床为例介绍其型号及组成。

1. 万能卧式铣床的型号

图 7-3 所示为 X6132 型万能卧式铣床,X6132 型万能卧式铣床的型号 X6132 含义如下:

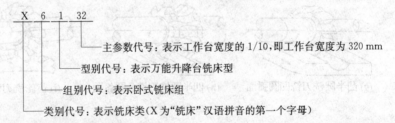

主参数代号:表示工作台宽度的 1/10,即工作台宽度为 320 mm
型别代号:表示万能升降台铣床型
组别代号:表示卧式铣床组
类别代号:表示铣床类(X 为"铣床"汉语拼音的第一个字母)

2. 万能卧式铣床的组成

万能卧式铣床主要由床身、横梁、主轴、纵向工作台、转台、横向工作台、升降台等部分组成,其结构与组成如图 7-3 所示。

(1)床身　用来固定和支撑铣床各部件,其内部装有主轴、主轴变速箱、电器设备及润滑油泵等部件。

(2)横梁　横梁上一端装有吊架,用来支承刀杆,以增强其刚性,减少震动。横梁可沿燕尾轨道移动,以调整其伸出的长度。

（3）主轴　主轴为空心轴,其前端为 7∶24 锥孔,用来安装铣刀或刀轴,并带动铣刀旋转。

（4）纵向工作台　纵向工作台用来安装工件和夹具,可沿转台上的导轨做纵向移动。

（5）转台　转台可将纵向工作台在水平面内扳转一定的角度(正、反均为 0～45°),以便铣削螺旋槽等。有无转台是万能卧式铣床与普通卧式铣床的主要区别。

（6）横向工作台　横向工作台位于升降台上面的水平导轨上,可沿升降台上的导轨做横向移动,用以调整工件与铣刀之间的横向位置和带动工件做横向进给运动。

（7）升降台　升降台可以带动整个工作台沿床身的垂直导轨上下移动,以调整工件与铣刀的距离和实现垂直进给运动。

（8）底座　用于固定和支撑床身和升降台,其内装着切削液。

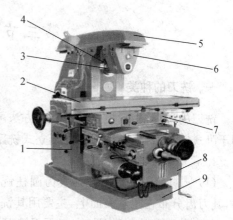

图 7-3　X6132 万能卧式铣床
1—床身　2—纵向工作台　3—刀杆　4—主轴
5—横梁　6—刀杆支架　7—转台
8—升降台　9—底座

二、立式铣床

立式铣床结构如图 7-4 所示,其主轴轴线与工作台面相互垂直。立式铣床的主轴可以在垂直面内左右摆动 45°,因此可与工作台面倾斜成一定角度,从而扩大了立式铣床的加工范围。其他组成部分及运动与万能卧式铣床基本相同。

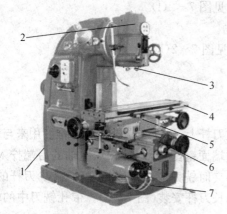

图 7-4　X5032 立式铣床
1—床身　2—主轴头架　3—主轴
4—纵向工作台　5—横向工作台　6—升降台　7—底座

图 7-5　龙门铣床

三、龙门铣床

龙门铣床是一种大型高效能通用机床,图 7-5 为四轴龙门铣床的外形图。由于龙门铣床的刚性和抗震性比较好,它允许采用较大的切削用量,并可用几个铣头同时从不同方向加工几个表面,机床生产效率高,因此在成批和大量生产中得到广泛应用。

第三节　铣　刀

一、铣刀的种类

铣刀的种类很多,根据铣刀装夹方法可分为带孔类铣刀和带柄类铣刀。带孔类铣刀多用于卧式铣床,带柄类铣刀多用于立式铣床。

1. 常用的带孔类铣刀

(1) 圆柱铣刀　通常分为直齿圆柱铣刀(图7-1(a))和斜齿圆柱铣刀(图7-2(a))两种,其刀齿分布在圆柱表面上,主要用其铣削平面。

(2) 圆盘铣刀　常用的有三面刃铣刀、锯片铣刀等。图7-2(c)为三面刃铣刀,主要用于加工不同宽度的直角沟槽及小平面、台阶面等。图7-2(f)为锯片铣刀,主要用于铣削窄缝和切断工件。

(3) 成形铣刀　如图7-2(g)、图7-2(h)、图7-2(i)所示的凸圆弧铣刀、凹圆弧铣刀、齿轮铣刀等,主要用于加工与切削刃形状相符的成形面。

(4) 角度铣刀　如图7-2(j)所示,其切削刃制造成各种不同的角度,主要用于加工各种角度的沟槽及斜面等。

2. 常用的带柄类铣刀

(1) 镶齿端铣刀　一般刀盘上装有硬质合金刀片,主要用于加工较大的平面,见图7-2(d)。

(2) 立铣刀　用于加工沟槽、小平面、台阶面等,见图7-2(e)。

(3) T形槽铣刀　专门用于加工T形槽,见图7-2(l)。

(4) 键槽铣刀　专门用于加工封闭式键槽。

(5) 燕尾槽铣刀　专门用于加工燕尾槽,见图7-2(k)。

二、铣刀的安装

1. 带孔铣刀的安装

带孔类铣刀多用于卧式铣床,一般安装在刀杆上,刀杆一端有7:24锥度用来与铣床主轴孔配合定中心,铣刀杆凸缘上键槽与主轴的端面键配合,用拉杆从主轴的后端拧入,通过拉杆上的锁紧螺母将铣刀杆固定在主轴上,装夹时铣刀应尽量靠近主轴,减少刀杆的变形,提高加工精度。圆柱形铣刀、圆盘形铣刀多用长刀杆安装(图7-6)。带孔铣刀中的端铣刀多用短刀杆安装(图7-7)。

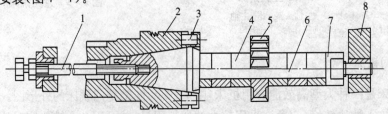

图7-6　圆盘铣刀的安装

1—拉杆　2—铣床主轴　3—端面键　4—套筒　5—铣刀　6—刀杆　7—螺母　8—刀杆支架

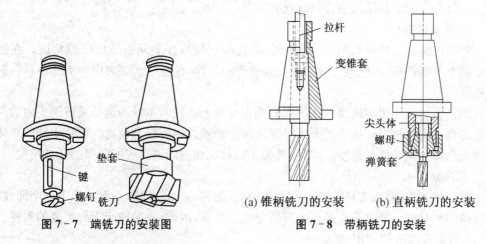

（a）锥柄铣刀的安装　　（b）直柄铣刀的安装

图7-7　端铣刀的安装图　　　　　图7-8　带柄铣刀的安装

2. 带柄铣刀的安装

带柄铣刀多用于立式铣床，直柄铣刀和锥柄铣刀采用不同的方法安装。

（1）锥柄铣刀的安装　锥柄铣刀锥柄大小如果与主轴孔大小相同，则可直接装入机床主轴内，用拉杆将铣刀拉紧；如果大小不同，根据铣刀锥柄的大小，选择合适的变锥套，将各配合表面擦净，用拉杆把铣刀及过渡套一起拉紧在主轴上，见图7-8(a)。

（2）直柄立铣刀的安装　这类铣刀多为小直径铣刀，一般其直径不超过$\phi20$ mm，多用弹簧夹头进行安装，见图7-8(b)。

第四节　铣床的附件及工件装夹

一、铣床的附件

铣床常用的附件有平口钳、回转工作台、万能立铣头、分度头等。

1. 平口钳

平口钳也叫机用虎钳，是一种通用夹具，主要用于安装尺寸小、形状规则的零件，如图7-9(a)所示。

（a）平口钳　　　　　（b）回转工作台　　　　　（c）万能立铣头

图7-9　常用铣床附件

2. 回转工作台

回转工作台又称转盘或圆形工作台，是立式铣床的重要附件，如图7-9(b)所示。回转工作台内部为蜗轮蜗杆传动，工作时，摇动手轮可使转盘做旋转运动。转台周围有刻度，用来确定转台位置，转台中央的孔用来找正和确定工件的回转中心。回转工作台适用于对较大工件进行分度和非整圆弧槽、圆弧面的加工。

3. 万能立铣头

万能立铣头前沿外形如图 7 - 9(c)所示,铣头主轴可在空间扳转出任意角度。在卧式铣床上装上万能铣头,不仅能完成各种立式铣床的工作,还能一次装夹中对工件进行各种角度的铣削。

万能铣头的底座用螺栓固定在铣床的垂直导轨上。铣床主轴的运动通过铣头内的两对锥齿轮传到铣头主轴上。铣头的壳体可绕铣床主轴轴线偏转任意角度。铣头主轴的壳体还能在铣头壳体上偏转任意角度。因此,铣头主轴就能在空间偏转成所需的任意角度。

4. 万能分度头

在铣削加工中,要求工件铣好一个面或槽后,能转过一定角度,继续加工下一个面或槽,这种转角叫做分度。分度头就是用来进行分度的装置,因此,它是铣床十分重要的附件。

(1)万能分度头的功用

能对工件做任意圆周等分或通过挂轮使工件做直线移距分度;可将工件轴线装置成水平、垂直或倾斜的位置;使工件随纵向工作台的进给做等速旋转,从而铣削螺旋槽、等速凸轮等。

图 7 - 10　万能分度头

(2)万能分度头的结构

万能分度头结构如图 7 - 10 所示,在它的底座上装有转动体,分度头主轴可随转动体在垂直面内向上 90°和向下 10°范围内转动。主轴的前端一般装有三爪卡盘或者顶尖来安装工件。分度时,拔出定位销,摇动分度手柄,通过蜗轮蜗杆带动分度头主轴旋转进行分度。

(3)万能分度头的分度原理

如图 7 - 11 所示,分度头中蜗轮传动的传动比 $i=1:40$。也就是说,手柄每转动一周,主轴转动 1/40 周,相当于工件等分 40 等分。如果工件在整个圆周上的分度数目 z 已知,那么每一个等分就要求分度头主轴转 $1/z$ 圈,这时分度手柄所需转的圈数 n 即可由 $n=40/z$ 推得。

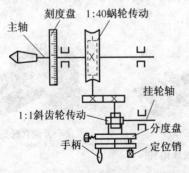

图 7 - 11　万能分度头传动系统图

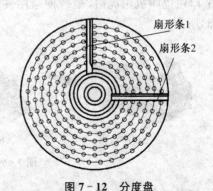

图 7 - 12　分度盘

(4)分度方法

分度头分度的方法有直接分度法、简单分度法、角度分度法和差动分度法等。这里仅介绍常用的简单分度法。$n=40/z$ 就是简单分度法计算转数的计算公式。分度时,如果求出的手柄转数不是整数,可利用分度盘上的等分孔距来确定。分度盘如图 7 - 12 所示,一般分度头备有两块分度盘。分度盘的两面各钻有不通的许多圈孔,各圈孔数均不相等(见表7-1),然而同一孔圈上的孔距是相等的。

表 7 - 1　分度盘各圈孔数表

第一块	正面	24	25	28	30	34	37
	反面	38	39	41	42	43	
第二块	正面	46	47	49	51	53	54
	反面	57	58	59	62	66	

例如:将工件进行 9 等份。则每一次分度手柄需要转动圈数为:

$$n = \frac{40}{z} = \frac{40}{9} = 4\,\frac{4}{9} = 4\,\frac{24}{54}(\text{转})$$

也就是说,每分一等份,手柄需转过 $4\,\frac{4}{9}$ 圈。其中 4 圈直接转动分度手柄即可,另外的 4/9 圈需通过分度盘(图 7 - 12)来控制。具体操作过程为先将分度盘固定,再将分度手柄上的定位销调整到孔数为 9 的倍数的孔圈上,如孔数为 54 的孔圈上。此时分度手柄转过 4 整圈后,再沿孔数为 54 的孔圈转过 24 个孔距即可。

为了保证手柄转过的孔距正确,避免重复数孔,可调整分度盘上的两个扇脚,其角度大小可根据需要的孔距数调节。若分度头手柄圈数转多了,则应将手柄多退回半圈左右,再转到正确位置,以消除传动件之间的间隙。

二、工件的安装

1. 平口钳安装工件

平口钳是通用夹具,由于它具有结构简单、夹紧牢靠等特点,所以在铣削加工时,常使用平口钳装夹中小型、形状规则的工件,如图 7 - 13 所示。

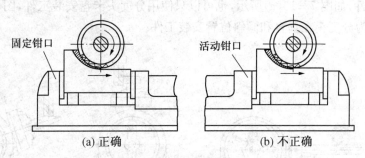

图 7 - 13　平口钳装夹工件

用平口钳装夹工件的注意点:

(1) 装夹工件时,必须将零件的基准面紧贴固定钳口或导轨面;装夹时还必须保证承受铣削力的为平口钳的固定钳口(图 7 - 13)。

(2) 工件的加工面必须高出钳口,如果工件低于钳口,可用平行垫铁垫高工件。

(3) 为了使工件紧密地靠在垫铁上,应用铜锤或木槌轻轻敲击工件,以用手不能轻易推动垫铁为止。

（4）工件在平口钳上装夹位置要适当，要使工件稳固牢靠，在铣削过程中不产生位移。

（5）为防止工件已加工表面被夹伤，可在钳口与工件间垫上铜皮等软金属。

2. 用压板装夹工件

对于大型工件或用平口钳难以安装的工件，可用压板、螺栓和垫铁将工件直接固定在工作台上，如图 7 - 14 所示。

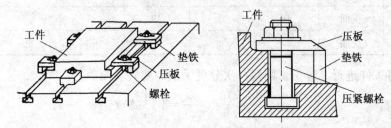

图 7 - 14　压板装夹工件

用压板装夹工件的注意点：

（1）压板的位置要安排得当，压点要靠近切削面，压力大小要合适。

（2）工件如果放在垫铁上，要检查工件与垫铁贴紧情况。若没有贴紧，必须垫上铜皮等软金属，直到贴紧为止。

（3）压板一端必须压在垫铁上，以免工件因受压紧力而变形。

（4）安装薄壁工件，在其空心位置处，可用活动支撑（千斤顶等）来支撑工件，增加其强度。

（5）工件压紧后，要用划针盘复查加工线是否仍与工作台平行，避免工件在压紧过程中变形或移动。

3. 用分度头安装工件

分度头安装工件一般用在等分工作中。它既可以用分度头卡盘（或顶尖）与尾架顶尖一起安装轴类零件，如图 7 - 15(a)所示，也可以只使用分度头卡盘安装工件，图 7 - 15(b)、图 7 - 15(c)所示为分度头在垂直和倾斜位置安装工件。

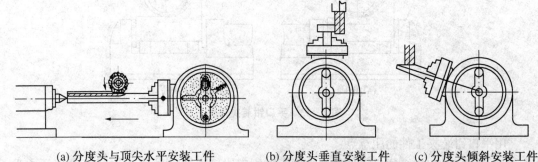

(a) 分度头与顶尖水平安装工件　　　(b) 分度头垂直安装工件　　　(c) 分度头倾斜安装工件

图 7 - 15　用分度头装夹工件

4. 专用夹具装夹工件

当零件的生产批量较大时，可采用专用夹具或组合夹具装夹工件，这样既能提高生产效率,又能保证产品质量。

第五节　铣削基本操作

一、铣削平面

在铣床上铣削平面时选择不同铣刀,其安装方法与铣削方法均有所不同,通常我们选择圆柱铣刀、端铣刀或立铣刀在卧式铣床或立式铣床上进行平面铣削加工。

1. 圆柱铣刀铣平面(图 7-1(a))

圆柱铣刀铣削平面一般在卧式铣床上进行,像采用这种刀齿分布在圆周表面的铣刀铣削平面的方式又称为周铣法。根据铣刀的旋转方向与工件进给方向的关系,又将周铣法分为顺铣与逆铣两种方式。顺铣时,铣刀的旋转方向与工件的进给方向相同;逆铣时,铣刀的旋转方向与工件的进给方向相反。

逆铣时,铣刀的刀刃开始接触工件后,将在表面滑行一段距离后才真正切入金属。这就使得刀刃容易磨损。而且铣刀对工件有上抬的切削分力,影响工件的稳固性,见图7-16(a)。

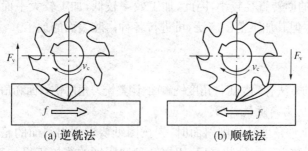

(a) 逆铣法　　　　　　　　(b) 顺铣法

图 7-16　逆铣法与顺铣法

顺铣时铣削的水平分力与工件的进给方向相同,工件的进给会受工作台传动丝杠与螺母之间间隙的影响,工作台的窜动和进给量不均匀,因此铣削力忽大忽小,严重时会损坏刀具与机床,见图 7-16(b),因此用圆柱铣刀铣平面时一般用逆铣法加工。

圆柱铣刀铣削平面的加工步骤:

(1) 正确安装铣刀和装夹工件,选择合适的铣削用量。

(2) 开车使铣刀旋转,升高工作台使工件和铣刀稍微接触;停车,将垂直丝杠刻度盘对准零线。

(3) 纵向退出工件。

(4) 利用刻度盘将工作台升高到规定的铣削深度位置,紧固升降台和横梁滑板。

(5) 先用手动使工作台纵向进给,在刀具切入工件后,改为自动进给,工件的进给方向通常与切削速度方向相反。

(6) 铣完一刀后停车,退回工作台,测量工件尺寸。重复铣削工件到规定要求尺寸。

2. 端铣刀铣平面

采用端铣刀铣削平面,在立式铣床或卧式铣床上均可进行(图 7-17),这种铣削平面的方法又称为端铣法。

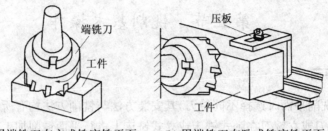

(a) 用端铣刀在立式铣床铣平面　　　(b) 用端铣刀在卧式铣床铣平面

图 7‑17　端铣刀铣平面

端铣刀大多数镶有硬质合金刀头,其刀杆又比较短,刚性好,铣削过程更为平稳,所以加工时可以采用大的铣削用量切削,加工效率高。另外端铣时端面铣刀的刀刃又起修光作用,因此表面粗糙度 R_a 值较小。端铣法既提高了生产率,又提高了表面质量,因此端铣已成为在大批量生产中加工平面的主要方式之一。

3. 立铣刀铣平面

在立式铣床上还可以采用立铣刀加工平面,如图 7‑2(e)。与端铣刀相比,由于它的回转直径相对端铣刀的回转直径较小,因此,加工效率较低,加工较大平面时,有接刀纹,表面粗糙度 R_a 值较大。但其加工范围广泛,可进行各种内腔表面的加工。

二、铣削斜面

铣削斜面常用的方法有调整工件角度铣斜面、调整铣刀角度铣斜面和角度铣刀铣斜面三种。

1. 调整工件到所需角度铣斜面

(1) 划线校正工件角度　铣削斜面时,先按图纸要求划出斜面的轮廓线。对尺寸不大的工件,可用平口钳装夹。工件装夹后,用划针盘把所划的线校正得与工作台平行,然后夹紧,进行铣削,就可得到所需的斜面。这种方法因为需要划线与校正,步骤复杂,只适合单件或小批量生产。

(2) 垫铁调整工件角度　如图 7‑18(a)所示,在零件基准的下面垫一块倾斜的垫铁,则铣出的平面就与基准面成倾斜位置。改变倾斜垫铁的角度,可加工不同角度的斜面。用倾斜垫铁装夹工件比较方便,因而在小批量生产中常用这种加工方法。

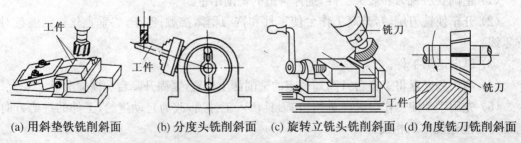

(a) 用斜垫铁铣削斜面　(b) 分度头铣削斜面　(c) 旋转立铣头铣削斜面　(d) 角度铣刀铣削斜面

图 7‑18　铣削斜面

(3) 万能分度头调整工件角度　如图 7‑18(b)所示,在一些圆柱形和特殊形状的零件上加工斜面时,可利用分度头将工件调整到所需位置再铣出斜面。

2. 调整铣刀到所需角度铣削斜面

在铣头可回转的立式铣床上加工斜面时可以调整立铣头的角度,使铣刀角度倾斜到与工件斜面角度相同后铣削斜面,如图 7-18(c)所示。此方法铣削时,由于工件必须做横向进给才能铣出斜面,因此受工作台行程等因素限制,不宜铣削较大的斜面。

3. 角度铣刀铣削斜面

较小的斜面可以直接用角度铣刀铣出。如图 7-18(d)所示,其铣出的斜面的倾斜角度由铣刀的角度保证。

三、铣削沟槽

在铣床上能加工的沟槽种类很多,如直角沟槽、V 形槽、T 形槽、燕尾槽和键槽等。本书只介绍直角沟槽、键槽、T 形槽和燕尾槽的铣削加工。

1. 铣削直角沟槽

加工敞开式直角沟槽,当尺寸较小时,一般都选用三面刃盘铣刀加工,成批生产时采用盘形槽铣刀加工,成批生产尺寸较大的直角沟槽则选用合成铣刀;加工封闭式直角沟槽,一般采用立铣刀或键槽铣刀在立式铣床上加工。需要注意的是,在采用立铣刀铣削沟槽时,特别是铣窄而深的沟槽时,由于排屑不畅,散热面小,所以在铣削时采用较小的铣削用量。同时,由于立铣刀中央无切削刃,不能向下进刀,因此必须在工件钻一落刀孔以便其进刀。如图 7-19 所示。

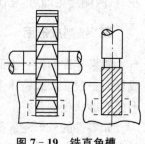

图 7-19 铣直角槽

2. 铣削键槽

常见的键槽有封闭式和敞开式两种。加工单件封闭式键槽时,一般在立式铣床上进行,工件可用平口钳装夹;大批量加工封闭式键槽时,用键槽铣刀在键槽铣床上进行铣削,用抱钳夹紧工件,见图 7-20(a),加工时应注意键槽铣刀一次轴向进给不能太大,要逐层切削;敞开式键槽多在卧式铣床上用三面刃铣刀进行加工,见图 7-20(b)。

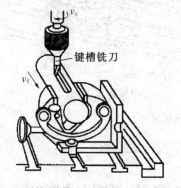

(a) 用抱钳装夹工件铣封闭式键槽

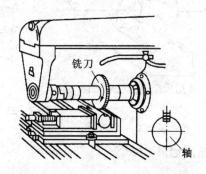

(b) 在卧式铣床上铣敞开式键槽

图 7-20 铣键槽

在铣削键槽时,首先需要做好对刀工作,以保证键槽的对称度。

3.铣削 T 形槽

加工 T 形槽时,首先划出槽的加工线,然后铣出直角槽,再在立式铣床上用 T 形槽铣刀铣出 T 形槽,见图 7-21。最后再用角度铣刀铣出倒角即可。

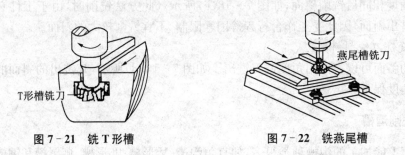

图 7-21　铣 T 形槽　　　　　　　　　图 7-22　铣燕尾槽

4.铣削燕尾槽

铣削燕尾槽的加工过程与加工 T 形槽相似。先铣出直角槽后,再选用燕尾槽铣刀铣出左、右两侧燕尾即可,见图 7-22。

四、铣削成形面

如果零件的某一表面在截面上的轮廓线是由曲线和直线所组成,这个面就是成形面。成形面一般在卧式铣床上用成形铣刀来加工,如图 7-23(a)所示。成形铣刀的形状要与成形面的形状相吻合。

如零件的外形轮廓是由不规则的直线和曲线组成,这种零件就称为具有曲线外形表面的零件。这种零件一般在立式铣床上铣削。对于要求不高的曲线外形表面,可按工件上划出的线迹移动工作台进行加工,顺着线迹将打出的样冲眼铣掉一半。在成批及大量生产中,可以采用靠模夹具或专用的靠模铣床来对曲线外形面进行加工,如图 7-23(b)。

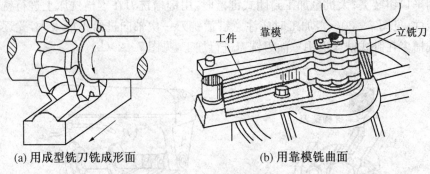

(a)用成型铣刀铣成形面　　　　　　　(b)用靠模铣曲面

图 7-23　铣成形面

五、铣削齿形

齿形的加工原理可分为两大类:展成法(又称范成法),它是利用齿轮刀具与被切齿轮的互相啮合运动而切出齿形的方法,如插齿和滚齿加工等;成形法(又称型铣法),它是利用仿照与被切齿轮齿槽形状相符的盘状铣刀或指状铣刀切出齿形的方法,如图 7-24 所示。

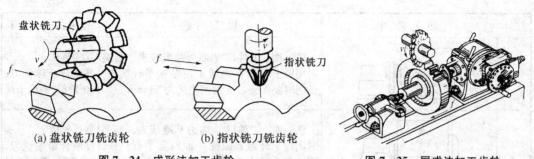

(a) 盘状铣刀铣齿轮　　　　　(b) 指状铣刀铣齿轮

图 7-24　成形法加工齿轮　　　　　图 7-25　展成法加工齿轮

铣削时,工件在卧式铣床上用分度头装夹,如图 7-25 所示,用一定模数的盘状或指状铣刀进行铣削。每当加工完一个齿槽后,对工件进行分度,再进行下一个齿槽的铣削,直至所有齿槽加工完毕。

第六节　铣削加工实例

铣削如图 7-26 所示的工件,工件的材料为 HT150,毛坯的尺寸为105 mm×55 mm×55 mm。

1. 铣床及铣刀的选择

铣削 6 个平面(*a* 面、*b* 面、*c* 面、*d* 面、*e* 面、*f* 面),选用直径为 60 mm 硬质合金端铣刀在立式铣床上进行加工;加工台阶则选用直径为 16 mm 立铣刀在立式铣床上进行多次加工;零件上键槽在立式铣床用直径为 18 mm 的键槽铣刀加工。

2. 工件装夹

由于本零件形状规则,尺寸较小,加工时可采用平口钳装夹。为了防止夹坏已加工表面,必须在钳口与工件间垫上铜皮等软金属。

3. 铣削加工步骤。

零件的铣削加工步骤见表 7-2。

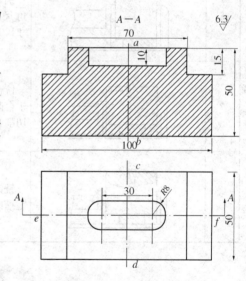

图 7-26　加工实例图

表 7-2　矩形工件铣削操作步骤

序号	加工简图	加工内容	铣床、铣刀、量具
1		铣 *a* 面:工件以 *b*、*c* 面为粗基准,*c* 面并靠向固定钳口装夹。用平行垫铁将工件垫高到合适的位置	立式铣床、硬质合金端铣刀
2		铣 *d* 面:工件以 *a* 面为基准靠向固定钳口装夹,活动钳口处放一圆棒以夹紧工件	立式铣床、硬质合金端铣刀、90°角尺、游标卡尺

序号	加 工 简 图	加 工 内 容	铣床、铣刀、量具
3	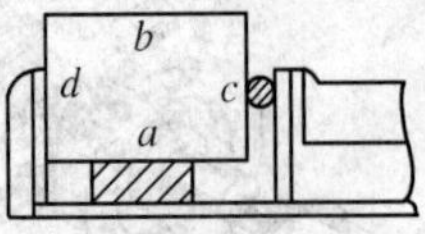	铣 b 面：工件以 d 面为基准装夹。装夹时用锤子轻敲 b 面使 a 面贴紧平行垫铁。铣削时要保证 a、b 面间距离为 50 mm	立式铣床、硬质合金端铣刀、90°角尺、游标卡尺
4	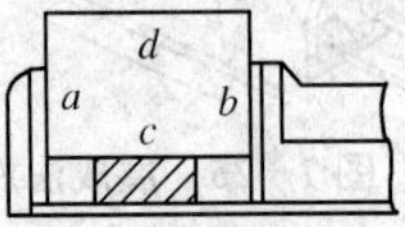	铣 c 面：工件以 a 面为基准装夹。装夹时用锤子轻敲 c 面使 d 面贴紧平行垫铁。再铣削至尺寸 40 mm	立式铣床、硬质合金端铣刀、90°角尺、游标卡尺
5	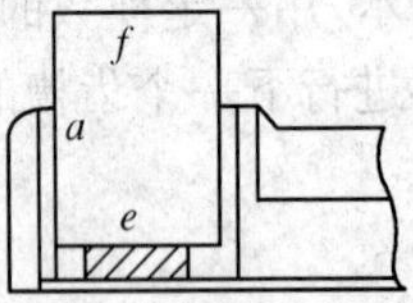	铣 f 面：工件以 a 面为基准装夹，轻轻夹紧工件。用 90°角尺检验找正。最后夹紧工件，铣削 f 面	立式铣床、硬质合金端铣刀、90°角尺
6	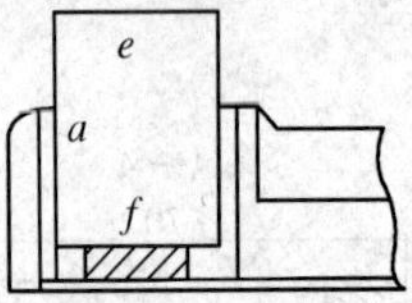	铣 e 面：工件以 a 面为基准装夹，用 90°角尺检验找正后，夹紧工件铣削至尺寸 100 mm	立式铣床、硬质合金端铣刀、90°角尺、游标卡尺
7	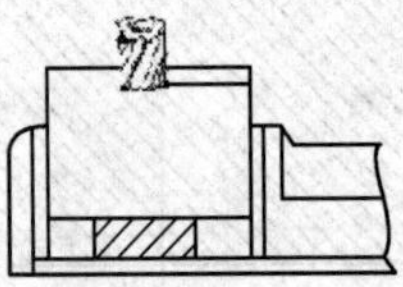	铣台阶面：工件以 c、d 面为基准装夹，由于台阶尺寸为 15 mm×15 mm，要进行多次切削，直到达到尺寸要求	立式铣床、立铣刀、游标卡尺
8	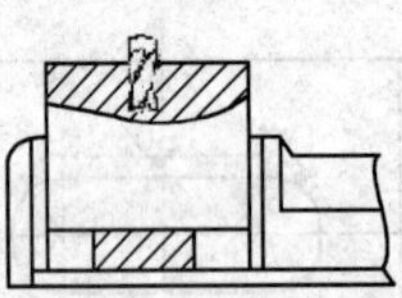	铣键槽：用键槽铣刀加工键槽，注意保证键槽的位置与尺寸	立式铣床、键槽铣刀、游标卡尺

复习思考题

1. 铣削加工时主运动和进给运动各是什么？

2. 铣削加工范围有哪些？

3. 万能卧式铣床主要由哪几部分组成？各部分的主要作用是什么？

4. 常见的铣刀有哪些？

5. 如何安装带柄类铣刀和带孔类铣刀？

6. 加工齿数 $z=28$ 的齿轮，试用简单分度法计算出每铣一齿，分度头手柄应转过多少圈？

7. 铣削斜面的加工方法有哪些？

第八章　刨削加工训练

第一节　概　　述

在刨床上使用刨刀对工件进行加工的过程称为刨削加工。刨削加工范围很广泛,可用来加工平面(如水平面、垂直面与斜面)、沟槽(如 V 形槽、T 形槽、燕尾槽)以及一些成形面等,如图 8-1 所示。

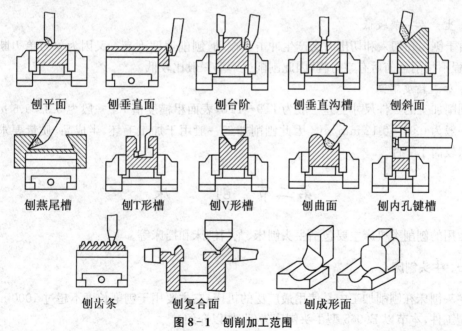

刨平面　　刨垂直面　　刨台阶　　刨垂直沟槽　　刨斜面

刨燕尾槽　　刨T形槽　　刨V形槽　　刨曲面　　刨内孔键槽

刨齿条　　刨复合面　　刨成形面

图 8-1　刨削加工范围

一、刨削运动与刨削用量

在使用牛头刨床刨削时,主运动为刨刀沿工件表面的直线往复运动,进给运动为工件的横向间歇移动,刨削运动如图 8-2 所示。牛头刨床的刨削用量包括刨削速度、进给量和背吃刀量。

1. 刨削速度 v_c

刨刀刨削时往复运动的平均速度,其值可按下式计算:

$$v_c = 2Ln/1000(\text{mm/min})$$

式中:L 为刨刀往复行程长度(mm);n 为滑枕每分钟往复次数(往复次数/min)。

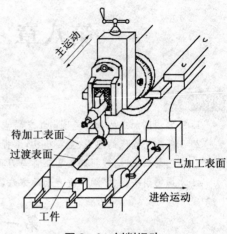

2. 进给量 f

刨刀每往返一次,工件横向移动的距离。B6065 型牛头刨床的进给量值可按下式计算:

$$f = k/3(\text{mm})$$

式中:k 为刨刀每往复一次,棘轮被拨过的齿数。

3. 背吃刀量(刨削深度 a_p)

每次进给过程中,工件上已加工表面与待加工表面之间的垂直距离(mm)。

图 8-2　刨削运动

二、刨削加工的特点

1. 刨削加工通用性好、适应性强

刨床结构简单,调整和操作方便,一人可同时操作几台刨床,刨刀形状简单,刃磨和安装方便。

2. 生产率一般较低

由于刨刀在切入和切出时会产生冲击和振动,刨削速度不高。又因为单刀单刃断续切削,回程不切削且前后有空行程,因此刨削生产率一般比较低。

3. 加工精度不高

刨削加工的工件尺寸公差一般为 IT9～IT8,表面粗糙度值 R_a 一般为 6.3～1.6 μm,直线度一般为 0.04～0.12 mm/m。因此刨削加工一般用于加工毛坯、半成品、质量要求不高及形状较简单零件。

第二节　刨　　床

常用的刨削类机床主要包括牛头刨床、龙门刨床和插床等。

一、牛头刨床

牛头刨床在刨削加工中是使用最广泛的机床,它主要用于刨削长度不超过 1000 mm 的中小型工件,本节以 B6065 型牛头刨床为例,加以介绍。

1. 牛头刨床的型号

图 8-3 所示为 B6065 型牛头刨床,其型号 B6065 中字母和数字的含义如下:

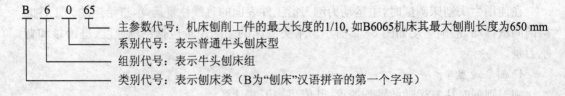

B 6 0 65
- 主参数代号:机床刨削工件的最大长度的1/10,如B6065机床其最大刨削长度为650 mm
- 系别代号:表示普通牛头刨床型
- 组别代号:表示牛头刨床组
- 类别代号:表示刨床类(B为"刨床"汉语拼音的第一个字母)

2. 牛头刨床的结构

牛头刨床的机构组成如图8-3所示。其主要由下列几部分组成：

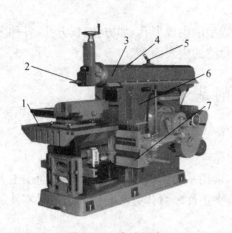

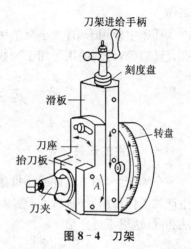

图8-3　牛头刨床

1—工作台　2—刀架　3—滑枕　4—滑枕位置手柄

5—滑枕锁紧手柄　6—床身　7—横梁

图8-4　刀架

（1）刀架（图8-4）　主要用来夹持刀具。转动刀架进给手柄，刀架可上下移动，以调整刨削深度或加工垂直面时做进给运动。松开转盘上的螺母，将转盘扳转一定角度后，可使刀架做斜向进给，以加工斜面。滑板上装有可偏转的刀座，其上的抬刀板可使刨刀回程时抬起，防止划伤已加工表面和减少摩擦阻力。

（2）滑枕　主要用来带动刀架（或刨刀）沿水平方向做直线往复运动。其运动速度、行程长度、起始位置均可调整。

（3）床身　主要用来支撑和连接各零部件。其顶面的水平导轨供滑枕作水平直线往复运动，侧面导轨供横梁作升降运动。床身内部还装有摇臂机构和棘轮进给机构。

（4）横梁　主要用来带动工作台做上下和左右进给运动，其内部有丝杠螺母副。

（5）工作台　主要用来直接安装工件或装夹夹具，台面上有T型槽供安装工件和夹具用。它可随横梁一起做上下调整，并可沿横梁水平导轨做进给运动。

二、龙门刨床

具有"龙门"式的框架和卧式长床身的刨床称为龙门刨床。在龙门刨床上加工时，主运动为工作台的往复直线运动，进给运动是垂直刀架沿横梁上的水平移动和侧刀架在立柱上的垂直移动。

与牛头刨床相比，龙门刨床具有形体大、动力大、结构复杂、刚性好、工作稳定、工作行程长、适应性强和加工精度高等特点。它主要用于加工大型零件上的平面或沟槽。对中小型零件，其可以一次装夹多个，用几把刨刀同时加工。

三、插床

插床实质上是一种立式刨床，它的结构原理与牛头刨床属于同一类型，只是结构上略有区别。加工时，滑枕带动刀具沿立柱导轨做直线往复运动，实现切削过程的主运动。工件安装在工作台上,工作台可实现纵向、横向和圆周方向的间歇进给运动。工作台除了做圆周进给外,还可进行圆周分度。滑枕可以在垂直平面内相对立柱倾斜 0～8°,以便加工斜槽和斜面。

插床主要用于单件、小批量生产中加工直线型的内成形孔,如方孔、长方孔、各种多边形孔及键槽等,特别适用于加工一些不通孔或有台阶的内表面。

第三节　刨削基本训练

一、工件的安装

在刨床上,加工单件或小批量生产的工件,常用平口钳或压板装夹工件。而加工大批量生产的工件可用专门设计制造的专用夹具来装夹工件。具体方法与铣削加工时零件装夹方法相同,这里不再介绍。

二、刨削水平面

刨削平面的具体操作步骤如下:

(1) 刀具的选择与装夹　根据工件的材料、加工表面的精度及表面粗糙度选择刨刀。粗刨时选用普通直头或弯头平面刨刀,精刨时选用较窄的圆头精刨刀(圆弧半径为 3～5 mm),刀具选好后正确安装在刀架上。

(2) 工件的装夹与校正　工件较小时可采用平口钳装夹,当工件尺寸较大或在平口钳上不便于装夹时,可直接装夹在工作台面上。

(3) 机床的调整　调整刨刀的行程长度、起始位置、行程速度、工作台的高度。

(4) 参数的选择及调整　粗刨时,背吃刀量 a_p 和进给量 f 取大值,切削速度 v_c 取较低值;精刨时,一般 $a_p=0.2\sim0.5$ mm, $f=0.33\sim0.66$ mm, $v_c=17\sim50$(mm/min),根据所选数值调整刨床。

(5) 开车试切,当工作台横向进给 1～2 mm 时停车检查刨削尺寸是否符合要求,当不符合要求时利用刀架上的刻度盘调整切削深度。如果工件加工余量较大时,可分几次刨削。在加工过程中当刨刀返回时,可用手掀起刀座上的抬刀板,使刀尖不与工件摩擦,这样可提高工件的表面光整度。

三、刨削垂直面和斜面

1. 刨削垂直面

其工作步骤与刨水平面相似,不同的是刨削垂直面时选用偏刀,用手摇刀架进给,切削深度由工作台横向移动来调整。加工时,为了避免刀座与加工表面发生干涉,必须将刀座转偏一个角度(10°～15°),并且刀架转盘刻度线应对准零线,见图 8-5(b)。安装工件时,要通过找正使待加工表面与工作台台面垂直,并与刨刀切削行程方向平行,如图 8-5(a)所示。

2. 刨削斜面

(1) 刨刀的选择

刨削倾斜角度较大的外斜面时,可以采用普通的平面刨刀;刨削倾斜角度较小的斜面

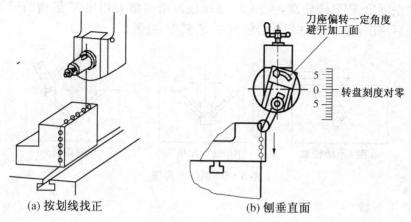

(a) 按划线找正　　　　(b) 刨垂直面

图 8-5　刨削垂直面

时,可使用台阶偏刀;当要加工内斜面时,可选用刀尖角度小于工件角度的角度刀。

(2) 刨削斜面方法

刨削斜面方法很多,最常用的是倾斜刀架法,如图 8-6 所示。安装刨刀时,刨刀伸出的长度应大于整个斜面的高度。刨削时,刀架转盘要扳转相应的角度(如刨削斜度为 60° 的斜面,刀架需偏转 30°),从而使刀架的手动进给方向与斜面平行。此外,刀座还要偏转大约 15° 的角度,使刀座上部转离加工面,以便刨刀返回行程中抬刀时,刀尖离开已加工表面。在刀具返回行程终了时,只能用手动来进刀。

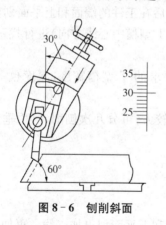

图 8-6　刨削斜面

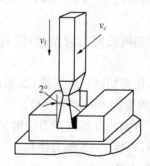

图 8-7　刨削窄直角沟槽

四、刨削沟槽

1. 刨削直角沟槽

当槽的宽度较小时,在工艺系统刚度允许的条件下,使用切槽刀一次进刀刨出所需的槽宽,如图 8-7 所示。当槽的宽度较大而且槽比较深时,可先用尖头刨刀分层切削,粗刨出槽宽,槽底并留出精刨余量,再用左、右台阶偏刀粗刨槽的两侧并与槽底结合,然后使用割槽刀精刨槽的底面至要求的尺寸,最后用左右偏刀精刨槽宽至要求尺寸。

2. 刨削 V 形槽

刨 V 形槽时,如图 8-8 所示。其刨削方法是将刨平面与刨斜面的方法综合进行:先用刨平面的方法刨出 V 形槽轮廓,见图 8-8(a);再用切槽刀切出 V 形槽的退刀槽,见图 8-8(b);最后用刨斜面的方法用偏刀刨出左、右斜面,见图 8-8(c)。

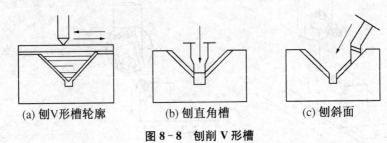

(a) 刨V形槽轮廓　　　　(b) 刨直角槽　　　　(c) 刨斜面

图 8-8　刨削 V 形槽

3. 刨削 T 形槽

具体加工过程见图 8-9 所示。

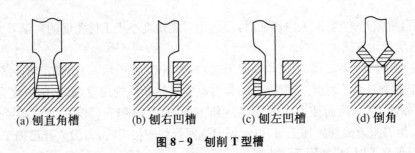

(a) 刨直角槽　　(b) 刨右凹槽　　(c) 刨左凹槽　　(d) 倒角

图 8-9　刨削 T 型槽

(1) 先刨出各关联平面,以达到图纸的要求,然后在工件的端面和上平面划出加工线。

(2) 选择合理方式安装工件,并正确地在纵向(T 型槽中心线方向)进行找正,然后夹紧工件。

(3) 先用切槽刀刨出直角槽,使其宽度等于要求的 T 型槽宽度,深度也等于 T 型槽深度。

(4) 用弯切刀切削一侧凹槽,如果凹槽的高度较大,可分几次刨削,再用垂直刀精刨一次,以使凹槽的垂直面的槽壁平整。

(5) 换上方向相反的弯切刀刨削另一侧的凹槽。

(6) 最后,再换上 45°刨刀倒角。

4. 刨削燕尾槽

刨燕尾槽与刨 T 形槽过程相似,先在零件端面和上平面划出加工线。再加工出直角槽后,再用刨削斜面的方法用角度刀刨削出左、右两侧燕尾,如图 8-10 所示。

(a) 刨直槽　　　　(b) 刨左燕尾槽　　　　(c) 刨右燕尾槽

图 8-10　刨削燕尾槽

第四节　刨削加工实例

刨削如图 8 - 11 所示的工件，工件的材料为 HT150，毛坯尺寸为 66 mm×56 mm ×46 mm。

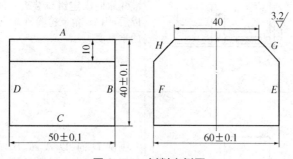

图 8 - 11　刨削实例图

1. 刨刀的选择

本零件可用平面刨刀及偏刀在 B6065 型牛头刨床上进行刨削加工。

2. 工件的装夹

本零件形状规则，尺寸比较小，可采用平口钳装夹。

3. 切削用量的选择

加工本零件时切削速度选择为 $v_c=17 \sim 50$（m/min）。根据切削速度又可确定滑枕每分钟的往返次数 $n \approx 106 \sim 312$（次/min）（取 $L=80$ mm）。实习时，取较小值，并按所取值调整滑枕变速手柄的位置。然后再根据夹好的工件长度和位置来调整滑枕的行程起始位置与滑枕的行程长度。背吃刀量 a_p 选择 1~2 mm。进给量 f 选择为 0.33~0.66（mm/往复行程）。

4. 对刀试切

在开车对刀时，使刀尖轻轻地擦到工件表面，观察切削位置是否合适。不合适，重新调整机床。

5. 刨削加工步骤

零件的具体刨削操作步骤见表 8 - 1。

表 8 - 1　矩形工件刨削操作步骤

加工方法	序号	加工简图	加工内容	刀具、量具
刨水平面	1		刨削 A 面：以 B 面为粗基准并靠向固定钳口装夹，用平行垫铁将工件垫高到合适的位置。活动钳口处放一圆棒以夹紧工件	平面刨刀、游标卡尺

加工方法	序号	加工简图	加工内容	刀具、量具
刨水平面	2	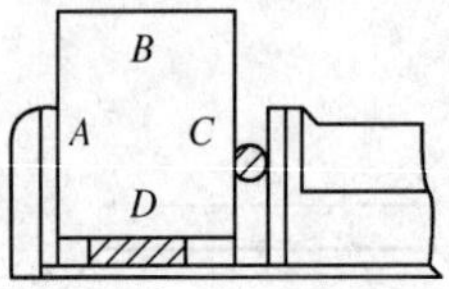	刨削 B 面:以 A 面为定位精基准并靠向固定钳口装夹。加工完成后,用90°角尺检验 A 面与 B 面的垂直度	平面刨刀、90°角尺、游标卡尺
	3	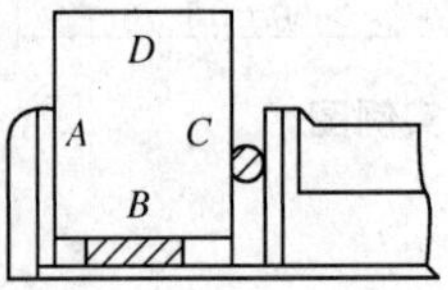	刨削 D 面:以 A 面、B 面为定位精基准装夹。保证 D 面与 B 面之间的尺寸 50±0.1 mm。并保证 D 面与 A 面垂直	平面刨刀、90°角尺、游标卡尺
	4	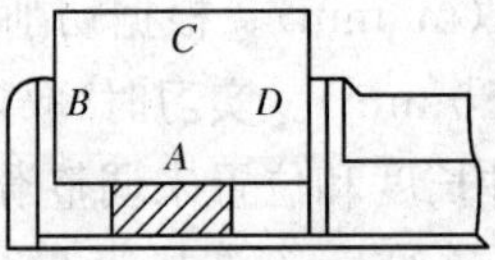	刨削 C 面:以 B 面与 A 面为定位精基准装夹。保证 A 面、C 面之间的尺寸 40±0.1 mm,并保证 C 面与 D 面垂直且平行于 A 面	平面刨刀、90°角尺、游标卡尺
刨垂直面	5	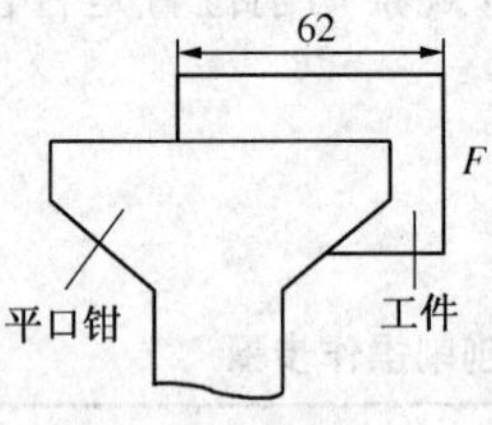	刨削 F 面:以 A 面、B 面为定位基准。根据本章第四节第二段中所讲垂直面的加工方法加工 F 面。保证 F 与 A、B 都垂直	偏刀、90°角尺、游标卡尺
	6	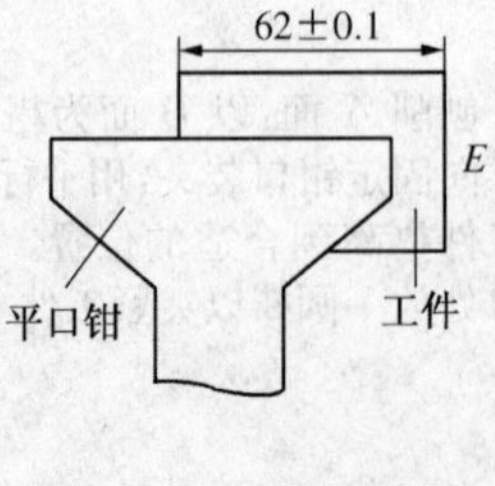	刨削 E 面:以 A 面、B 面为定位基准装夹。根据本章第四节第二段中所讲垂直面的加工方法加工 E 面。保证尺寸 60±0.1 mm	偏刀、90°角尺、游标卡尺

续　表

加工方法	序号	加工简图	加工内容	刀具、量具
刨削斜面	7	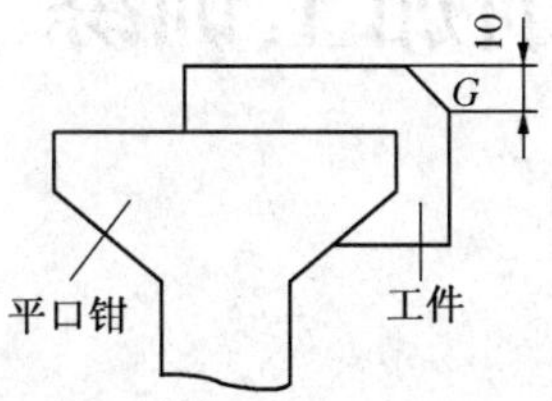 平口钳　　工件	刨削斜面 G 面：采用倾斜刀架法刨削斜面 G。保证其尺寸如左图所示	偏刀、游标量角尺、游标卡尺
	8	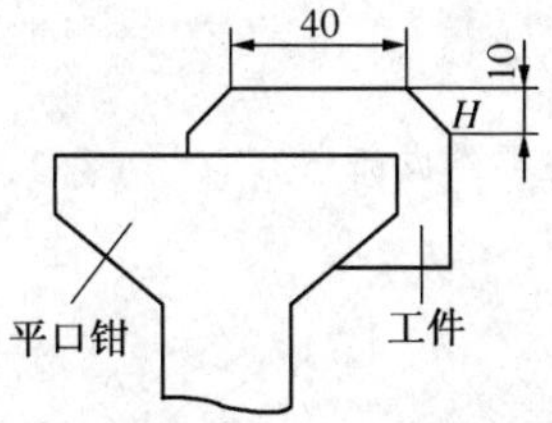 平口钳　　工件	刨削斜面 H 面：同上采用倾斜刀架法加工斜面 H。保证其尺寸如左图所示	偏刀、游标量角尺、游标卡尺

复习思考题

1. 刨削加工范围有哪些?
2. 牛头刨床刨削平面时的主运动和进给运动各是什么?
3. 牛头刨床主要由哪几部分组成? 各有何作用?
4. 常见的刨刀有哪几种? 各有什么作用?
5. 简述刨削 T 形槽的一般步骤。

第九章　磨削加工训练

训练重点

1. 了解磨削加工的特点及加工范围。
2. 了解砂轮的特性、种类、使用及其正确选择。
3. 掌握磨削的安全生产技术规程。
4. 掌握外圆磨床、内圆磨床和平面磨床的用途及主要组成部分。
5. 掌握外圆、内圆、平面的磨削方法。
6. 掌握磨削外圆、内圆、平面的装夹方法和特点。
7. 了解新的磨削方法和工艺。
8. 掌握独立操作完成平面、外圆加工的基本技能。

第一节　概　　述

　　磨削加工是在磨床上以砂轮为切削工具对工件表面进行切削加工的方法。在机械制造业中,它是零件精加工的主要方法之一。

一、磨削加工的范围及其工艺特点

1. 磨削加工的范围

　　磨削能加工的表面有平面、内外圆柱面、内外圆锥面以及成型面(花键、齿轮、螺纹等)的精加工,以获得高的尺寸精度和较小的表面粗糙度。其中以平面磨削、外圆磨削和内圆磨削最为常见,如图9-1所示为常见的几种磨削加工类型。

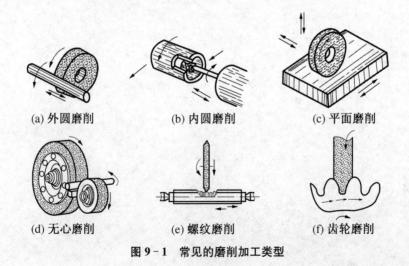

(a) 外圆磨削　　　　(b) 内圆磨削　　　　(c) 平面磨削

(d) 无心磨削　　　　(e) 螺纹磨削　　　　(f) 齿轮磨削

图 9-1　常见的磨削加工类型

2. 磨削加工的工艺特点

与其他切削加工(车削、铣削和刨削)相比,磨削加工具有以下特点:

(1) 加工精度高、表面粗糙度小。磨削加工属于多刃、微刃切削,磨削时,表面上有极多的磨粒进行切削,每个磨粒相当于一个刃口半径很小但很锋利的切削刃,能切下一层很薄的金属。经磨削加工的工件一般尺寸公差等级可达 IT6~IT5,表面粗糙度 R_a 值一般为0.8~0.2 μm,精磨后的 R_a 值更小。

(2) 磨削速度大、磨削温度高。磨床的磨削速度很高,是一般切削加工的 10~20 倍,一般可达 v_c=30~50 m/s;磨削背吃刀量很小,一般 a_p=0.01~0.05 mm。由于磨削速度很高,故磨削时的温度很高,砂轮与工件接触区的瞬时温度可达 800~1000℃。剧热会使磨屑在空气中发生氧化作用,产生火花。高的磨削温度会烧伤工件的表面,使工件硬度下降,严重时产生微裂纹,会降低工件的表面质量和使用寿命。因此,为了减少摩擦和散热,降低磨削温度,及时冲走磨屑,以保证工件的质量,在磨削时一般都要使用冷却液。

(3) 加工范围较广。磨削不但可加工普通碳钢、铸铁等常用黑色金属材料,还能加工一般刀具难以加工的高硬度、高脆性材料,如经过热处理后的淬火钢工件。但磨削不适宜加工硬度很低但塑性很好的有色金属材料,因为磨削这些材料时,容易堵塞砂轮,使砂轮失去切削性能。

二、磨削运动与磨削用量

图 9-2 所示为磨削外圆时的磨削运动和磨削用量。

1. 主运动与磨削速度

砂轮的旋转速度是主运动;砂轮外圆周的线速度称为切削速度,可用下式计算:

$$v_c=\pi d_s n_s/(1000\times60)$$

式中:d_s 为砂轮直径(mm);n_s 为砂轮每分钟转速(r/min)。

2. 圆周进给运动和圆周进给速度

工件的旋转运动是圆周进给运动;磨削工件外圆处的线速度称为圆周进给速度 v_w(m/s),可用下式计算

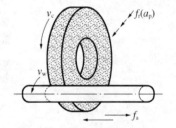

图 9-2　磨削外圆时的磨削运动和磨削用量

$$v_w=\pi d_w n_w/(1000\times60)$$

式中:d_w 为工件磨削外圆直径(mm);n_w 为工件每分钟转速(r/min)。

3. 纵向进给运动和纵向进给量

工作台带动工件所做的直线往复运动称为纵向进给运动;工件每转一转时相对砂轮在纵向运动方向上的位移称为纵向进给量,用 f_a 表示,单位为 mm/r。

4. 横向进给运动和横向进给量

砂轮沿工件径向的移动称为横向进给运动;工作台每往复行程(或单行程)一次砂轮相对工件径向移动的距离称为横向进给量,用 f_r 表示。横向进给量实际上是砂轮每次切入工件的深度,即磨削深度,也可以用背吃刀量 a_p 表示,其单位为 mm。

第二节　常用磨削加工设备及工艺

一、外圆磨床

1. 外圆磨床的型号及其结构

外圆磨床分普通万能外圆磨床和普通外圆磨床。万能外圆磨床由于增加了内圆磨头,不仅能磨削外圆柱面、轴肩端面及外圆锥面,还可磨削内圆柱面、内台阶面及内圆锥面。下面以 M1432A 型万能外圆磨床为例进行介绍。

(1) 万能外圆磨床的型号

按 GB/T15375-1994 规定:M1432A 型号的含义为:

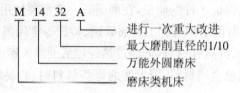

（M 14 32 A）
- 进行一次重大改进
- 最大磨削直径的1/10
- 万能外圆磨床
- 磨床类机床

(2) 万能外圆磨床的结构

万能外圆磨床由床身、工作台、头架、尾座、内圆磨头、砂轮架等组成,如图 9-3 所示。

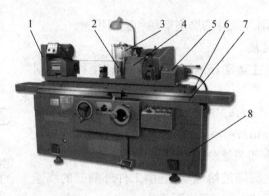

图 9-3　万能外圆磨床
1—头架　2—砂轮　3—磨架　4—砂轮架　5—尾架　6—上工作台　7—下工作台　8—床身

① 床身　床身用于支承和连接各部件。其上部装有工作台和砂轮架,内部装有液压传动系统。床身上的纵向导轨供工作台移动用,横向导轨供砂轮架移动用。

② 工作台　工作台由液压驱动,沿床身的纵向导轨做往复直线运动,使工件实现纵向进给。在工作台前侧面的 T 形槽内,装有两个换向挡块,用以控制工作台自动换向;工作台也可手功。工作台分上下两层,上层可在水平面内偏转一个较小的角度(±8°),以便磨削圆锥面。

③ 头架　头架上有主轴。主轴端部可以安装顶尖、拨盘或卡盘,以便装夹工件。主轴由单独的电动机通过皮带变速机构带动,使工件可获得不同的转动速度。头架可在水平面内偏转一定的角度。

④ 砂轮架　砂轮架用来安装砂轮,并由单独的电动机通过皮带带动砂轮高速旋转。砂轮架可在床身后部的导轨上做横向移动。移动方式有自动间歇进给、手动进给、快速趋近工件和退出。砂轮架可绕垂直轴旋转某一角度。

⑤ 内圆磨头　内圆磨头是磨削内圆表面用的,在它的主轴上可装上内圆磨削砂轮,由另一个电动机带动。内圆磨头绕支架旋转,使用时翻下,不用时翻向砂轮架上方。

⑥ 尾座　尾座的套筒内有顶尖,用来固定工件的另一端。尾座在工作台上的位置可根据工件长度的不同进行调整。尾座可在工作台上纵向移动。扳动尾座上的杠杆,顶尖套筒可伸出或缩进,以便装卸工件。

磨床工作台的往复运动采用无级变速液压传动。这是因为液压传动与机械传动、电气传动相比较具有以下优点:能进行无级调速、调速方便且调速范围较大,而且具有传动平稳、反应快、冲击小、便于实现频繁换向和自动防止过载的优点;便于采用电液联合控制,实现自动化;因在油中工作,润滑条件好,寿命长。液压传动的这些特性满足了磨床要求精度高、刚性好、热变形小、振动小、传动平稳的需要。

2. 外圆磨削工艺

(1) 外圆磨床的工件装夹

在外圆磨床上,常采用前、后顶尖装夹,也可采用三爪自定心卡盘、四爪单动卡盘、心轴装夹工件。

① 顶尖装夹　如图9-4所示,其安装方法与车削中所用方法基本相同,但磨床所用顶尖都是死顶尖,不随工件一起转动,并且尾座顶尖是靠弹簧推紧力顶紧工件,这样可以减少安装误差,提高磨削精度。

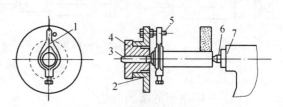

图9-4　顶尖安装工件

1—夹头　2—拨盘　3—前顶尖　4—头架主轴
5—拨杆　6—后顶尖　7—尾座套筒

磨削前,要对工件的中心孔进行研磨,以便提高其几何形状精度,降低表面粗糙度。一般采用四棱硬质合金顶尖,在车床或钻床上进行,研亮即可。当中心孔较大,修研精度较高时,必须选用油石顶尖;而用一般顶尖作后顶尖。研磨时,头架旋转,工件不旋转(用手握住),研好一端后再调头研磨另一端。

② 卡盘装夹　端面上没有中心孔的短工件可用三爪或四爪卡盘装夹,装夹方法与车削装夹方法基本相同,但磨床所用卡盘的制造精度较车床卡盘高。

③ 心轴装夹　盘套类工件常以内圆定位磨削外圆。此时必须采用心轴来装夹工件,心轴可安装在两顶尖间,有时也可以直接安装在头架主轴的锥孔里。

(2) 外圆磨削方法

磨削外圆常用的方法有纵磨法、横磨法、综合磨法和深磨法四种。

① 纵磨法　磨削时,砂轮高速旋转(主运动),工件与砂轮做同向低速旋转(圆周进给)并和工作台做纵向往复运动(纵向进给),每个行程终了时砂轮做横向进给一次。每次磨削深度很小,一般为0.005~0.01 mm,磨到尺寸后,进行无横向进给的光磨行程,直至火花消失为止,如图9-5(a)所示。纵磨法的特点是可用同一砂轮磨削长度不同的各种工件,磨削质量好,但磨削效率低。此法广泛应用于单件、小批量零件的精磨,特别适用于细长轴的磨削。

② 横磨法　又称径向磨法或切入磨法。磨削时,工件不做纵向移动,而由砂轮以很慢的速度连续地或断续地向工件做横向切入,直至磨去全部余量、尺寸符合要求为止,如图9-5(b)所示。横磨法的特点是生产效率高,适合在成批、大量生产中加工短而粗及带台阶的轴类工件的外圆。但因工件与砂轮的接触面积大,工件易发生变形和烧伤,砂轮形状误差直接影响工件几何形状精度,故磨削精度较低,表面粗糙度值较高。

③ 综合磨法　此法综合了横磨法和纵磨法的优点。先用横磨法将工件表面分段进行粗磨,相邻两段间有5~10 mm的搭接,工件上留下0.01~0.03 mm的余量,然后用纵磨法进行精磨。如图9-5(c)所示。

④ 深磨法　磨削时,用较小的纵向进给量(一般取1~2 mm/r),较大的切深(一般为0.03 mm左右),在一次行程中切除全部余量,如图9-5(d)所示。此法的特点是生产效率较高,只适用于成批、大量生产中加工刚度较大的工件。被加工面两端有较大的距离,允许砂轮切入和切出。

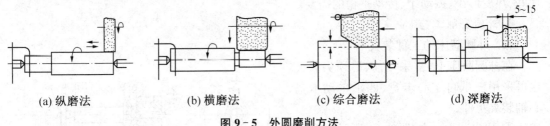

(a) 纵磨法　　　(b) 横磨法　　　(c) 综合磨法　　　(d) 深磨法

图9-5　外圆磨削方法

(3) 外圆锥面的磨削方法

磨削外圆锥面的方法有扳转工作台法、转动工件头架法两种。图9-6(a)适合磨削锥度较小、锥面较长的工件,图9-6(b)适合磨削锥度较大、锥面较短的工件。对于标准外锥面,可采用莫氏圆锥量规检验锥度误差,对于非标准莫氏锥面,可采用正弦规检验。

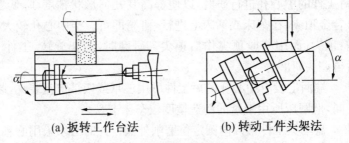

(a) 扳转工作台法　　　(b) 转动工件头架法

图9-6　外圆锥面磨削方法

(4) 内圆磨削方法

在万能外圆磨床上可以加工圆柱孔、圆锥孔和成形内圆面。与外圆磨削类似,内圆磨削也可分为纵磨法和横磨法,大多数情况下用纵磨法。鉴于砂轮轴的刚性很差,横磨法仅适用于磨削短孔及内成形面。纵磨圆柱孔时,工件安装在三爪卡盘上,在其旋转的同时,沿轴线做直线运动(纵向进给)。装在砂轮架上的砂轮高速旋转,并在工件往复行程终了时,做周期性的横向进给。磨削锥孔时,只需将磨床的头架在水平方向偏转半个锥角即可。

二、内圆磨床及其磨削工艺

内圆磨床主要用于磨削内圆面、内圆锥面及内台面。

1. 内圆磨床

（1）内圆磨床

以 M2110 为例，各字母和数字的含义为：

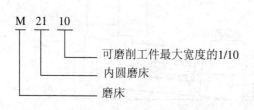

图 9-7 内圆磨床

1—电动机 2—头架 3—砂轮 4—砂轮架
5—工作台 6—床身

（2）内圆磨床的组成

主要由床身、工作台、头架、砂轮架、内圆磨具等组成，如图 9-7 所示。

工作台的往复运动由液压驱动。

头架可在水平面内转动一定的角度，以便磨削锥孔。

砂轮的横向进给有手动和自动两种。手动进给由手轮实现。

砂轮修整器是修整砂轮用的。它安装在工作台中部台面上，根据需要可在纵向和横向调整位置。修整器上的金刚石杆可随着修整器的回转头上下翻转，修整砂轮时放下，磨削时翻起。

内圆磨床的砂轮直径较小，砂轮轴刚性较差，切削速度远小于外圆磨削，因此内圆磨削比磨外圆生产率要低，且加工质量也不如磨外圆高。

2. 内圆磨削工艺

（1）工件的安装

在内圆磨床或外圆磨床上磨削内圆表面时，常用三爪自定心或四爪单动卡盘安装工件，如图 9-8 所示。

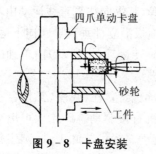

图 9-8 卡盘安装

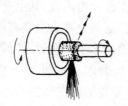
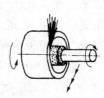

图 9-9 内圆磨削

（2）内圆磨削方法

内圆磨削既可以在内圆磨床上进行,也可以在外圆磨床上进行,如图 9-9 所示。其运动与磨外圆基本相同,但砂轮的旋转方向和磨外圆时相反。

（3）内圆锥磨削方法

磨内圆锥面同磨外圆锥面一样,有转动头架法和转动工作台法。当锥孔的圆锥角较大时采用转动头架法,如图 9-10 所示。当锥孔的圆锥角较小时（$\alpha \leqslant 18°$）,采用转动工作台法,如图 9-11 所示。生产中常用锥塞规检验内锥面的锥度。其检验方法与检查外锥面相同。

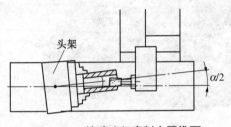 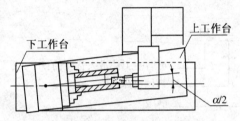

图 9-10　转动头架磨削内圆锥面　　　　　图 9-11　转动工作台磨削内圆锥面

三、平面磨床及其磨削工艺

表面质量要求较高的各种平面的半精加工和精加工,常采用平面磨削方法。平面磨削常用的机床是平面磨床。砂轮的工作表面可以是圆周表面,也可以是端面。

1. 平面磨床

（1）平面磨床的型号

以国产 M7120 A 卧轴矩台平面磨床为例,各字母与数字的含义为:

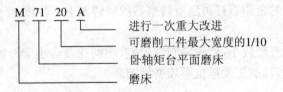

　　　　　　M　71　20　A
　　　　　　　　　　　　└── 进行一次重大改进
　　　　　　　　　　└── 可磨削工件最大宽度的1/10
　　　　　　　　└── 卧轴矩台平面磨床
　　　　　　└── 磨床

（2）平面磨床的组成

① 卧轴矩台平面磨床　主要由床身、立柱、磨头、工作台、砂轮、砂轮修整器等部分构成,如图9-12所示。床身用以支承和连接磨床各个部件,其上装有工作台,内部装有液压传动装置。工作台是一个电磁吸盘,用以安装工件或夹具等,其纵向往复直线运动由液压传动装置来实现。立柱与工作台面垂直,其上有两根导轨。拖板沿立柱垂直导轨向下运动,实现砂轮的径向切入（进刀）运动。磨头上装有砂轮,砂轮的旋转运动（主运动）由单独的电动机来完成。当磨头沿拖板的水平地轨运动时,砂轮做横向进给。

② 立轴圆台式平面磨床　此种平面磨床主要由砂轮架、立柱、底座、工作台和床身构成,如图9-13所示。砂轮架的主轴由内连式异步电动机直接驱动。砂轮架可沿立柱的导轨做间歇的竖直切入运动。圆工作台旋转做圆周进给运动。为了装卸工件,圆工作台还能沿床身导轨做纵向移动。由于砂轮直径大,所以采用镶片砂轮。这种砂轮使冷却液容易冲

入切削面,使砂轮不易堵塞。此种机床生产率高,适用于成批生产。

图 9－12　卧轴矩台平面磨床

1—床身　2—工作台　3—磨头　4—立柱

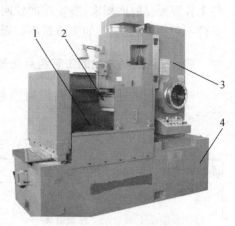

图 9－13　立轴圆台平面磨床

1—工作台　2—砂轮架　3—立柱　4—床身

2. 平面磨削

（1）平面磨床的工件装夹

由磁性材料(钢、铸铁等)制成的中小型零件,可采用电磁吸盘产生的磁力直接安装,如图 9－14 所示。对于非磁性材料(如铜、铝及其合金、陶瓷等)制成的零件,可采用精密平口钳、专用夹具等导磁性夹具进行安装。

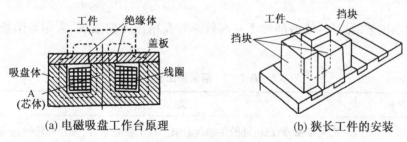

(a) 电磁吸盘工作台原理　　　　　(b) 狭长工件的安装

图 9－14　电磁吸盘安装工件

（2）平面磨削方法

根据磨削时砂轮工作表面的不同,平面磨削方法有两种,即周磨法和端磨法。

① 周磨法　周磨时,在卧轴矩台平面磨床上用砂轮的圆周面磨削工件,如图 9－15(a)所示。由于砂轮和工件接触面小,散热和排屑条件好,工件热变形小,砂轮磨损均匀,因此工件表面加工质量好。但磨削效率低,适用于精磨。

② 端磨法　端磨时,在立轴平面磨床上用砂轮的端面磨削工件,如

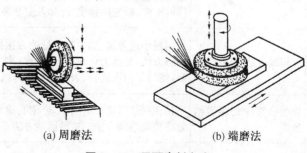

(a) 周磨法　　　　　(b) 端磨法

图 9－15　平面磨削方法

图 9-15(b)所示。由于主轴刚性好,可采用较大的切削用量,故生产效率高。但由于砂轮与工件表面接触面积大;砂轮端面径向各处的切削速度不同,磨损不均匀;排屑和冷却散热条件不理想,因此工件加工质量不如周磨,多用于粗磨。

四、三种磨削方式的工艺特点比较

前面介绍的外圆磨削、内圆磨削和平面磨削方式各有特点,主要特点比较如表 9-1 所示。

表 9-1　三种磨削方式工艺特点比较

磨削方式	所用主要设备类型	加工工艺范围	工件主要装夹方式
外圆磨削	外圆磨床	轴类和盘套类零件的外圆柱表面、外圆锥表面和端面的磨削	前后顶针、芯轴、三爪卡盘、四爪卡盘
内圆磨削	内圆磨床、万能外圆磨床	轴类和盘套类零件的内圆柱表面和端面的磨削	三爪卡盘、四爪卡盘
平面磨削	平面磨床	平面磨削	工作台电磁吸盘、平口钳

第三节　磨削新工艺

新型磨削工艺的应用,使磨削加工向高效率和高精度方向发展,常用磨削新工艺如表 9-2 所示。

表 9-2　磨削新工艺

新工艺名称	新 工 艺 特 点
多砂轮磨削	适用于曲轴、凸轮轴的主轴颈磨削。按工件要求,由多片砂轮排列成相应间隔,同时横向切入工件。工件在一次装夹中磨削,提高了工件各轴颈的同轴度和生产效率。砂轮片数可达 8 片。砂轮组合长度可达 1 m 左右
高速磨削	砂轮圆周速度高于 45 m/s 的磨削,生产上较多使用 45～60 m/s。提高了生产率,进给量增加,砂轮耐用度提高,提高了加工精度,降低了表面粗糙度。但对机床的刚度、砂轮的强度、冷却及安全装置有较高要求
深切缓进给磨削	用减小进刀量、加大吃刀量的方法提高材料的切除率,又称蠕动磨削。是一种周磨方法,是强力磨削的一种。工件往复行程次数减少,砂轮磨损小、砂轮精度高,使加工精度提高、表面粗糙度降低、工件表面残余应力小,不易产生磨削裂纹
连续修整深切缓进给磨削	指在深切缓进给磨削中,金刚石滚轮始终与砂轮保持接触,边磨削边修整的高效高精度磨削方法。这种磨削方法正在部分取代铣削和拉削
高速深切快进给磨削	为防止深切缓进给磨削产生烧伤,在磨削用量上尽量避免高温区,可在加大切深与提高砂轮速度的同时,提高工件进给速度,以提高材料切除率

续 表

新工艺名称	新 工 艺 特 点
砂带磨削	根据工件型面,应用砂带形成贴合接触,进行加工的新型高效磨削工艺。能加工各种复杂曲面,有较好的跑合和抛光作用。效率达到铣削的 10 倍,普通砂轮磨削的 5 倍。产生磨削热少,磨削条件稳定,设备简单。$R_a = 0.8 \sim 0.2 \ \mu m$
精密磨削	靠精密磨床的精度保证微切削、滑挤、摩擦等综合作用,达到精度和表面粗糙度要求。指表面粗糙度 $R_a = 0.16 \sim 0.04 \ \mu m$,加工精度为 $1 \sim 0.5 \ \mu m$ 的磨削
高精密磨削	指表面粗糙度 $R_a = 0.04 \sim 0.01 \ \mu m$,加工精度为 $0.5 \sim 0.1 \ \mu m$ 的磨削。使用金刚石或 CBN 等高硬度磨料砂轮。除有微切削外,还有塑性流动和弹性破坏作用
超精密磨削	指表面粗糙度 $R_a \leqslant 0.01 \ \mu m$,加工精度 $< 0.1 \ \mu m$ 的磨削。靠超细微磨粒等高微刃磨削作用,并采用较小的磨削用量磨削。要求严格消除振动和恒温及超净的工作环境。其光磨微细摩擦作用带有一定的研磨作用性质

第四节　磨削加工实例

一、套类零件的磨削

如图 9-16 所示为套类零件的外形和尺寸。此类零件的特点是要求内外圆同心和孔与端面垂直。确定加工步骤时应考虑尽量采用一次安装法加工,以保证同轴度和垂直度要求。如果不能在一次安装中加工全部表面,则应先将孔加工好,而后以孔定位,用心轴安装,加工外圆表面。在磨削 $\phi 40^{+0.025}_{0}$ 内孔时,有可能会影响到 $\phi 25^{+0.021}_{0}$ 内孔的精度,故对于 $\phi 25^{+0.021}_{0}$ 内孔常安排有粗、精磨两个步骤。表 9-3 所示为套类零件的磨削步骤。

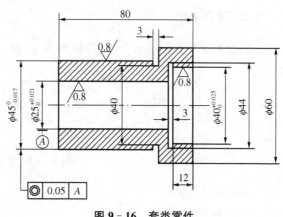

图 9-16　套类零件

表 9-3　该零件的磨削步骤　　　　　　　　　　（单位:mm）

序号	加工内容	加工简图	刀　具
1	以 $\phi 45^{0}_{-0.016}$ 外圆定位,将工件夹持在三爪自定心卡盘上,用百分表找正,粗磨 $\phi 25$ 内孔,留精磨余量为 $0.04 \sim 0.06$ mm	$\phi 25$	用磨内孔砂轮,尺寸为: $12 \times 6 \times 4$

续　表

序号	加 工 内 容	加 工 简 图	刀　　具
2	更换砂轮,粗磨内孔$\phi40$ 留余量 $0.04\sim0.06$ mm,再精磨内孔至尺寸$\phi40_{0}^{+0.025}$		用磨内孔砂轮,尺寸为:$12\times6\times6$
3	更换砂轮,精磨$\phi25_{0}^{+0.021}$ 内孔		用磨内孔砂轮,尺寸为:$12\times6\times4$
4	以$\phi25_{0}^{+0.021}$ 内孔定位,用心轴安装,粗、精磨$\phi45_{-0.016}^{0}$外圆 至规定尺寸		用磨外圆砂轮(平行砂轮),尺寸为:$300\times40\times127$

二、平面磨削

平面磨削件如图 9-17 所示,材料为 45 钢。

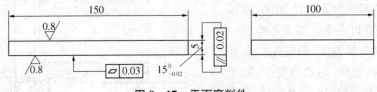

图 9 - 17　平面磨削件

磨削操作步骤:

1. 工件安装

擦净磨床工作台表面及工件表面,将工件旋转于工作台面上,旋转磁力按钮使之处于吸磁位。

2. 调整工件表面与砂轮的位置

(1) 转动磨头垂直进给手轮,调整垂直方向的距离,使在调节纵、横向移动时,工件与砂轮不相碰撞。

(2) 转动磨头垂直进给手轮,调整砂轮与工件的横向位置及砂轮的横向行程。一般要求砂轮行程以每侧超越砂轮 1/3 厚度为宜。

(3) 移动工作台,调整终端挡块,调节工件与砂轮纵向位置和工作台往复行程。行程要使砂轮超越加工件长度。

3. 开车磨削

转动砂轮,启动油泵,让工作台往复移动,磨头砂轮横向间隙进给,但进给速度不宜太快,精磨时再适当调小。转动磨头垂直进给手轮,调节垂直方向进给。旋转磁力按钮使之处于退磁位置,最后卸下工件。

复习思考题

1. 磨削加工的特点是什么,为什么会有这些特点?
2. 外圆磨削时,砂轮和工件需做哪些运动? 磨削用量包括哪些内容?
3. 磨削加工能达到的尺寸公差等级和表面粗糙度 R_a 值是多少?
4. 万能外圆磨床由哪几部分组成? 各有何功用?
5. 磨床为什么要采用液压传动?
6. 外圆磨削有哪些方法? 各有何特点?
7. 常采用什么方法磨削外圆锥面?
8. 磨削内圆和磨削外圆相比有何特点?
9. 在平面磨床上磨平面时,哪类工件可直接安装在工作台上? 为什么?
10. 比较平面磨削时周磨法和端磨法的优缺点?

第十章 钳工训练

训练重点

1. 了解钳工在机械制造和维修中的作用。
2. 掌握划线、锉削、锯削、钻孔、攻螺纹和套螺纹的方法和应用。
3. 了解钻床的组成、运动和用途以及扩孔、铰孔的方法。
4. 了解刮削的方法和应用。
5. 了解机械部件装配的基本知识。

第一节 概　述

一、钳工工作范围

钳工是以手工操作为主,使用工具来完成零件的加工、机械产品的装配和修理等工作。与机械加工相比,钳工使用的设备及工具简单,操作灵活,可以完成机械不便加工或难以完成的工作。因此,虽然钳工是手工操作,劳动强度大,生产效率低,对工人操作技术水平要求较高,但在机械制造和修配工作中,仍是不可缺少的重要工种。

钳工的工作范围很广,主要包括:划线、锉削、锯削、錾削、钻孔、绞孔、攻丝、套丝、刮削、研磨、装配和修理等。

二、钳工常用设备

1. 钳工工作台

钳工工作台,如图 10-1 所示。一般用坚实的木材或铸铁制成,要求牢固平稳,台面高度为 800～900 mm,以适合操作方便。为了安全,台面装有防护网,工具、量具、工件必须分类放置。

图 10-1　钳工工作台

图 10-2　台虎钳

2. 台虎钳

台虎钳,如图 10-2 所示。它是夹持工件的主要工具,其规格用钳口宽度表示,常用的有 100 mm、125 mm、150 mm 三种规格。

使用台虎钳时,应该注意:夹持工件时,尽可能夹在钳口中部,使钳口受力均匀;夹持工件的光洁表面时,应垫铜皮或铝皮加以保护。

第二节　基本操作工艺

一、划线

1. 划线的作用和种类

划线是根据图纸要求,在毛坯或半成品的工件表面上划出加工界线的一种操作。

(1) 划线的作用

① 划好的线能明确标出加工余量,加工位置等,可作为加工工件或安装工件时的依据。

② 借助划线来检查毛坯的形状和尺寸是否符合要求,避免不合格的毛坯投入机械加工而造成浪费。

③ 通过划线使加工余量不均匀的毛坯(或半成品)得到补救(又称借料),保证加工不出或少出废品。

(2) 划线的种类

根据工件几何形状的不同,划线可分为平面划线和立体划线两种。其中平面划线是指在工件的一个平面上划线,如图 10-3(a)所示;立体划线指在工件的长、高、宽三个方向划线,如图 10-3(b)所示。

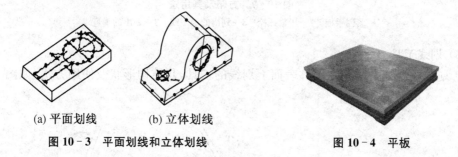

(a) 平面划线　　　(b) 立体划线

图 10-3　平面划线和立体划线　　　　　　**图 10-4　平板**

2. 划线的工具及用途

划线工具根据其功用可分为基准工具、支承工具、划线工具等。

(1) 基准工具

划线的基准工具是划线平板,如图 10-4 所示。它的工作表面经过精刨和刮削加工,平直光滑,是划线时的基准平面。使用时,划线平板要求安装牢固,保持水平,平面的各部位应均匀使用,避免因局部磨损而影响划线精度,要防止碰撞或用锤敲击,保持表面清洁,长期不用时应涂油防锈,并用木板护盖,以保护平面。

（2）支承工具

常用的支承工具有：千斤顶、V形铁、方箱等。

① 千斤顶　千斤顶用于在平板上支承较大及不规则的工件。通常用三个千斤顶来支承工件，其高度可以调整，以便找正工件，如图 10-5 所示。

图 10-5　千斤顶支承工件　　　　　　　图 10-6　V形铁支承工件

② V形铁　V形铁主要用于支承圆柱形工件，使用时工件轴线应与平板平行，如图 10-6 所示。

③ 方箱　方箱用于夹持较小的工件，方箱上各相邻两个面互相垂直，相对平面相互平行，通过翻转方箱，便可在工件表面上划出所有互相垂直的线，如图 10-7 所示。

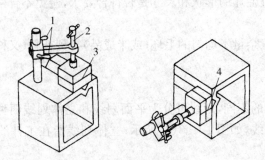

图 10-7　方箱及其用法

1—紧固手柄　2—压紧螺栓　3—划出的水平线　4—划出的垂直线

（3）划线工具

① 划针　划针是用来在工件表面上划线的工具，其结构形状及使用方法，如图 10-8 所示。

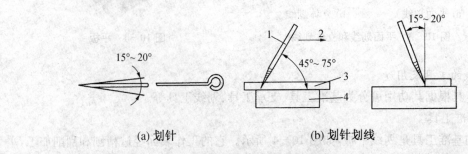

(a) 划针　　　　　　　　　　(b) 划针划线

图 10-8　划针及其用法

1—划针　2—划线方向　3—钢直尺　4—零件图

② 划针盘　划针盘是立体划线时常用的工具,划针盘的结构及使用方法,如图 10－9 所示。划线时,将划针调节到所需高度,通过在平板上移动划针盘,便可在工件上划出与平板平行的线。

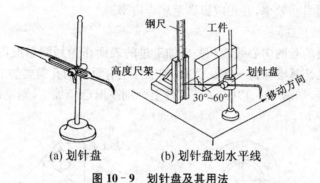

(a) 划针盘　　　　(b) 划针盘划水平线

图 10－9　划针盘及其用法

③ 划规　划规是平面划线的主要工具,划规的形状如图 10－10 所示,主要用于划圆、量取尺寸和等分线段等。

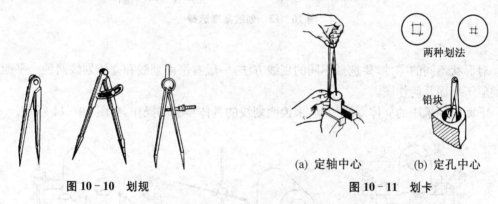

图 10－10　划规　　　　　　　**图 10－11　划卡**

(a) 定轴中心　　(b) 定孔中心

④ 划卡　划卡主要用来确定轴和孔的中心位置,其使用方法,如图 10－11 所示。

⑤ 高度游标尺　高度游标尺由高度尺和划针盘组成,属于精密工具,不允许用它划毛坯,防止损坏硬质合金划线脚。

⑥ 样冲　工件上的划线及钻孔前的圆心位置都应用样冲打出样冲眼,以使划线模糊后,仍能找到划线位置和便于钻孔前的钻头定位,样冲的使用方法如图 10－12 所示。

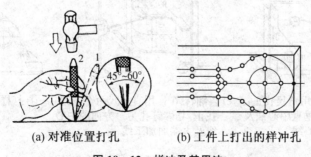

(a) 对准位置打孔　　　(b) 工件上打出的样冲孔

图 10－12　样冲及其用法

3. 划线基准及其选择

(1) 划线基准

划线时,作为开始划线所依据的点、线、面位置,就叫作划线基准。正确选择划线基准,可以提高划线的质量和效率,并相应提高毛坯合格率。

(2) 划线基准的选择

一般选取重要的孔的中心线或某些已加工过的表面作为划线基准,并尽量使划线基准与设计基准以及工艺基准保持一致。例如,若工件上有重要的孔需要加工,一般选择该孔的轴线作为划线基准,如图 10 - 13(a)。若工件上个别平面已经加工,则应以该平面作为划线基准,如图 10 - 13(b)。

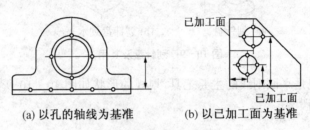

(a) 以孔的轴线为基准　　　(b) 以已加工面为基准

图 10 - 13　划线基准选择

4. 划线方法

对形状不同的零件,要选择不同的划线方法,一般有平面划线和立体划线两种。平面划线类似于平面几何作图。

下面以轴承座的立体划线为例,来说明划线的具体步骤和操作,如图 10 - 14 所示。

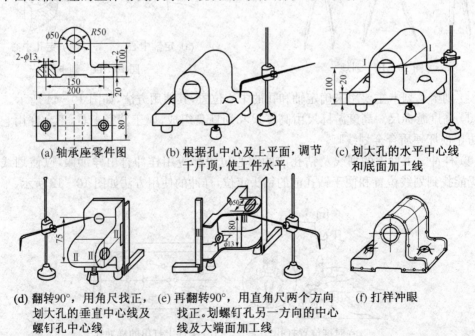

(a) 轴承座零件图　　　(b) 根据孔中心及上平面,调节　(c) 划大孔的水平中心线
　　　　　　　　　　　千斤顶,使工件水平　　　　和底面加工线

(d) 翻转90°,用角尺找正,　(e) 再翻转90°,用直角尺两个方向　(f) 打样冲眼
　划大孔的垂直中心线及　　找正。划螺钉孔另一方向的中心
　螺钉孔中心线　　　　　　线及大端面加工线

图 10 - 14　轴承座立体划线

（1）分析研究零件图样，检查毛坯是否合格，确定划线基准。零件图样中 φ50 内孔是作为设计基准重要的孔，划线时应以此孔的中心线作为划线基准。如图 10 - 14(a) 所示。

（2）清理毛坯上的氧化皮、焊渣、焊瘤以及毛刺等，在划线部位涂色。一般情况下，铸件、锻件表面用石灰水涂色；半成品光坯涂硫酸铜溶液；铜、铝等有色金属光坯涂蓝油。

（3）支撑并找正工件。用三个千斤顶支承工件底面，根据孔中心及上平面，调节千斤顶，使工件水平，如图 10 - 14(b) 所示。

（4）划水平基准线（孔的水平中心线）及底面四周加工线，如图 10 - 14(c) 所示。

（5）将工件翻转 90°，用直角尺找正，划孔的垂直中心线及螺钉孔中心线，如图 10 - 14(d) 所示。

（6）将工件再翻转 90°，用直角尺在两个方向找正，划螺钉孔另一方向的中心线及端面加工线，如图 10 - 14(e) 所示。

（7）检查划线是否正确，打样冲眼，如图 10 - 14(f) 所示。

划线时要注意，同一面上的线条应在一次支撑时划全，避免补划线时因再次调整支撑而产生误差。

二、锉削

钳工锉削是用锉刀对工件表面进行加工的操作。锉削加工操作简单，工作范围广，它可以加工平面、曲面、沟槽及各种形状复杂的表面。其加工精度可达 IT8～IT7，表面粗糙度 R_a 值可达 1.6～0.8 μm，是钳工加工中最基本的操作。

1. 锉刀

（1）锉刀的构造和种类

锉刀是锉削时使用的工具，常用碳素工具钢制成，如 T12A 钢或 T13A 钢，并经过淬火处理。锉刀的结构如图 10 - 15 所示，它由工作部分和锉柄两部分组成。锉削工作是由锉面上的锉齿完成的，锉齿的形状如图 10 - 16 所示，锉刀的齿纹多制成双纹，以便锉削省力，不易堵塞锉面。

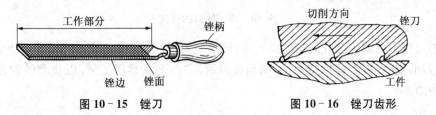

图 10 - 15　锉刀　　　　　　　　　图 10 - 16　锉刀齿形

锉刀按其截面形状可分为平锉、方锉、圆锉、半圆锉和三角锉等，如图 10 - 17 所示；按其工作部分的长度可分为 100 mm、150 mm、200 mm、250 mm、300 mm、350 mm 和 400 mm 等 7 种；锉刀按其齿纹的形式可分为单齿纹锉刀和双齿纹锉刀；按每 10 mm 长度锉面上的齿数又可分为粗齿锉（4～12 齿），中齿锉（13～24 齿），细齿锉（30～40 齿）和油光锉（50～62 齿）。

（2）锉刀的选用

锉刀的长度根据工件加工表面的大小选用；锉刀的断面形状根据工件加工表面的形状选用；锉刀齿纹粗细的选用要根据工件材料、加工余量、加工精度和表面粗糙度等情况综合

考虑。一般粗加工和有色金属的加工多选
用粗齿锉刀,粗锉后的加工和钢、铸铁等材
料多选用中齿锉刀,锉光表面或锉硬材料
选用细齿锉刀,精加工时修光表面用油
光锉。

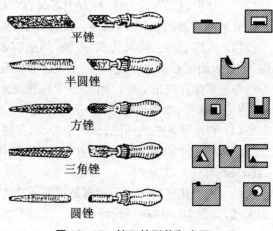

平锉

半圆锉

方锉

三角锉

圆锉

图 10 - 17　锉刀的形状和应用

2. 锉削操作

(1) 工件装夹

工件必须牢固地装夹在台虎钳钳口的
中部,并略高于钳口。夹持已加工表面时,
应在钳口与工件之间垫以铜片或铝片,易
于变形和不便于直接装夹的工件,可以用
其他辅助材料设法装夹。

(2) 锉刀选择

应根据加工工件材料的软硬、加工表面的大小、加工表面的形状、加工余量和工件表面
粗糙度等要求来选择锉刀。

(3) 锉削方法

锉削时,必须正确掌握锉刀的握法以及锉削过程中的施力变化。

使用大的锉刀时,应用右手握住锉刀柄,左手压在锉刀另一端,并使锉刀保持水平,如图
10 - 18 (a) 所示;使用中型锉刀时,因用力较小,可用左手的拇指和食指握住锉刀的前端,以
引导锉刀水平移动,如图 10 - 18(b) 所示。

(a) 大锉刀握法　　　　　　　　　　(b) 中锉刀握法

图 10 - 18　锉刀的握法

锉削过程中的施力变化,如图 10 - 19 所示。锉削平面时保持锉刀的平直运动是锉削的
关键;锉刀前推时加压,并保持水平,而当锉刀返回时,不宜紧压工件,以免磨钝锉齿和损坏
已加工表面。

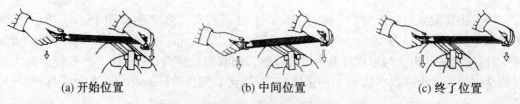

(a) 开始位置　　　　　　　　(b) 中间位置　　　　　　　　(c) 终了位置

图 10 - 19　锉削过程中的施力变化示意图

(4) 锉削方式

常用的方式有顺锉法、交叉锉法、推锉法和滚锉法。前三种锉法用于平面锉削,后一种

用于曲面锉削。

① 平面锉削方法

交叉锉法适用于粗锉较大的平面,如图 10‐20(a)所示,由于锉刀与工件接触面增大,所以不仅锉得快,而且可以根据锉痕判断加工部分是否锉到尺寸;平面基本锉平后,可以用顺锉法进行锉削,如图 10‐20(b)所示,以降低工件表面粗糙度,并获得直的锉纹,因此顺向锉一般用于最后的锉平或锉光;推锉法适用于锉削狭长平面或使用细锉或油光锉进行工件表面最后的修光,如图 10‐20(c)。

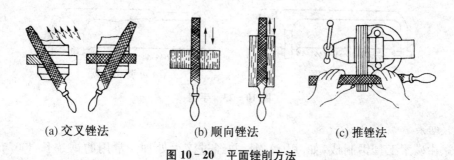

(a) 交叉锉法　　　　　(b) 顺向锉法　　　　　(c) 推锉法

图 10‐20　平面锉削方法

② 曲面锉削方法

滚锉法适用于锉削工件内外圆弧面和内外倒角,如图 10‐21 所示。锉削外圆弧面时,锉刀除向前运动外,还要沿工件被加工圆弧摆动;锉削内圆弧面时,锉刀除向前运动外,锉刀本身还要做一定的旋转运动和向左或向右移动。

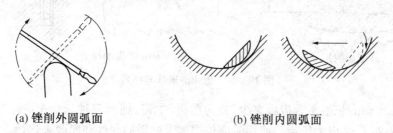

(a) 锉削外圆弧面　　　　　　　(b) 锉削内圆弧面

图 10‐21　曲面锉削方法

(5) 锉削检验

工件表面锉削后,工件的尺寸常用钢尺或游标卡尺测量;工件的平面及两平面之间的垂直情况,可用直角尺贴靠后是否透光来检查,如图 10‐22 所示。

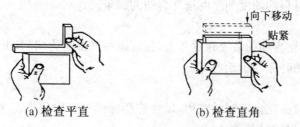

(a) 检查平直　　　　　　　(b) 检查直角

图 10‐22　锉削检验

三、锯削

钳工锯削是用手锯锯断工件或在工件上锯出沟槽的操作。

1. 手锯

手锯是钳工锯削的工具,由锯弓和锯条两部分组成。

(1) 锯弓

锯弓用来夹持和拉紧锯条,有固定式和可调式两种,如图 10 - 23 所示。

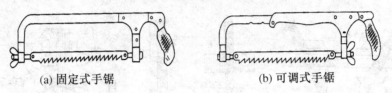

(a) 固定式手锯　　　　　　　　(b) 可调式手锯

图 10 - 23　手锯

(2) 锯条

锯条由碳素工具钢制成,如 T10A 钢,并经过淬火处理。常用的锯条长 300 mm,宽 12 mm,厚 0.8 mm。锯齿的形状和锯齿的排列,如图 10 - 24 所示。

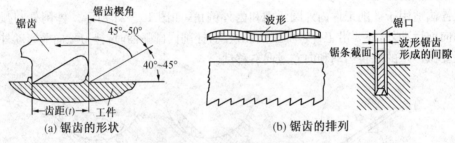

(a) 锯齿的形状　　　　　　　　　(b) 锯齿的排列

图 10 - 24　锯齿的形状与排列

锯条以 25 mm 长度所含齿数多少,分为粗齿、中齿、细齿三种,14～16 齿为粗齿;18～22 齿为中齿;24～32 齿为细齿。使用时应根据加工材料的硬度和厚薄来选择。粗齿锯条适宜锯切铜、铝等软金属及厚的工件;中齿锯条适宜锯切普通钢、铸铁及中等厚度的工件;细齿锯条适宜锯切硬钢、板料及薄壁管子等。

2. 锯削操作

(1) 选择锯条

根据加工工件材料的硬度和厚度选择合适的锯条。

(2) 锯条安装

安装锯条时,将锯齿朝前装夹在锯弓上,保证锯弓前推时为切削;锯条松紧要适当,过紧或过松容易造成锯切时锯条折断。

(3) 工件装夹

工件应尽可能装夹在台虎钳的左边,以免锯切操作过程中碰伤左手;工件伸出要短,以增加工件刚性,避免锯切时颤动。

(4) 起锯和锯切

起锯时锯条垂直于工件表面,并用左手拇指靠住锯条,右手稳推手锯,起锯角度略小于

15°,如图 10-25(a)所示。锯弓往复行程要短,压力要轻,锯出锯口后,锯弓逐渐改变到水平方向。

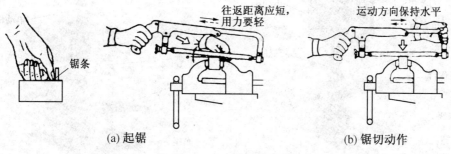

(a) 起锯　　　　　　　　　　　(b) 锯切动作

图 10-25　锯切方法

锯切时,右手握锯柄,左手轻扶弓架前端,锯弓应直线往复运动,不可左右摆动。如图 10-25(b)所示。前推进行切削,要均匀加压;返回时锯条从工件上轻轻滑过。锯切速度不宜过快,一般为每分钟往返 30~60 次,并尽量使用锯条全长(至少占全长 2/3)工作,以免锯条中部迅速磨损,快锯断时,用力要轻,速度要慢,以免碰伤手臂或折断锯条。锯切钢件可加机油润滑,以提高锯条寿命。

(5) 锯削方法

锯切圆钢、扁钢、圆管、薄板的方法,如图 10-26 所示。为了得到整齐的锯缝,锯切扁钢应在较宽的面下锯;锯切圆管不可从上至下一次锯断,而应每锯到内壁后工件向推锯方向转一定角度再继续锯切,直到锯断为止;锯切薄板时,为防止薄板振动和变形,应先将薄板夹持在两木板之间或将薄板多片叠在一起,然后锯切。

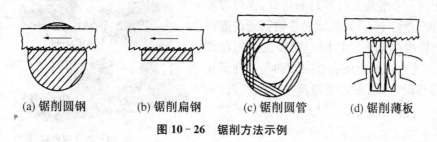

(a) 锯削圆钢　　　(b) 锯削扁钢　　　(c) 锯削圆管　　　(d) 锯削薄板

图 10-26　锯削方法示例

四、钻孔、扩孔和铰孔

1. 钻床

钳工的钻孔、扩孔和铰孔操作一般多在钻床上进行。钻床种类很多,常用的钻床有台式钻床、立式钻床和摇臂钻床。

(1) 台式钻床(简称台钻)

台钻的外形和结构,如图 10-27 所示。它是一种放在台桌上使用的小型钻床,具有结构简单,体积小、使用方便等特点,一般加工直径小于 12 mm 的孔。钻床主轴前端安装着钻夹头,再用钻夹头夹持刀具,主轴旋转运动为主运动,主轴的轴向移动为进给运动,台钻的进给运动是手动。主轴的转速可通过改变三角皮带在塔轮上的位置来调节。

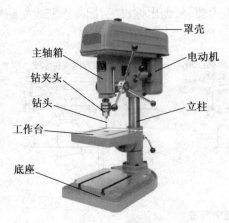

图 10 - 27　台式钻床

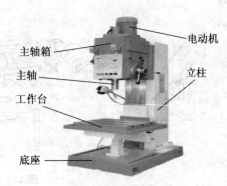

图 10 - 28　立式钻床

(2) 立式钻床(简称立钻)

立钻的外形和结构,如图 10 - 28 所示。立式钻床适用于单件、小批量生产中,中小型工件的孔加工,最大钻孔直径为 50 mm。立式钻床主轴的转速由主轴变速箱调节,刀具安装在主轴的锥孔内,由主轴带动刀具做旋转运动(主运动);进给量由进给箱控制,进给运动可以用手动或机动使主轴套筒做轴向进给。

立钻除钻孔外还可进行扩孔、铰孔、锪孔、攻丝等加工。

(3) 摇臂钻床

摇臂钻床的外形和结构,如图 10 - 29 所示。这种钻床有一个能绕立柱旋转的摇臂,摇臂带着主轴箱可沿立柱上下移动,同时主轴箱能在摇臂的导轨上横向移动。工件固定安装在工作台或底座上,因此通过摇臂绕立柱的转动和主轴箱在摇臂上的移动,可以很方便地调整刀具位置,对准被加工工件孔的中心进行加工。

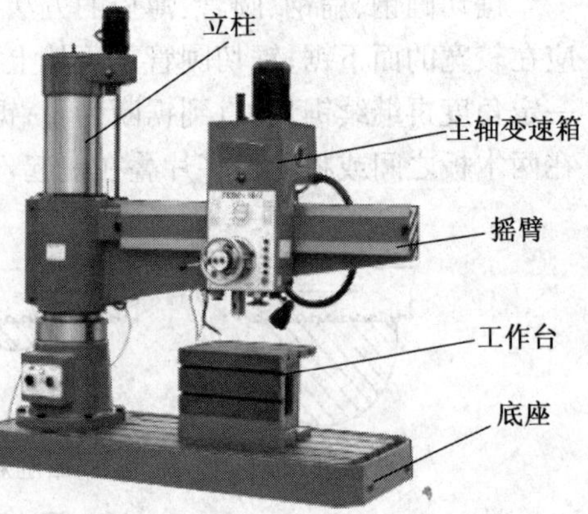

摇臂钻床主要应用在大中型零件、复杂零件或多孔零件的加工。

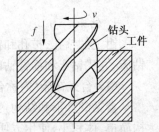

图 10 - 29　摇臂钻床

2. 钻孔

钻孔是用钻头在实体材料上加工出孔的方法。在钻床上钻孔,工件固定不动,装夹在主轴上的钻头既做旋转运动(主运动),同时又沿轴线方向向下移动(进给运动),如图 10 - 30 所示。钻孔时,由于钻头刚性较差,钻削过程中排屑困难,散热不好,导致加工精度低,尺寸公差等级一般为 IT14～IT11,表面粗糙度 R_a 值为50～12.5 μm。

(1) 麻花钻的结构

麻花钻是钻孔最常用的刀具,常用高速钢或碳素工具钢制造。结构如图 10 - 31 所示,它是由柄部、颈部、导向部分和切削部分组成。柄部是用来夹持

图 10 - 30　钻孔及钻削运动

并传递转矩的,钻头直径小于 12 mm 时做成直柄,钻头直径大于12 mm 时做成锥柄。颈部是柄部和工作部分的连接部分,是在加工制造钻头过程中作为退刀槽用,在颈部标有钻头的直径、材料等标记;直柄钻头无颈部,其标记打在柄部。导向部分有两条对称的螺旋槽和两条刃带,螺旋槽的作用是形成切削刃和向外排屑;刃带的作用是减少钻头与孔壁的摩擦和导向。切削部分有两个对称的主切削刃和一个横刃,切削刃承担切削工作,夹角为 116°～118°,横刃的存在使钻削时轴向力增加,如图 10 - 32 所示。

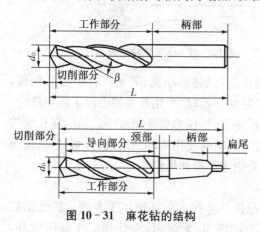

图 10 - 31　麻花钻的结构

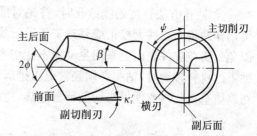

图 10 - 32　麻花钻的切削部分

（2）钻孔操作

① 钻头的选择与安装　根据加工零件孔径大小选择合适的钻头。钻头用钻夹头或钻套进行安装,再固定在钻床主轴上使用。

钻头的安装视其柄部的形状而定,直柄钻头用钻夹头装夹,再用紧固扳手拧紧,如图 10 -33(a)所示。此种方法简便,夹紧力小,易产生跳动、滑钻。锥柄钻头可直接或通过钻套(过渡套筒)装入钻床主轴上的锥孔内,如图 10 - 33(b)所示。此种方法配合牢固,同心度高。

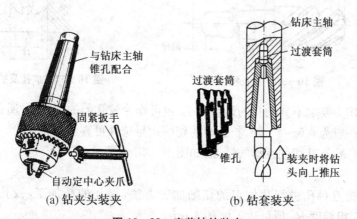

(a) 钻夹头装夹　　　　　　(b) 钻套装夹

图 10 - 33　麻花钻的装夹

② 工件安装　为了保证工件的加工质量和操作安全,钻削时必须将工件牢固地装夹在夹具或钻床工作台上。

根据工件的大小和结构特点,采取不同的装夹方法。常用的有平口钳装夹法,如图 10 -

34 所示;压板螺栓装夹法,如图 10-35 所示。

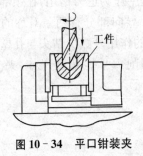

图 10-34　平口钳装夹

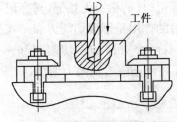

图 10-35　压板螺栓装夹

③ 钻孔方法　按划线钻孔时,首先对准孔的中心,试钻一小窝;若发现孔中心有偏移,可用样冲将中心冲大校正或移动工件进行找正。钻削开始时,要用较大的力向下均匀进给,以免钻头在工件表面上来回晃动而不能切入;临近钻透时,压力要逐渐减小。钻削深孔或被钻零件材料较硬时,钻头必须经常退出排屑和冷却,同时要使用冷却润滑液;否则,容易造成切屑堵塞在孔内或使钻头切削部分过热,造成钻头快速磨损和折断。

3. 扩孔

扩孔是用扩孔钻在工件上将已经存在的孔径进一步扩大的切削加工方法。扩孔钻如图 10-36 所示,与麻花钻相比,扩孔钻有 3~4 个切削刃,无横刃,刚性和工作导向性好,所以,扩孔比钻孔质量高,扩孔的加工精度一般为 IT10~IT9,表面粗糙度 R_a 值为 6.3~3.2 μm。

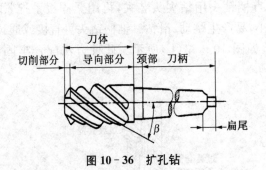

图 10-36　扩孔钻

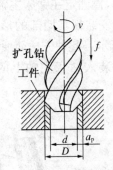

图 10-37　扩孔及扩孔运动

扩孔可以作为要求不高的孔的最终加工,也可作为铰孔前的预加工,属孔的半精加工方法。扩孔余量一般为 0.5~4 mm,扩孔时的切削用量选择可查阅相关手册。

在机床上扩孔及其切削运动的情况,如图 10-37 所示。

4. 铰孔

铰孔是用铰刀对孔进行精加工的切削加工方法,属孔的精加工,铰孔加工精度可达 IT8~IT6,表面粗糙度 R_a 值可达 1.6~0.4 μm。

铰刀分为机用铰刀和手用铰刀两种,如图 10-38 所示。机用铰刀切削部分较短,柄部多为锥柄,须安装在机床上进行铰孔。手用铰刀切削部分较长,导向性较好。手铰孔时,须用手转动铰杠进给完成。

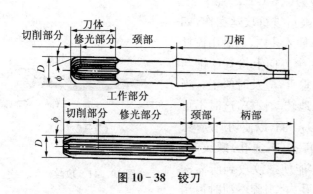

图 10 - 38　铰刀

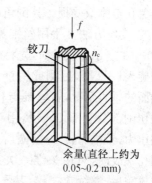

余量(直径上约为
0.05~0.2 mm)

图 10 - 39　铰孔及铰孔运动

铰孔余量一般为 0.05～0.25 mm,铰削用量的选择可查阅相关手册。铰孔及其切削运动的情况,如图 10 - 39 所示。

五、攻丝和套丝

1. 攻丝

用丝锥加工出内螺纹的方法叫攻丝,通常也称攻螺纹。

（1）丝锥

丝锥是攻丝的专用刀具。分为机用丝锥和手用丝锥两种,两种丝锥基本尺寸相同,只是制造材料不同。机用丝锥一般由高速钢制成,可以在机床上对工件进行攻螺纹。手用丝锥是由碳素工具钢 T12A 或合金工具钢 9CrSi 制成,如图 10 - 40 所示。它由工作部分和柄部构成,柄部装入铰杠传递扭矩,对工件进行攻螺纹。手用丝锥一般由 2～3 支组成一套,分别称为头锥、二锥及三锥。三支丝

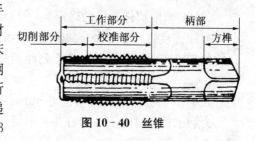

图 10 - 40　丝锥

锥的外径、中径和内径均相等,只是切削部分的长短和锥角不同,攻螺纹时依次使用。

（2）攻丝操作

① 确定螺纹底孔直径和深度　用丝锥在对金属进行切削时,伴随着严重的挤压作用,结果会导致丝锥被咬住,发生卡死崩刃,甚至折断。所以螺纹底孔直径要略大于螺纹的小径,同时还要根据不同材料确定螺纹底孔直径和深度,对此可查相关手册或按下列经验公式计算:

对于脆性材料（如铸铁）:

$$d_o = D - (1.05 \sim 1.10)P$$

对于塑性材料（如钢）:

$$d_o = D - P$$

式中:d_o 为钻头直径（即螺纹底孔直径）,单位为 mm;D 为螺纹大径,单位为 mm;P 为螺距,单位为 mm。

攻盲孔（不通孔）螺纹时,因丝锥不能攻到底,所以钻孔的深度要大于螺纹长度,钻孔深度取螺纹长度加上 $0.7D$。

② 钻底孔并倒角　钻底孔后要对孔口进行倒角。倒角有利于丝锥开始切削时切入,并

可避免孔口螺纹受损。其倒角尺寸一般为$(1\sim1.5)P\times45°$。

③ 攻丝方法　手用丝锥需用铰杠夹持进行攻丝操作,如图10-41所示。攻丝时,先将丝锥垂直插入孔内,然后用铰杠轻压旋入1~2圈,目测或用直角尺在两个方向上检查丝锥与孔端面的垂直情况,若丝锥与孔端面不垂直,应及时纠正。当丝锥切削部分全部切入后,用双手平稳地转动铰杠,这时不可施加压力,铰杠每转1~2圈后,再反转1/4圈,以使切屑断落。攻通孔螺纹时,可用头锥一次完成;攻盲孔(不通孔)螺纹时,头锥攻完后,继续攻二锥,甚至三锥,才能使螺纹攻到所需深度;攻二锥、三锥时,先将丝锥用手旋入孔内,当旋不动时再用

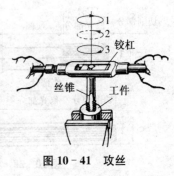

图10-41　攻丝

铰杠转动,此时无需加压。为了提高工件质量和丝锥寿命,攻钢件螺纹时应加机油润滑,攻铸铁件可加煤油。

2. 套丝

用板牙加工出外螺纹的方法叫套丝,通常也称套螺纹。

(1) 板牙

板牙是加工和校准外螺纹用的标准螺纹刀具。可分为固定式板牙和可调式板牙,如图10-42所示。

(2) 套丝前圆杆直径的确定

圆杆直径的尺寸太大套扣困难;尺寸太小套出的螺纹牙齿不完整。对此套丝前圆杆直径的确定可查阅相关手册或按下列经验公式计算:

$$d_o = D - 0.13P$$

式中:d_o为圆杆直径,单位为mm;D为螺纹大径,单位为mm;P为螺距,单位为mm。

为利于板牙对准工件中心并易于切入,圆杆直径按尺寸要求加工好以后,要将圆杆端头倒成小于60°的倒角。

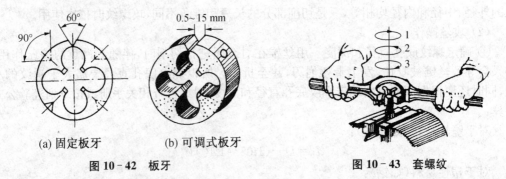

(a) 固定板牙　　　　(b) 可调式板牙

图10-42　板牙　　　　　　　　　　图10-43　套螺纹

(3) 套丝方法

套丝时,板牙需用板牙架夹持并用螺钉紧固,如图10-43所示,圆杆伸出钳口的长度应尽量短一些。套丝时,板牙端面必须与圆杆轴线保持垂直,开始转动板牙架时,要适当施加压力。当板牙切入圆杆后,只要均匀旋转,为了断屑,要经常反转,套丝的操作与攻丝相似。为了提高工件质量和板牙寿命,钢件套丝要加切削液。

六、刮削

刮削是用刮刀在工件表面上,刮去一层很薄的金属的操作。刮削后的工件表面具有良好的平面度,表面粗糙度 R_a 值达 $1.6~\mu m$ 以下,是钳工操作中的一种精密加工。

刮削操作常用在零件上滑动配合表面的加工。如机床导轨、滑动轴承、轴瓦、配合球面等,为了达到良好的配合精度,增加工件表面相互接触面积,提高使用寿命,常需要经过刮削加工。但刮削生产率低,劳动强度大,一般在机器装配、设备维修中应用较广。在成批生产中可用机械磨削等加工方法代替。

1. 刮刀及刮削方法

刮刀是刮削的工具,常用的有平面刮刀和三角刮刀,如图 10-44 所示。

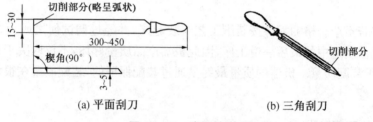

(a) 平面刮刀　　　　　　　　　(b) 三角刮刀

图 10-44　常用的刮刀

平面刮刀用来刮削平面或刮花纹。常采用手刮法和挺刮法两种刮削方法,如图 10-45 所示。手刮法刮削时,右手握刀柄,推动刮刀前进,左手在接近刀体端部约 50 mm 的位置上施压,刮刀与工件应保持 $25°\sim30°$ 夹角,双手用力要均匀,引导刮刀沿刮削方向移动。挺刮法刮削时,将刮刀柄抵住小腹右下侧,双手握住刀身,刀刃露出左手约 80 mm,双手施加压力,用腹部和腿部的力量使刮刀向前推挤,推到适当时,抬起刮刀,完成一次操作。

三角刮刀是用来刮削要求较高的滑动轴承的轴瓦、衬套等,以得到与轴径良好的配合精度。刮削时的操作方法如图 10-46 所示。

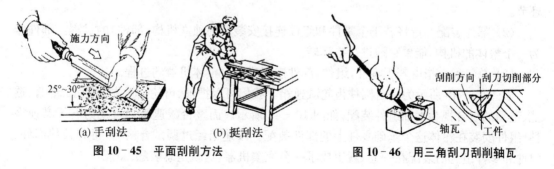

(a) 手刮法　　　　　(b) 挺刮法

图 10-45　平面刮削方法

图 10-46　用三角刮刀刮削轴瓦

2. 刮削精度的检验

刮削表面的精度通常采用研点法来检验,将工件表面擦净,均匀涂上一层很薄的红丹油,然后与校准工具(标准平板、心轴等)相配研。工件表面上的凸起点经配研后,会磨去红丹油而显出亮点(即贴合点),如图 10-47 所示。刮削表面的精度是以 25 mm×25 mm 的面积内,贴合点的数量与分布疏密程度来表示。曲面刮削后也需要进行研点检查。

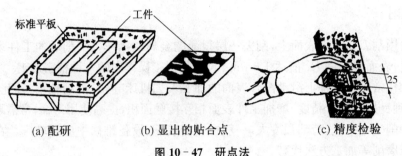

　　　(a) 配研　　　　　(b) 显出的贴合点　　　　(c) 精度检验

图 10－47　研点法

第三节　装　　配

　　装配是将若干个合格的零件按装配工艺组装起来,并经过调试使之成为合格产品的过程。装配是机器制造中的最后一道工序,因此机器产品质量好坏,不仅取决于零件的加工质量,而且取决于装配质量。机器的质量最终是通过装配保证的,装配质量在很大程度上决定机器的最终质量。

一、装配的工艺过程

　　1. 准备工作

　　(1) 研究、熟悉装配图及技术要求,了解产品的结构和相互间的连接关系,确定装配方法,顺序和所需工具。

　　(2) 零件的清洗、整形和补充加工。

　　(3) 部分零件的刮削,修配,预装。

　　2. 装配工作

　　(1) 组件装配　　指将若干个零件联结和固定成为组件的过程,它是装配工作的基本环节。

　　(2) 部件装配　　指将若干个零件和组件连接安装成为独立机构(部件)的过程。部件作为一个整体的机构,能单独地进行空运转。

　　(3) 总装配　　指由若干零件,组件,部件连接成一台整体机器的过程。

　　如图 10－48 所示为一台圆柱齿轮减速箱。我们可以把轴、齿轮、键、左右轴承、垫套、透盖、毡圈的组合视为大轴组件装配,如图 10－49 所示。而整台减速箱则可视为若干其他零件、组件安装在箱体这个基础零件上的部件装配。减速箱经过调试合格后,再和其他部件、组件和零件组合后装配在一起,就组成了一台完整机器,这就是总装配。

　　3. 调试工作

　　(1) 调整　　调整零件或机构间的相互位置,配合间隙,结合程度和协调性。

　　(2) 检验　　检验各几何精度和工作精度,如机床导轨和主轴的平行度等。

　　(3) 试车　　试验各机构的灵活性,振动、温升、噪声、转速、功率等性能参数是否合格。

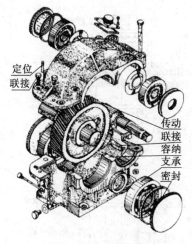

图 10-48 减速箱

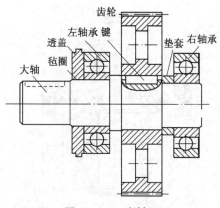

图 10-49 大轴组

二、装配的工作重点

（1）装配前应检查零件与装配有关的形状和尺寸精度是否合格、有无变形和损坏等，同时注意零件上的标记，防止装错。

（2）装配一般都按先难后易、先内后外、先上后下、预处理在前的顺序进行。

（3）装配高速旋转的零件（或部件）要进行平衡实验，以防止高速旋转后的离心作用而产生振动。旋转机构的外面不得有凸出的螺钉或销钉头等。

（4）固定连接零、部件，不允许有间隙，活动的零件能在正常的间隙下灵活均匀地按照规定方向运动。

（5）各类运动部件的接触表面，必须保证足够的润滑；各种管道和密封部件装配后不得有渗油、漏气现象。

（6）试车前，检查机器各部件连接的可靠性和运动机构的灵活性，检查各种变速和变向机构的操作是否灵活以及相关手柄是否在正常位置等；试车时应从低速到高速逐步进行，根据试车情况逐步进行调整，使机器达到产品验收技术标准。

三、组件装配示例

减速箱锥齿轮轴组件的装配结构图，如图 10-50 所示。锥齿轮轴组件装配顺序，如图 10-51 所示。

具体装配步骤如下：

（1）先装上衬垫。

（2）轴承外圈装入轴承套内，再将轴承套套件套在轴上。

（3）压入滚动体后，放上隔圈，再压入另一滚动体及轴承外圈。

（4）在轴承盖内放入毛毡并套入轴上，然后再用紧固螺钉将轴承盖与轴承套固定。

（5）将键配好，轻打、装在轴上键槽内。

（6）压装齿轮。

（7）放上垫圈，用螺钉锁紧。

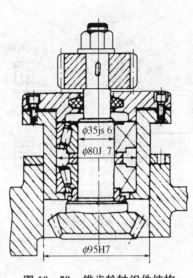

图 10-50　锥齿轮轴组件结构

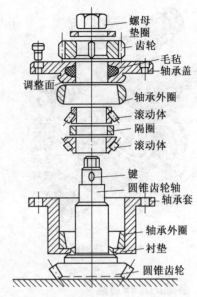

图 10-51　锥齿轮轴组件装配顺序

四、装配常用的连接种类

常用的连接种类有固定连接和活动连接两种。

（1）固定连接　指装配后零件间不产生相对运动,如螺纹连接、键连接、铆接连接和销连接等。

（2）活动连接　指装配后零件间可产生相对运动的连接,如轴与轴承连接和丝杆与螺母连接等。

五、典型的装配工作

1. 螺纹连接装配

螺纹连接主要的方式,如图 10-52 所示。它是一种最常用的可拆卸的固定连接,具有结构简单,拆装方便等优点,装配时应注意以下几点:

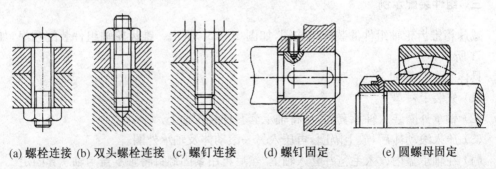

(a) 螺栓连接　(b) 双头螺栓连接　(c) 螺钉连接　　(d) 螺钉固定　　(e) 圆螺母固定

图 10-52　常见的螺纹连接类型

（1）螺纹的配合应做到能用手自由旋入。对于无预紧力要求的螺纹连接,可用普通扳手拧紧;对于有规定预紧力要求的螺纹连接,常用测力扳手或力矩扳手控制预紧力。

（2）螺母端面应与螺纹轴线垂直，以使受力均匀；零件与螺母的配合面应平整光滑，否则螺纹容易松动。为了提高贴合质量，常使用垫圈。

（3）装配一组螺钉、螺母时，为了保证零件贴合面受力均匀和螺纹连接的装配质量，应按一定顺序拧紧，如图 10-53 所示顺序，并且不要一次完全拧紧，而要按顺序分两次或三次逐步拧紧。

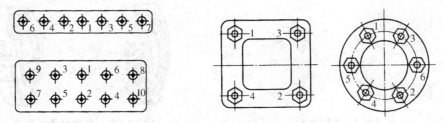

图 10-53　成组螺栓拧紧顺序

（4）螺纹联接在很多情况下要有防松措施，常用的防松措施，如图 10-54 所示。

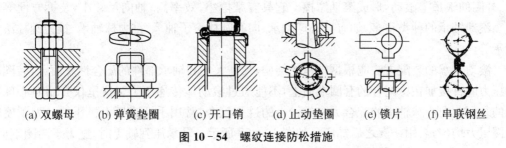

(a) 双螺母　　(b) 弹簧垫圈　　(c) 开口销　　(d) 止动垫圈　　(e) 锁片　　(f) 串联钢丝

图 10-54　螺纹连接防松措施

2. 销连接装配

销连接也属于可拆卸的固定连接，销连接主要用来固定两个（或两个以上）零件之间的相对位置或连接零件以传递不大的载荷。常用的销按其结构分为圆柱销和圆锥销两种，如图 10-55 所示。装配时应注意以下几点：

(a) 圆柱销和圆锥销　　　　(b) 定位作用　　　　　(c) 连接作用

图 10-55　销钉及其作用

（1）圆柱销装配　　圆柱销靠其少量的过盈固定在孔中，装配时，销钉表面可涂机油，然后用铜棒轻轻打入，圆柱销不宜多次拆卸，否则会降低定位精度或连接的可靠性。

（2）圆锥销装配　　两连接件的销孔必须一起配钻、配铰；并且边铰孔、边试装，使圆锥销能自由插入锥孔内的长度应占总长度的 80% 为宜，然后用手锤敲入，销钉的大头可稍露出，或与被连接件表面齐平。圆锥销定位精度高，宜于多次拆装。

3. 轴、键、传动轮的装配

轴与传动轮（如齿轮、皮带轮等）的装配，多采用键连接传递运动及扭矩；其中又以普通平键连接最为常见,如图 10-56 所示。装配时应注意:键的底面应与轴上键槽底部接触,而键的顶面应与轮毂键槽底部留有一定的间隙,键的两侧采用过渡配合。装配时,先将轴与孔试配,再将键与轴及轮毂的键槽试配,然后将键轻轻打入轴的键槽内,最后对准轮毂的键槽将带键的轴推入轮毂内。

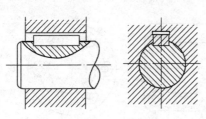

图 10-56　普通平键连接

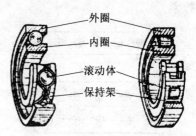

图 10-57　滚动轴承的组成

4. 滚动轴承的装配

滚动轴承一般由外圈、内圈、滚动体、保持架组成,如图 10-57 所示。工作时滚动体在内、外圈的滚道上滚动,形成滚动摩擦。它具有摩擦小,效率高,轴向尺寸小,装拆方便等优点。滚动轴承的种类很多,如有向心球轴承、向心圆柱滚子轴承、推力球轴承、推力圆柱滚子轴承等。

滚动轴承的装配方法应根据轴承的结构、尺寸大小和轴承部件的配合性质而定,装配时的压力应直接加在待配合的套圈端面上,不能通过滚动体传递压力。这里仅介绍向心球轴承的装配。向心球轴承的配合大多为较小的过盈配合,常用手锤或压力机压装。为了使轴承圈压力均匀,需用垫套之后加压。如图 10-58 所示。轴承压到轴上时,施力于内圈端面,如图 10-58(a)所示;轴承压入座孔时,施力于外圈端面,如图 10-58(b)所示;若将轴承同时压到轴上和座孔时,则应同时施力于内、外圈端面,如图 10-58(c)所示。如果轴承与轴的装配是较大的过盈配合时,应将轴承加热装配,即将轴承吊在 80～90℃ 的热油中加热,然后趁热压装。

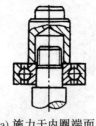

(a) 施力于内圈端面　　　　(b) 施力于外圈端面　　　　(c) 施力于内、外圈端面

图 10-58　滚动轴承的装配

六、机器的拆卸

机器工作一段时间后,需要进行检查和修理,这时就要对机器进行拆卸。拆卸是修理工作中的重要环节。如果拆卸不当就会造成设备损坏或机器精度下降。因此,在拆卸时必须注意如下事项:

（1）机器拆卸前，首先要熟悉图纸，对机器零、部件的结构原理了解清楚，弄清楚修理的故障及部位，确定机器的拆卸方法。防止盲目拆卸，造成零件的损坏。

（2）拆卸的顺序一般按照与装配的顺序相反进行。即先装的后拆，后装的先拆。可以按照先外后内、先上后下的顺序依次进行拆卸。

（3）有些零、部件拆卸时要做好标记（如配合件、不能互换的零件等），防止维修后装配装错；有些零件拆下后，要按次序摆放整齐，尽可能按原来结构套装在一起。对销钉、止动螺钉、键等细小零件，拆卸后要按原位临时安装好，以防丢失。对丝杆、细长轴等零件要用布包好，并用绳索将其吊直，防止弯曲变形或碰伤。

（4）对不同的连结方式和配合性质，要采取相应的拆卸方法。并且要用与之配套的专用工具（如各种拉出器、固定扳手、弹性卡环钳、铜锤、铜棒、销子冲头等），以免损伤零部件。

（5）对采用螺纹连接或锥度配合的零件，必须辨清方向。

（6）紧固件上的防松装置，在拆卸后一般要更换，避免再次装上使用时因断裂而造成事故。

第四节　钳工综合工艺

钳工加工，首先研究零件图纸，充分理解零件的结构和技术要求；然后根据零件的结构特点、技术要求以及现有的生产条件和生产类型，综合考虑各种因素对加工质量、加工的可行性及经济性的影响；最后确定合理的加工工艺方案。

在选择加工工序时，要考虑相邻工序之间的关系及相互影响等。一般情况下，粗加工工序在前，精加工工序在后，而且在前道工序加工中，要给后道工序留有足够的加工余量，只有这样，才能制定出比较合理的钳工加工工艺。

在目前工程训练实习中，主要以制作小榔头作为钳工基本技能训练的综合项目。小榔头零件图如图10-59所示。

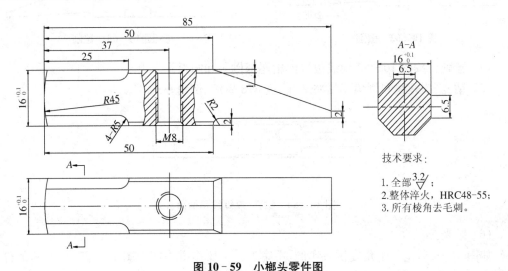

图 10-59　小榔头零件图

根据小榔头的结构特点及毛坯的形状、加工余量等,确定其加工工艺路线为:下料→锉削→划线→锯削→锉削→钻孔→攻螺纹→抛光表面。其具体加工工艺过程如下:

(1) 锉削　按图 10-60 中顺序依次锉平六个面。

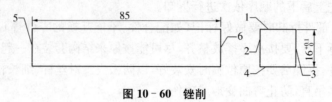

图 10-60　锉削

(2) 划线　按图 10-61 中尺寸划线、打样冲眼。

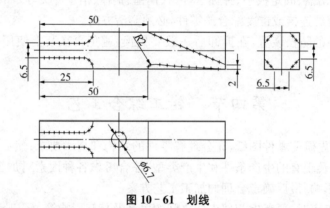

图 10-61　划线

(3) 锯削　按图 10-62 划线位置锯削斜面 1 并锉平,锉 R2 圆弧和斜面 2。

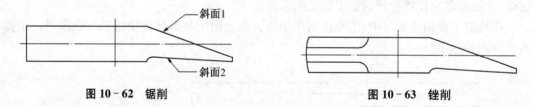

图 10-62　锯削　　　　　　　　　　　图 10-63　锉削

(4) 锉削　按图 10-63 划线位置锉出尾部倒角和圆弧。

(5) 钻孔、攻螺纹和倒角　钻 ϕ6.7 孔、攻 M8 螺纹、倒角 1×45°。

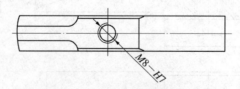

图 10-64　钻孔、攻螺纹和倒角

(6) 抛光。

如图 10-65,是一个角度拼块实例,用钳工手工操作方法加工图 10-65(a)所示的件 1 和图 10-65(b)所示的件 2,件 1 和件 2 能拼成图 10-65(c)所示的直角形和图 10-65(d)所示的长方形,要求配合间隙缝细长和均匀,要求零件没有毛刺和利边,毛坯材质是 Q235 板材,厚度是 8,尺寸是 62×86,制定加工工艺过程。

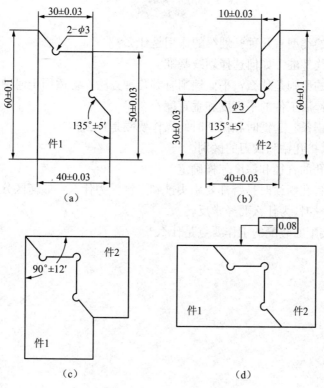

图 10-65　角度拼块实例图

(1) 准备工作

① 准备划线工具:样冲、划针等。

② 准备加工工具:锉刀、手锯、钻头等。

③ 准备量具:直尺、游标卡尺、角度尺等。

④ 准备设备:台虎钳、钻床等。

(2) 加工件 1 和件 2 毛坯的四个侧面,保证尺寸 60±0.10 和 40±0.03,保证四条边成直线且相邻两边相互垂直,保证两个大平面平直。

(3) 按图划出件 1、件 2 所有加工线。

(4) 钻件 1 和件 2 的 ϕ3 工艺孔。

(5) 锯去件 1 和件 2 的直角面及斜面余料。

(6) 粗、精锉直角面及 45°斜面,保证尺寸 10±0.03、30±0.03、50±0.03 及 135°±5′角度要求。

(7) 件 1 和件 2 相互锉配,根据涂色法或透光法检查件 1、件 2 配合精度,并作必要的修整,锐边去毛刺。

(8) 检验,清理场地。

注意事项:由于件 1 斜面难以保证在同一平面内,一般先加工件 2,然后再用件 2 锉配件 1 角度面,保证间隙。

复习思考题

1. 钳工划线的类型有几种？划线的作用是什么？

2. 什么叫划线基准？如何选择划线基准？

3. 选择锉刀的原则是什么？平面锉削有哪几种方法？各适用于何种场合？

4. 如何检验锉后工件的平面度和垂直度？

5. 怎样选择锯条？起锯时和锯切时的操作要领是什么？

6. 试述钻头、扩孔钻和绞刀的区别。

7. 攻丝前底孔的直径和深度怎样确定？

8. 攻通孔和盲孔螺纹时是否都要用头锥和二锥？为什么？如何区分头锥和二锥？

9. 攻丝和套丝时，为什么要经常反转？

10. 什么叫装配？装配的工作要点是什么？

第十一章 数控车削加工训练

训练重点

1. 了解数控车床的概念、分类、组成和主要特点。
2. 掌握数控车床坐标系的设定方法。
3. 熟悉数控系统的五大功能。
4. 掌握常用编程指令的格式及用法。
5. 能够独立操作数控车床。

第一节 概　　述

一、数控车床的基本概念

数控车床是指用计算机数字技术控制的车床。它是通过将编好的加工程序输入到数控系统中,由数控系统通过车床横向和纵向坐标轴的伺服电机去控制车床进给运动部件的动作顺序、移动量和进给速度,再配以主轴的转速和转向,便能加工出各种形状不同的轴类或盘类等回转体零件,因此,数控车床是目前使用较为广泛的加工机床。

二、数控车床的分类

随着数控技术的不断发展,数控车床形成了品种繁多、规格不一的局面。对数控车床分类可以采用不同的方法,按照主轴位置分为卧式数控车床(图 11 - 1)和立式数控车床(图 11 -2)两类。

图 11 - 1 卧式数控车床

图 11 - 2 立式数控车床

卧式数控车床的主轴轴线与水平面平行。卧式数控车床又可分为数控水平导轨卧式车床和数控倾斜导轨卧式车床。

立式数控车床主轴轴线垂直于水平面,一般采用圆形工作台来装夹工件。这类车床主要用于加工径向尺寸大、轴向尺寸相对较小的大型复杂零件。

按其功能,数控车床可分为经济型数控车床、全功能型数控车床和车削加工中心三类。图 11-3 为车削加工中心。

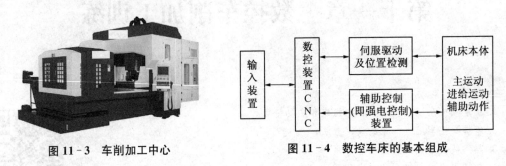

图 11-3　车削加工中心　　　　　　　　　图 11-4　数控车床的基本组成

三、数控车床的组成

数控车床由程序编制及程序载体、输入装置、数控装置(CNC)、伺服驱动及位置检测、辅助控制装置、机床本体等几部分组成。如图 11-4 所示。

1. 输入装置

输入装置的作用是将程序载体(信息载体)上的数控代码传递并存入数控系统内。根据控制存储介质的不同,输入装置可以是光电阅读机、磁带机或软盘驱动器等。数控机床加工程序也可通过键盘用手工方式直接输入数控系统;数控加工程序还可由编程计算机用RS232C 或采用网络通信方式传送到数控系统中。

2. 数控装置(CNC)

数控装置是数控机床的核心。数控装置从内部存储器中取出或接受输入装置送来的一段或几段数控加工程序,经过数控装置的逻辑电路或系统软件进行编译、运算和逻辑处理后,输出各种控制信息和指令,控制机床各部分的工作,使其进行规定的有序运动和动作。

3. 驱动装置和位置检测装置

驱动装置接受来自数控装置的指令信息,经功率放大后,严格按照指令信息的要求驱动,以加工出符合图样要求的零件。因此,它的伺服精度和动态响应性能是影响数控机床加工精度、表面质量和生产率的重要因素之一。驱动装置包括控制器(含功率放大器)和执行机构两大部分。目前大都采用直流或交流伺服电动机作为执行机构。

位置检测装置将数控机床各坐标轴的实际位移量检测出来,经反馈系统输入到机床的数控装置之后,数控装置将反馈回来的实际位移量值与设定值进行比较,控制驱动装置按照指令设定值运动。

4. 辅助控制装置

辅助控制装置经功率放大后驱动相应的电器,带动机床的机械、液压、气动等辅助装置完成指令规定的开关量动作。这些控制包括主轴运动部件的变速、换向和启停指令,刀具的选择和交换指令,冷却、润滑装置的启动停止,工件和机床部件的松开、夹紧,分度工作台转位分度等开关辅助动作。

5. 机床本体

数控机床的机床本体与传统机床相似,由主轴传动装置、进给传动装置、床身、工作台以及辅助运动装置、液压气动系统、润滑系统、冷却装置等组成。但数控机床在整体布局、外观造型、传动系统、刀具系统的结构以及操作机构等方面都已发生了很大的变化。这种变化的目的是为了满足数控机床的要求和充分发挥数控机床的特点。

四、数控车床的加工特点

与普通车床相比,数控车床加工具有以下特点:

1. 适应性强

由于数控车床能实现坐标轴的联动,所以数控车床能完成复杂型面的加工,特别是对于可用数学方程式和坐标点表示的形状复杂的零件,加工非常方便。当改变加工零件时,数控车床有时只需更换零件加工的 NC 程序,不必用凸轮、靠模、样板或其他模具等专用工艺装备。

2. 加工质量稳定

对于同一批零件,由于数控车床是根据数控程序使用同一刀具自动进行加工,刀具的运动轨迹完全相同,从而可以避免人为的误差,这就保证了零件加工的一致性好且质量稳定。

3. 生产效率高

数控车床在加工中由于可以采用较大的切削用量,有效地节省了机动工时。又由于有自动换速、自动换刀和其他辅助操作自动化等功能,使辅助时间大为缩短,而且无需工序间的检验与测量,所以,比普通车床的生产率高 3～4 倍甚至更高。

4. 加工精度高

数控车床有较高的加工精度,加工误差一般在 0.005～0.01 mm 之间。数控车床的加工精度不受零件复杂程度的影响,机床传动链的反向齿轮间隙和丝杠的螺距误差等都可以通过数控装置自动进行补偿,其定位精度比较高,同时还可以利用数控软件进行精度校正和补偿。

5. 改善劳动条件

在输入程序并启动后,数控车床就自动地连续加工,直至零件加工完毕,而不必进行重复性的繁重的手工操作。劳动强度与紧张程度均可大大减轻,劳动条件也得到相应改善。

五、常用数控系统介绍

目前,我国通常使用的数控车床控制系统从来源地区主要可分为国内产品、日本产品、欧盟产品等。下面介绍我国市场上常见的三种数控系统。

1. 日本 FANUC 数控系统

FANUC 数控系统是日本法纳克公司的产品,以其高质量、低成本、高性能、较全的功能占据了整个数控系统市场很大的份额。用于车床的数控系统主要有 FANUC-0i-Mate-TB、FANUC-0i-Mate-TC 等。系统设计中采用大量的模块化结构,具有很强的 DNC 功能,系统软件的功能齐全,操作方便,同时具有完备的防护措施。

2. 德国西门子数控系统

德国西门子数控系统是德国西门子公司的产品,在中国的使用非常广泛,用于车床的数控系统主要有 SIEMENS 802S、802C、802D 等,802C/S 是面向中国企业推出的经济型数控系统,具有较高的性价比和强大的功能,802D 是与德国同步推出的新产品,适用于全功能型数控车床,实现四轴驱动。

3. 广州数控系统

广州数控系统是我国自主研发的数控系统,应用于数控车床的控制系统主要有GSK980i 车床数控系统、GSK980T 车床数控系统等。其中 GSK980i 车床数控系统为新研发的新一代中高档数控系统,其功能强大,稳定性好,具有多种复合循环功能。

第二节　数控车削加工编程基础

一、数控编程的概念及种类

数控编程是指根据被加工零件的图纸和技术要求、工艺要求,将零件加工的工艺顺序、工序内的工步安排、刀具相对于工件运动的轨迹与方向、工艺参数及辅助动作等,用数控系统所规定的规则、代码和格式编制成文件,并将程序单的信息制作成控制介质的整个过程。

数控编程分为手工编程与自动编程。

手工编程:由人工来完成数控机床的程序编制,一般应用在工件形状不十分复杂的场合。

自动编程:由计算机自动编制加工程序,通常应用在工件形状十分复杂的场合(如模具加工、曲面轮廓加工等)。

二、程序的结构与程序段的格式

1. 程序的结构

一个完整的程序由程序号、程序内容和程序结束三部分组成,例如:

程序号　　　　O1234;

程序内容
$\begin{cases} \text{N0001　M03　S500　T0101;} \\ \text{N0002　G00　X30　Z10;} \\ \text{N0003　G01　X20　Z1　F0.1;} \end{cases}$

　　　　　　　…

程序结束　N0015　M30;

程序号:它是为了区别存储器中的程序名。FANUC 系统一般采用英文字母 O 和四位阿拉伯数字组成。

程序内容:是整个程序的核心,由许多程序段组成,每个程序段有一个或多个指令,由它指导数控机床的动作。

程序结束:一般 以 M30(M02)作为程序结束的标志。

2. 程序段格式

目前广泛应用的是文字地址程序段格式,它由语句号字,数据字和程序段结束等组成。

具体的格式如下: N 0001　G 01　X50　Y20　Z20　F 0.1　S500　T0101　M　03

N—程序段号

G—准备功能指令

X 、Y、Z—尺寸字,用来指定机床坐标轴的位移方向和数值

F—进给功能

S—主轴功能,指定主轴转速

T—刀具功能字,刀具号及自动补偿号

M—辅助功能字

三、数控车床坐标轴的设定

数控车床相关轴的设定如下:(参见图11-5)

（1）Z 轴的设定。数控车床是以其主轴轴线方向为 Z 轴方向,刀具远离工件的方向为 Z 轴正方向。

（2）X 轴的设定。X 轴方向是在工件的径向上,且平行于横向拖板,刀具远离工件旋转中心的方向为 X 轴正方向。

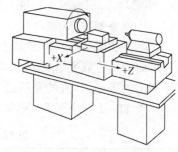

图 11-5　数控车床坐标轴的方向

四、机床坐标系与编程坐标系

坐标系是用来确定刀具或工件在车床中的具体位置,数控车床是采用右手笛卡儿直角坐标系来确定刀具或工件在车床中的具体位置的,如图11-6所示。数控车床坐标系可分为机床坐标系和编程坐标系,如图11-7所示。

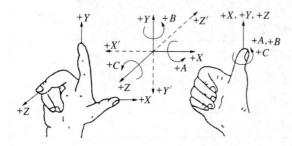

图 11-6　右手笛卡儿直角坐标系

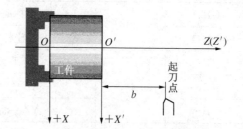

图 11-7　数控车床的机床坐标系与编程坐标系
O—机床坐标系原点　O'—编程坐标系原点

1. 机床原点与机床坐标系

机床原点又称机械原点,它是机床坐标系的原点。该点是机床上的一个固定点,是机床制造商设置在机床上的一个物理位置,通常用户不允许改变。机床原点是工件坐标系、机床参考点的基准点。数控车床的机床原点通常为两轴正方向运动的极限位置处或卡盘端面与轴线的交点处,如图11-7中的 O 点。

以机床原点为坐标原点的坐标系称为机床坐标系。机床坐标系是机床上固有的坐标系,是用来确定工件坐标系的基本坐标系,不同的机床有不同的坐标规定。

2. 编程原点与编程坐标系

以编程原点为坐标原点的坐标系称为编程坐标系。编程原点是编程人员在数控编程过程中定义在工件上的几何基准点(见图11-7中的 O' 点),有时也称为工件原点,是由编程人员根据情况自行选择的。编程原点的选择应便于数学计算,能简化程序的编制;编程原点应尽可能选在零件的设计基准或工艺基准上,以使加工引起的误差最小。

五、系统功能

数控系统一般具有五大功能,分别为准备功能(G功能)、进给功能(F功能)、主轴功能(S功能)、刀具功能(T功能)、辅助功能(M功能)。

1. 准备功能(G功能)

准备功能又称G功能或G指令,是数控机床完成某些准备动作的指令。它由地址符G和后面的两位数字组成,从G00～G99共100种,如G01、G41等。目前,随着数控系统功能不断增加等原因,有的系统已采用3位数的功能指令,如SIEMENS系统中的G450、G451等。表11-1列出了FANUC-0i-Mate-TB系统常用的准备功能指令。

表 11 - 1　FANUC-0i-Mate-TB 准备功能指令表

G 代码	组　别	功　能	指 令 格 式
G00		定位(快速进给)	G00 X Z
G01	01	直线插补	G01 X Z F
G02		顺时针圆弧插补	G02 X Z F
G03		逆时针圆弧插补	G03 X Z F
G04	00	暂停	G04 X；G04 P
G12.1	21	极坐标插补指令	G12.1
G13.1		极坐标取消	G13.1
G17		XY 平面选择	G17
G18	16	XZ 平面选择	G18
G19		YZ 平面选择	G19
G20	06	英寸输入	G20
G21		毫米输入	G21
G27		返回参考点检测	G27
G28		返回参考点	G28
G30	00	返回第 2、3、4 参考点	G30 P3 X Z
G31		跳转功能	G31 IP
G32	01	螺纹切削	G32 X Z F(F 为导程)
G34		变螺距螺纹	G32 X Z F K
G36	00	自动刀具补偿 X	G36 X
G37		自动刀具补偿 Z	G37 Z
G40		取消刀尖 R 补偿	G40
G41	07	刀尖 R 补偿(左)	G41 G01 X Z
G42		刀尖 R 补偿(右)	G42 G01 X Z

G代码	组 别	功 能	指令格式
G50	00	设定坐标系,设定主轴最高转速	G50 X Z;或 G50 S
G50.3		工件坐标系预设	G50.3 IP0
G54~G59	14	选择工件坐标系 1~6	G54
G65	00	宏程序调用	G65 P L ＜自变量指定＞
G66	12	宏程序模态调用	G65 P L ＜自变量指定＞
G67		取消宏程序模态调用	G67
G70		精车加工循环	G70 P Q
G71		横向(外径)切削循环	G71 U R G71 P Q U W F
G72		端面粗切削复合循环	G72 W R G72 P Q U W F
G73	00	成型棒材加工复合循环	G73 U W R G73 P Q U W F
G74		端面(Z 轴)啄式加工循环	G74 R G74 X(U) Z(W) P Q R F
G75		横向(X 轴)啄式加工循环	G75 R G75 X(U) Z(W) P Q R F
G76		螺纹切削复合循环	G76 P(m)(r)(a)Q R G76 X(U) Z(W) R P Q F
G80		固定循环取消	G80
G83		钻孔循环	G83 X C Z R Q P F M
G84		攻丝循环	G84 X C Z R P F K M
G85	10	正面镗孔循环	G85 X C Z R P F K M
G87		侧钻孔循环	G87 Z C X R Q P F M
G88		侧攻丝循环	G88 Z C X R P F K M
G89		侧镗孔循环	G89 Z C X R P F K M
G90		内、外径车削循环	G90 X Z F G90 X Z R F
G92	01	螺纹车削循环	G92 X Z F G92 X Z R F
G94		端面车削循环	G94 X Z F G94 X Z R F
G96	02	恒线速度	G96 S
G97		每分钟转数	G97 S
G98	05	每分进给	G98 F (mm/min)
G99		每转进给	G99 F (mm/r)

2. 进给功能（F 功能）

用来指定刀具相对于工件运动速度的功能称为进给功能，由地址符 F 和其后面的数字组成。根据加工的需要，进给功能分为每分钟进给和每转进给两种，并以其对应的功能字进行转换。

（1）每分钟进给

每分钟进给直线运动的单位为毫米/分钟（mm/min）。每分钟进给通过准备功能字 G98（SIEMENS 系统用 G94）来指定，其值为大于零的常数。如以下程序段所示：

G98 G01 X20.0 F100；（进给速度为 100 mm/min）

（2）每转进给

如在加工米制螺纹过程中，常使用每转进给来指定进给速度（该进给速度即表示螺纹的螺距或导程），其单位为毫米/转（mm/r），通过准备功能字 G99（SIEMENS 系统用 G95）来指定。如以下程序段所示：

G99 G33 Z—50.0 F2（进给速度为 2 mm/r，即加工的螺距或导程为 2 mm）

G99 G01 X20 F0.2（进给速度为 0.2 mm/r）

3. 主轴功能（S 功能）

用以控制主轴转速的功能称为主轴功能，亦称为 S 功能，由地址符 S 及其后面的一组数字组成。如 S1000，表示主轴转速为 1000 r/min。

4. 刀具功能（T 功能）

刀具功能是指系统进行选（转）刀或换刀的功能指令，亦称为 T 功能。刀具功能用地址符 T 及后面的一组数字表达。常用刀具功能的指定方法有 T 四位数法和 T 二位数法。如 T0101 是 T 四位数法，表示选用 1 号刀具及选用 1 号刀具补偿存储器号中的补偿值，FANUC 数控系统及部分国产系统多采用 T 四位数法，若写成 T01 则是 T 二位数法，仅表示选用 1 号刀，SIEMENS 车床数控系统大多采用 T 二位数法。

5. 辅助功能（M 功能）

辅助功能又称 M 功能或 M 指令。它由地址符 M 和后面的两位数字组成。辅助功能主要控制机床或系统的各种辅助动作，如机床与系统的电源开、关，换刀，冷却液的开、关，主轴的正、反、停及程序的结束等，如 M03 表示主轴正转，M05 表示主轴停转。

表 11－2 列出了 CNC 系统常用 M 代码指令。

表 11－2 常用 M 功能指令表

序号	代码	功　　能	序号	代码	功　　能
1	M00	程序暂停	7	M30	程序结束，返回首段
2	M01	程序选择停止	8	M08	切削液开
3	M02	程序结束	9	M09	切削液关
4	M03	主轴正转	10	M98	调用子程序
5	M04	主轴反转	11	M99	返回主程序
6	M05	主轴停转			

第三节 数控车削加工常用编程指令及示例

一、通用编程指令

1. 快速定位指令 G00

指令功能:使刀具从当前点快速移动到程序段中指定的位置,用于快速定位。

指令格式:G00 X__ Z__

X,Z 表示指定点坐标值。

指令说明:(1) G00 的进给速度可在数控系统参数中设定。

(2) G00 动作时因速度较快,直接与工件的毛坯接触容易损坏刀具,因此编程时应留有一定的安全余量。

示例:如图 11-8 所示,A 点是刀具的刀位点。

使刀具的刀位点从 A 点快速到达 B 点的程序段为 G00 X28 Z3(点 X28,Z3 代表 B 点在编程坐标系中的坐标值)。

2. 直线插补指令 G01

指令功能:刀具以指定的进给速度移动到程序段指定的位置,用于对工件进行切削加工。

指令格式:G01 X__ Z__ F__

X,Z 表示指定点坐标值,F 表示进给速度。

指令说明:首次使用轴插补指令(G01 或 G02 或 G03

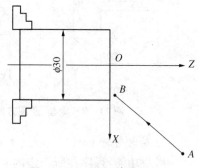

图 11-8 G00—快速定位

指令)时需指定进给量的值。若不指定,系统会按缺省速度动作,从而产生与编程者意愿不符的动作。在程序中后面的 F 值如不加设定会延续前一 F 代码指定的值。进给速度字 F 的单位可以是 mm/min 或 mm/r。某些数控系统提供代码用于调整进给速度的单位。进给速度单位使用 mm/r 时,若主轴不转动,则轴插补指令没有意义。

3. 顺/逆圆弧插补指令 G02/G03

指令功能:G02,G03 指令表示刀具以 F 进给速度从圆弧起点向圆弧终点进行圆弧插补。

指令格式:G02/G03 X__ Z__ R__ F__（FANUC 系统及华中系统）

或 G02/G03 X__ Z__ I__ K__ F__

X,Z 表示圆弧终点坐标;R 表示圆弧半径;I,K 表示圆心相对圆弧起点的增量坐标;F 为进给速度。

指令格式:G02/G03 X__ Z__ CR=__ F__（SIEMENS 系统）

或 G02/G03 X__ Z__ I__ K__ F__

X,Z 表示圆弧终点坐标;CR 表示圆弧半径;I,K 表示圆心相对圆弧起点的增量坐标。

指令说明:G02 为顺时针圆弧插补指令,G03 为逆时针圆弧插补指令。圆弧的顺、逆方向判断见图 11-9(a),朝着与圆弧所在平面相垂直的坐标轴的负方向看,顺时针为 G02,逆时针为 G03,图 11-9(b)分别表示了车床前置刀架和后置刀架对圆弧顺与逆方向的判断。

示例:如图 11-10 所示的工件,编制其圆弧插补的程序段。(以 FANUC 系统为例)
相关程序段如下:
……

N0060 G00 X10 Z2;　　　　　快速定位
N0070 G01 Z0 F0.1;　　　　　直线插补至 A 点
N0080 G03 X20 Z-5 R5;　　　逆圆弧插补加工至 B 点
N0090 G01 Z-30;　　　　　　直线插补加工 $\phi20$ 外圆至 C 点
N0100 G02 X30 Z-35 R5;　　顺圆弧插补加工至 D 点
N0110 G01 Z-60;　　　　　　直线插补
……

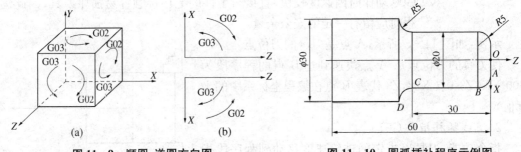

图 11-9　顺圆、逆圆方向图　　　　　图 11-10　圆弧插补程序示例图

4. 延时暂停 G04

指令功能:程序在所指定的时间内暂停进给动作。

指令格式:G04 X×× 或 G04 P××(FANUC 系统)

指令格式:G04 F××(SIEMENS 系统)

指令格式:G04 P××(华中系统)

指令说明:指令中出现 X、P、F 均指延时,在其后跟延时时间,单位为秒或毫秒。如:暂停 2.5 s(FANUC 系统),程序为 G04 X2.5 或 G04 P2500。G04 指令的作用是使程序在所指定的时间内暂停进给动作,比如说刀具切槽时在槽底的停留动作,延时时间过后,会继续执行后面的程序段。注意它与程序暂停指令 M00 的区别。表示时间的地址字 P 在不同的数控系统中有不同的规定,使用时需参考具体的数控系统操作手册。

二、常用复合循环指令

当车削余量较大,需用多次进刀切削加工时,可采用循环指令编写加工程序,以简化编程。下面以 FANUC-0i-Mate-TB 系统为例介绍内外圆粗、精车循环指令 G71、G70,螺纹切削循环指令 G92。

1. 内外圆粗车循环指令 G71

指令功能:粗车循环切削工件轮廓,用于切除零件毛坯的大部分加工余量。

指令格式:G71 U(Δd)R(e)

G71 P(ns)Q(nf)U(Δu)W(Δw)F S T

G71 指令段内部各参数示意如图 11-11 所示,其指令中各参数含义如下:

（1）Δd:切削深度（半径给定）。

（2）e:退刀量。

（3）ns:精车加工程序第一个程序段的顺序号。

（4）nf:精车加工程序最后一个程序段的顺序号。

（5）Δu:X 方向精加工余量的距离和方向。

（6）Δw:Z 方向精加工余量的距离和方向。

（7）F,S,T:包含在 ns 到 nf 程序段中的任何 F、S 或 T 功能在循环中被忽略,而在 G71 程序段中的 F、S 或 T 功能有效。

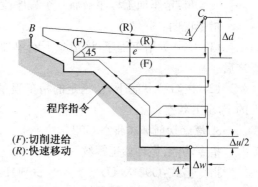

图 11‑11　G71 指令段内部参数示意

指令说明:

（1）指令中的 F、S 指粗加工循环中的 F、S 值,该值一经指定,则在程序段段号"ns"和"nf"之间所有的 F 和 S 均无效。

（2）轮廓外形一般是单调递增或单调递减的形式,否则会产生凹轮廓不是分层切削而是在半精加工时一次性切削的情况。

（3）顺序号"ns"程序段必须沿 X 向进刀,且不能出现 Z 轴的运动指令,否则会出现程序报警。

示例:试用 G71 编写如图 11‑12 所示台阶轴零件的程序段。

相关程序段如下:

……

G00 X145 Z2;快速定位至循环起点

G71 U2 R1;

G71 P0050 Q0110 U0.4 W0.2 F0.2;(外圆柱粗车循环,其轨迹由 P0050 至 Q0110 决定,进给量为 0.2 mm/ r,每次切深 2 mm,退刀量 1 mm。)

N0050 G00 X40;(循环起始程序段)

G01 Z0;

G1 Z‑30;

X60 Z‑60;

Z‑80;

X100 Z‑90;

N0100 Z‑110;

N0110 X140 Z‑130;（循环结束程序段）

……

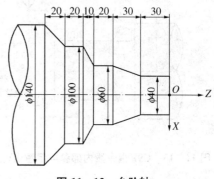

图 11‑12　台阶轴

2. 精车复合循环指令 G70

指令功能:精车工件轮廓。

指令格式:G70 P(ns) Q(nf)

其中ns:精车加工程序第一个程序段的顺序号。

nf:精车加工程序最后一个程序段的顺序号。

指令说明:

(1) G70 为精车程序,该指令不能单独使用,需跟在粗车复合循环指令 G71、G72、G73 之后。

(2) 在 G70 状态下,在指定的精车程序段中的 F,S,T 有效;若不指定,则维持粗车指定的 F,S,T 状态。

3. 螺纹切削循环指令 G92

指令功能:循环加工螺纹。

指令格式:G92 X(U)　　　　　Z(W)F 圆柱螺纹

　　　　　G92 X(U)　　　　　Z(W)FR 圆锥螺纹

G92 指令段内部各参数示意如图 11-13 和图 11-14 所示。

指令说明:

(1) X(U)、Z(W)为螺纹终点坐标。

(2) F 为螺纹导程。(单线螺纹,螺距=导程)

(3) 单程序段加工时,每按一次循环启动按钮,便进行 1 至 4 的轨迹操作。

(4) R:表示圆锥面切削起点 X 坐标减去终点 X 坐标的差的 1/2(半径值)。

G92X(U)_Z(W)_F_:指定螺距(L)　　　　　　　　G92X(U)_Z(W)_R_F_:指定螺距(L)

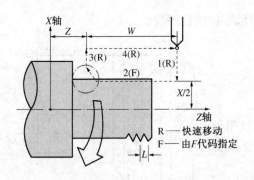
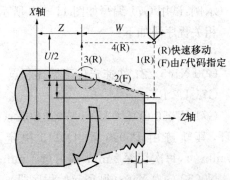

图 11-13 G92 指令段内部参数示意图(圆柱螺纹)　　**图 11-14 G92 指令段内部参数示意图(圆锥螺纹)**

示例:试编写如图 11-15 所示外圆柱螺纹的加工程序段。

……

G00 X35 Z4;　　　　　　　快速定位至循环起点

G92 X29.2 Z-31.5 F1.5;　　螺纹切削加工

X28.6;　　　　　　　　　　逐层进刀切削

X28.2;　　　　　　　　　　逐层进刀切削

X28.04;　　　　　　　　　　逐层进刀切削

……

图 11-15 G92 外圆柱螺纹加工

第四节　数控车床基本操作

各种类型的数控车床的操作方法基本相同,都包括数控系统面板的操作和机床控制面板的操作。下面以 FANUC-0i-Mate-TB 数控车床为例介绍数控车床的基本操作。

一、数控系统操作面板

FANUC-0i-Mate-TB 操作面板如图 11 - 16 所示。它由 CRT 显示器和 MDI 键盘两部分组成。表 11 - 3 列出了 FANUC-0i-Mate-TB 操作面板键盘部分主要软键的功能。

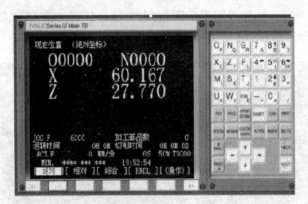

图 11 - 16　FANUC-0i-Mate-TB 系统操作面板

表 11 - 3　FANUC-0i-Mate-TB 系统操作面板主要软键功能

按　键	功　　能	按　键	功　　能
O_p	地址和数字键	EOB/E	按下该键生成";"
SHIFT	换挡键。当按下该键后,可以在某些键的两个功能间进行切换	CAN	取消键,用于删除最后一个进入输入缓存区的字符或符号
INPUT	输入键,用于输入工件偏移值、刀具补偿值	ALTER	替换键
INSERT	插入键	DELETE	删除键
HELP	帮助键	RESET	复位键,用于使 CNC 复位或取消报警等
PAGE↑ PAGE↓	换页键,用于将屏幕显示的页面向前或向后翻页	← ↑ → ↓	光标移动键
POS	显示位置屏幕	PROG	显示程序屏幕

按　键	功　能	按　键	功　能
OFFSET SETTING	显示偏置/设置屏幕	SYSTEM	显示系统屏幕
MESSAGE	显示信息屏幕	CUSTOM GRAPH	显示用户宏屏幕（宏程序屏幕）和图形显示屏幕

二、FANUC-0i-Mate-TB 数控车床操作面板

FANUC-0i-Mate-TB 数控车床操作面板如图 11 - 17 所示。该面板包括急停、系统启动、系统关闭、方式选择、进给倍率、空运转以及机床锁住等按钮。

图 11 - 17　机床操作面板

三、FANUC-0i-Mate-TB 系统数控车床的基本操作

1. 机床的启动与关闭

（1）机床的启动

首先打开机床的主电源，按下操作面板上的绿色系统启动键并松开急停按钮，等待数秒，等机床操作面板上的准备好指示灯亮后，表示机床启动成功。

注意：在系统启动的过程中切莫乱按机床上的任何按钮；如红色报警灯亮，请检查急停按钮是否松开，并按复位键。

（2）机床的关闭

等机床打扫干净后，将刀架移到导轨的偏右位置，将方式选择开关切换到 EDIT 挡、将倍率修调开关打到零，按下急停开关，按下红色系统关闭按钮，关闭仓门，切断机床主电源。

2. 机床回零

将方式选择开关切换到 ZRO 挡，先按住＋X 键不松，等机床坐标系的 X 轴坐标为零后，再按住＋Z 键，直至机床坐标系的 Z 轴坐标为零。回零后通过手动方式或手轮方式将刀架先沿 Z 轴，再沿 X 轴返回到导轨中间。

注意：（1）回零前必须先看清刀架是否在导轨的中间位置。

（2）回零时必须先回 X 轴，再回 Z 轴。

（3）回零后用手动或手轮方式返回时必须先回 Z 轴，再回 X 轴。

如果出现以下几种情况必须重新回零操作：

（1）机床关机后马上重新接通电源。

（2）机床解除急停状态后。

（3）机床过行程解除后。

（4）数控车床在"机械锁定"状态进行程序的空运行操作后。

3. 手动操作

（1）JOG（手动）方式

① 按下 JOG 方式键。单击坐标轴方向键，使坐标轴发生运动。持续按住坐标轴键不放，坐标轴就会按照设定数据中规定的速度持续运行。刀架的移动速度可以通过"进给速度修调开关"旋钮进行调节。

② 同时按住坐标轴方向键和快速运行键，可使刀架沿该轴快速移动。

（2）增量进给方式

① 按下"增量"键，系统处于增量进给运行方式；

② 增量值共有四个挡位：1,10,100,1000。单位为 0.001 mm，例：选择×100，表示每按一次坐标轴方向键，刀架移动 0.1 mm；

③ 按下坐标轴方向键，坐标轴以选择的步进增量运行；

④ 按手动键，就可以去除增量方式。

（3）手轮方式

按下工作方式下的手摇键，即可实现手轮操作，按钮拨到 X 位置，摇动手轮，刀架即可在 X 方向上移动，按钮拨到 Z 位置，摇动手轮，刀架即可在 Z 方向上移动，按×1，×10，×100 键可改变刀架移动的速度。

刀架超出机床限定行程位置的解决方法：

① 用手动进给操作按钮或手动脉冲发生器将刀架沿负方向移动；

② 按 RESET 键使 ALARM 消失；

③ 重新回机械原点。

（4）主轴操作

在 MDI 状态下已完成主轴转速设置的情况下，在手动、手摇、增量方式下，按正转键，可启动主轴。

（5）冷却液操作

在手动、手摇、增量方式下，按绿色键则冷却液开，按红色键则冷却液停。

（6）手动换刀

在手动、手摇、增量方式下，按机床操作面板上的手动换刀键可实现换刀。

4. MDI 数据手动输入

图 11-18 所示 为 MDI 方式显示画面。其操作步骤：

（1）按方式开关置于"MDI"状态。

（2）按 PRGRM 键，出现单程序句输入画面（当画面左上角没有 MDI 标志时，按 PAGE 的 ↓ 键，直至有 MDI 标志）。

（3）输入数据。

示例：主轴正转，转速为 300 r/min。

依次输入 M03 S300 按 EOB，再按 INSTERT 键。

示例：自动调用 2 号刀具。

输入 T0202 按 EOB，再按 INSTERT 键。

示例：Z 轴以 0.1 mm/r 的速度负方向移动 20 mm。

依次输入 G01 W - 20 F0.1 按 EOB，再按 INSTERT 键。

注意：在输入过程中如果输错，须重新输入，按 RESET 键，上面的输入全部消失，从开始输入。如果仅取消其中某一输错字，按 CAN 键即可。

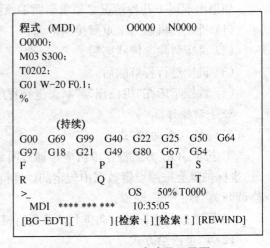

图 11 - 18　MDI 方式显示画面

（4）按下循环启动按钮，即可运行。

（5）如果停止运行，按 RESET 键取消。

5. 有关程序的操作

（1）程序的调用

示例：调用已有的程序 O0100

① 将方式开关选为编辑"EDIT"状态；

② 按 PRGRM 键出现 PROGRAM 画面；

③ 输入程序号 O0100；

④ 按 CURSOR 键的 ↓ 键，即可出现 O0100 程序。

（2）字的修改

示例：将 Z10 改为 Z15

① 将光标移到 Z10 的位置；

② 输入改变后的字 Z15；

③ 按 ALTER 键，即可更替。

（3）字的删除

示例：G00 G99 X30 S300 M03 T0101 F0.1；删除其中的字 X30

① 将光标移到该行的 X30 位置；

② 按 DELET 键，即删除了 X30 字，光标将自动到 S300 位置。

（4）程序段的删除

示例：删除程序段 N30 G00 X30 Z2

O0100；

N10 T0101；

N20 S400 M03；

N30 G00 X30 Z2；

N40 G98 G01 X26.5 Z0 F50；

① 将光标移到要删除的程序段的第一个字 N30 的位置；

② 按 EOB 键；

③ 按 DELET 键,即可删除整个程序段。

(5) 插入字

示例:G00 G99 X30 S300 M03 T0101 F0.1

在上面语句中加入 G40,改为下面表达式:

G00 G40 G99 X30 S300 M03 T0101 F0.1

① 将光标移到要插入字的前一个字的位置;

② 输入要插入的字(G40);

③ 按 INSRT 键,出现

G00 G40 G99 X30 S300 M03 T0101 F0.1

(6) 程序的删除

示例:删除程序 O0100

① 将方式选择开关选择"EDIT"状态;

② 按 PRGAM 键;

③ 输入要删除的程序号(O0100);

④ 确认是不是要删除的程序;

⑤ 按 DELET 键,该程序即被删除。

6. 对刀操作

对刀操作即测定某一位置处刀具刀位点相对于对刀点的距离,一般对刀点设在工件原点上。其操作步骤:

(1) 在 MDI 方式下设定主轴正转及转速,并将刀架转到相应的刀位(也可用手动转刀键)。

(2) 按 OFFSET SETTING 键,再按软键[补正]及形状后,进入刀具偏置参数显示画面。如图 11-19 所示。

(3) Z 向对刀　在手动方式下,按主轴正转键,通过手摇轮,试切工件端面,Z 向不动,沿+X 向退刀,移动光标选择与刀具号相对应的刀补参数(如 1 号刀,则将光标移至"G001"行),输入"Z0",按[测量]软键,Z 向刀具偏移参数即自动存入。

(4) X 向对刀　在手动方式下,按主轴正转键,通过手摇轮,试切工件外圆,X 向不动,沿+Z 方向退刀,按主轴停止键,测量试切外圆直径,移动光标选择与刀具号相对应的刀补参数(如 1 号刀,则将光标移至"G001"行),输入"试切外圆直径",按[测量]软键,X 向刀具偏移参数即自动存入。

注意:其余刀具的对刀方法与第一把刀基本相同,不同之处在于第一步不再切削工件表面,而是将刀尖逐渐接近并分别接触到端面及外圆表面后,即进行余下步骤的操作。

(5) 校验　在 MDI 方式下选刀,并调用刀具偏置补偿,在 POS 画面下,手动移动刀具靠近工件,观察刀具与工件间的实际相对位置,对照屏幕显示的绝对坐标,判断刀具偏置参数设置是否正确。

(6) 设置刀具刀尖圆弧半径补偿参数

如图 11-19 所示,将光标移动到与刀具号相对应的刀具半径参数 R 位置,键入相应的刀具半径如"2.0",按 INPUT 键,即可完成设置。同样,将光标移动到 T 参数位置,输入相应的刀沿号如"3",可设定刀沿号。

工具补正/形状			O0000
N0000			
番号	X	Z	R
T			
G 01	−123.456	−234.456	2.000
3			
G 02	0.000	0.000	0.000
0			
G 03	0.000	0.000	0.000
0			
G 04	0.000	0.000	0.000
0			
G 05	0.000	0.000	0.000

图 11 - 19　刀具补偿参数设置画面

工具补正/磨耗			O0000　N0000
番号	X	Z	R
T			
G 01	0.500	0.200	0.000
0			
G 02	0.000	0.000	0.000
0			
G 03	0.000	0.000	0.000
0			
G 04	0.000	0.000	0.000
0			
G 05	0.000	0.000	0.000
0			
……	……	……	……

图 11 - 20　刀具磨耗显示画面

（7）设置及修改刀具磨耗

按 OFFSET SETTING 键,再按软键[补正]及[磨耗]后,即可进入刀具磨耗参数显示画面,如图 11 - 20 所示。在与刀具相对应的番号后,可分别键入 X 及 Z 向的磨耗值,按 IN-PUT 键即完成设定。如需修改,可键入新的磨耗值,按 INPUT 键或[输入]软键;当需要在原有的数值上叠加时,可先输入相应数值,再按[＋输入]软键。例如:原来 X 向磨耗为0.5,现在要将刀具向前移动 0.2(直径值),则键入 0.3,按 INPUT 键或者键入 0.2,按[＋输入]软键,执行这两种操作后,相应的刀具磨耗值均变为 0.3。

7. 自动加工

（1）机床试运行

① 把方式开关切换到 MEM 模式;

② 按下 PROG 键,按下[检视]软键,使屏幕显示正在执行的程序及坐标;

③ 按下"机床锁住键"(或在系统参数中将机床锁住),按下单步运行键 SBK;

④ 按"循环启动"键,每按一次,机床执行一段程序,这时即可检查编辑与输入的程序是否正确无误。

机床的试运行检查还可以在空运行状态下进行,两者虽然都被用于程序自动运行前的检查,但检查的内容却有区别。机床锁住运行主要用于检查程序编制是否正确,程序有无编写格式错误等;而机床空运行主要用于检查刀具轨迹是否符合要求。

（2）机床的自动运行

机床自动运行的操作步骤如下:

① 调出需要执行的程序,确认程序正确无误;

② 把方式开关切换到 MEM 自动模式;

③ 按下 PROG 键,按下[检视]软键,使屏幕显示正在执行的程序及坐标;

④ 按"循环启动"键,自动循环执行加工程序;

⑤ 根据实际需要调整主轴转速和刀具进给速度。在机床运行过程中,可以按"主轴倍率"按钮进行主轴转速的调整,但应注意不能进行高低挡转速的切换。旋动"进给倍率"旋钮可进行刀具进给速度的调整。

（3）手动干预和返回功能

在自动运行期间，如发现加工过程中有问题或需测量工件，可进行手动干预（如手动退刀、转刀、主轴停止）等操作。

① 在程序自动运行过程中按下"循环暂停"键；

② 在手动或手轮方式下移动刀具；

③ 按复位键；

④ 在编辑方式下，将光标移动到之前程序中断处，切换到自动方式，按下"循环启动"键，恢复自动运行。

（4）图形显示功能

图形显示功能可以显示自动运行或手动运行期间的刀具移动轨迹，操作者可通过观察屏幕显示出的轨迹来检查加工过程，显示的图形可以进行放大及复原。

第五节　数控车削加工综合实例

编制如图 11 - 21 所示零件的加工程序并完成车削加工。毛坯为 $\phi45$ mm×98 mm 棒料，材料为 45 钢。

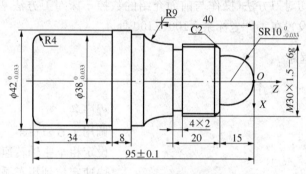

图 11 - 21　综合编程实例图

一、根据零件图样要求、毛坯情况，确定装夹方法及加工路线

1. 装夹方法

以工件轴心线为工艺基准，用三爪自定心卡盘夹持坯件，先粗、精加工工件左端，再夹持工件左端，粗、精加工工件右端。

2. 工艺路线

（1）先加工左端。

（2）用 1 号刀，采用 G71 指令对零件左端的轮廓进行循环粗加工。

（3）用 1 号刀，采用 G70 指令对零件左端的轮廓进行精加工。

（4）卸下工件，用铜皮包住左端，准备加工右端。

（5）手动控制总长。

（6）用 1 号刀，采用 G71 指令对零件右端的轮廓进行循环粗加工。

（7）用 1 号刀，采用 G70 指令对零件右端的轮廓进行精加工。

（8）用 2 号刀进行切槽加工。

（9）用 3 号刀，采用 G92 指令进行螺纹循环加工。

二、选择机床设备

根据零件图样要求，选用经济型数控车床即可达到要求。故选用 CK6140 型数控卧式车床，数控系统为 FANUC-0i-Mate-TB。

三、刀具设置

设定外圆车刀为 1 号刀，宽 4 mm 的切槽刀为 2 号刀，螺纹刀为 3 号刀。

四、确定切削用量

切削用量的具体数值应根据该机床性能、相关的手册并结合实际经验确定，详见加工程序。

五、确定工件坐标系、对刀点和换刀点

确定以工件右端面与轴心线的交点 O 为工件原点，建立 XOZ 工件坐标系，如图 11-21 所示。采用手动试切对刀方法（操作与前面介绍的数控车床对刀方法基本相同）把点 O 作为对刀点。换刀点设置在工件坐标系 X100、Z100 处。

六、编制加工程序

1. 零件左端的加工程序

O0006	程序名
N10 T0101；	调用 1 号刀粗车
N20 M03 S500；	设定粗车主轴转速
N30 G0 X45 Z3；	快速定位到粗车循环起点
N60 G71 U1.5 R2；	调用 G71 指令粗车左端轮廓
N70 G71 P80 Q120 U0.5 W0.1 F0.15；	调用 G71 指令粗车左端轮廓
N80 G0 X30；	循环起始程序段
N90 G1 Z0；	精加工轮廓起始点
N100 G03 X38 Z-4 R4；	R4 圆弧加工
N110 G1 Z-34；	直线插补
N115 G1 X42；	直线插补
N120 Z-43；	循环结束程序段
N160 G00X100 Z100；	快速退刀
N170 M05；	主轴停转
N180 M00；	程序暂停
N190 M03 S1200；	设定精车转速
N200 G0 X43 Z3；	快速定位到精车循环起点
N210 G70 P80 Q120 F0.1；	调用 G70 指令精车左端轮廓

N220 G0 X100；　　　　　　　　　　　　　X 向快速退刀

N230 Z200；　　　　　　　　　　　　　　Z 向快速退刀

N510 M30；　　　　　　　　　　　　　　程序结束

2. 零件右端加工程序

O0002　　　　　　　　　　　　　　　　程序名

N10 T0101；　　　　　　　　　　　　　调用 1 号刀粗车

N20 M03 S500；　　　　　　　　　　　　主轴正转

N30 G0 X45 Z3；　　　　　　　　　　　快速定位到粗车循环起点

N70 G71 U1.5 R2；　　　　　　　　　　调用 G71 指令粗车右端轮廓

N80 G71 P90 Q180 U0.5 W0.1 F0.15；　　调用 G71 指令粗车右端轮廓

N90 G0 X0；　　　　　　　　　　　　　循环起始程序段

N100 G1 Z0；　　　　　　　　　　　　精加工轮廓起始点

N110 G03 X20Z－10R10；　　　　　　　R10 圆弧加工

N120 G1Z－15；　　　　　　　　　　　直线插补

N130 X26；　　　　　　　　　　　　　直线插补

N140 G1X30Z－17；　　　　　　　　　倒角加工

N150 G1 Z－40；　　　　　　　　　　　直线插补

N160 G02X38Z－49R9　　　　　　　　　R9 圆弧加工

N170 G1Z－53；　　　　　　　　　　　直线插补

N180 G1X43；　　　　　　　　　　　　循环结束程序段

G00X100 Z100；　　　　　　　　　　　快速退刀

M05；　　　　　　　　　　　　　　　主轴停转

M00；　　　　　　　　　　　　　　　程序暂停

M03 S1200；　　　　　　　　　　　　精车主轴转速

G0 X45 Z3；　　　　　　　　　　　　精车循环起点

G70 P90 Q180 F0.1；　　　　　　　　　调用 G70 指令精车右端轮廓

G0 X100；　　　　　　　　　　　　　X 向快速退刀

Z200；　　　　　　　　　　　　　　　Z 向快速退刀

T0202；　　　　　　　　　　　　　　调用切槽刀

M03S350；　　　　　　　　　　　　　设定切槽转速

G0X33Z－35；　　　　　　　　　　　快速定位至切槽起始点

G1X26F0.1；　　　　　　　　　　　　切槽

G1X33；　　　　　　　　　　　　　　退刀

G0X100Z100；　　　　　　　　　　　快速退刀

T0303；　　　　　　　　　　　　　　调用 3 号刀车螺纹

M03S500；　　　　　　　　　　　　　车螺纹转速

G0X35Z－10；　　　　　　　　　　　快速定位

G92X29.1Z－33F1.5；　　　　　　　　调用 G92 指令切削螺纹

X28.5；　　　　　　　　　　　　　　逐层进刀切削螺纹

X28.1;	逐层进刀切削螺纹
X27.95;	逐层进刀切削螺纹
X27.95;	修光螺纹
G0X100Z100;	快速退刀
M30;	程序结束

七、操作加工

(1) 开机,各坐标轴手动回机床原点。

(2) 将刀具依次装上刀架。

(3) 对刀,并设置好刀具参数。

(4) 输入和调试加工程序。

(5) 确认程序无误后,即可进行自动加工。

(6) 取下工件,进行检测。

(7) 关机。

(8) 清理加工现场。

如图 11-22 所示为一缸盖零件图,采用数控车削加工,毛坯尺寸是外圆直径 115,内孔直径 75,长度是 145,材质是 HT200,左端 51 长的台阶外圆及槽已由上道工序加工完成,现为装夹定位部位,编写加工完成外形、内孔及切槽的数控车削加工程序。

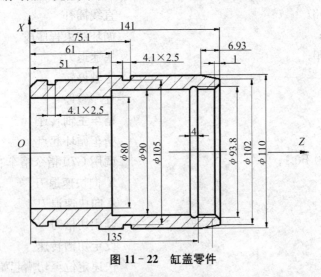

图 11-22　缸盖零件

建立如图 11-22 所示的 XOZ 工件坐标系,坐标系原点设置在工件左端的中心点,刀具编号是:T01 代表外圆粗车刀,T03 代表内孔粗车刀,T05 代表外圆精车刀,T07 代表内孔切槽刀,T09 代表内孔精车刀,T11 代表外圆切槽刀,换刀点设置在 X150、Z200 点处,加工程序编制如下:

O0008	
N010　T0101	调用 01 号外圆粗车刀
N020　M03 S300	主轴正转,转速 400(r/min)
N030　G00　X118　Z141.5	快进到 $X=118, Z=141.5$

N040	G01　X70	粗加工右端面
N050	G00　X103	快退至 X103
N060	G01　X110.5　Z135	工进至 X110.5,Z135　粗车右端外圆锥面
N070	Z48	工进至 Z48 ,粗车φ110 外圆柱面
N080	G00　X150　Z200	快进至换刀点位置
N090	T0303	调用 03 号内孔粗车刀
N100	G00　X85　Z180	快进至 X=85,Z=180
N110	Z145	快进至 Z145
N120	G01　Z61.5	粗车φ90 内孔至φ85
N130	X75	工进 X=75
N140	G00　Z145	快进 Z=145
N150	G01　X89.5	工进至 X=89.5
N160	G01　Z61.5	半精车φ90 内孔至 89.5
N170	X79.5	工进至 X=79.5
N180	Z−5	粗车φ80 内台阶孔至 79.5
N190	G00　X70	快进至 X=70
N200	G00　Z180	快进至 Z=180
N210	G00　X150　Z200	快进至换刀点位置
N220	T0505	调用 05 号外圆精车刀
N230	M03　S600	主轴正转,转速 600(r/min)
N240	G00　X85　Z145	快进至 X=85,Z=145
N250	G01　Z141	工进至 Z=141
N260	X102	工进至 X=102,精车右端面
N270	G91　X8　Z−6.93	精车右端圆锥面
N280	G90　G01　Z48	精车φ110 外圆柱面至图纸尺寸
N290	G00　X112	快进至 X112
N300	G00　X150　Z200	快进至换刀点位置
N310	T0707	调用 07 号内孔切槽刀
N320	M03　S200	主轴正转,转速 200(r/min)
N330	G00　X85　Z180	快进至 X=85,Z=180
N340	Z131　M08	快进至 Z=131,打开切削液
N350	G01　X93.8	加工φ93.8 槽
N360	G00　X85	快进至 X=85
N370	Z180	快进至 Z=180
N380	X150　Z200　M09	快进至换刀点位置,关闭切削液
N390	T0909	调用 09 号内孔精车刀
N400	M03　S600	主轴正转,转速 600(r/min)
N410	G00　X94　Z180	快进至 X=94,Z=180
N420	Z142	快进至 Z=142

N430	G01 X90　Z140	工进至 $X=90$,$Z=141$　内孔倒角
N440	Z61	工进至 $Z=61$　精车 $\phi 90$ 内孔至图纸尺寸
N450	X80	工进至 $X=80$
N460	Z-5	工进至 $Z=-5$　精车 $\phi 80$ 内孔至图纸尺寸
N470	G00　X75	快进至 $X=75$
N480	Z180	快进至 $Z=180$
N490	X150　Z200	快进至换刀点位置
N500	T1111	调用 11 号外圆切槽刀
N510	M03　S200	主轴正转,转速 200(r/min)
N520	G00　X115　Z71.1	快进至 $X=115$,$Z=71.1$
N530	G01　X105　M08	工进至 $X=105$　加工 4.1×2.5 外圆槽,开切削液
N540	X115	工进至 $X=115$
N550	G00　X150　Z200	快进至换刀点位置
N560	M09	关闭切削液
N570	M05 M30	主轴停转,程序结束,返回首段

复习思考题

1. 数控车床有哪些特点?

2. 数控车床一般由几部分组成?

3. 数控车床的坐标系是如何定义的?

4. 试述机床坐标系和编程坐标系的区别与联系。

6. 数控车床对刀的一般步骤是什么?

7. 说明基本指令 G00、G01、G02、G03 的意义。

8. 试编写如图 11-23 所示手柄轴的加工程序。毛坯为 $\phi 30$ mm×103 mm 的棒料,材料为 45 钢。

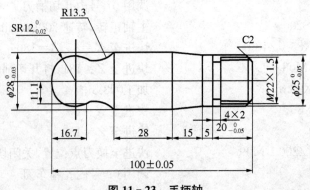

图 11-23　手柄轴

第十二章　数控铣削训练

第一节　概　　述

数控铣床和普通铣床的铣削加工原理是一样的,不同之处在于数控铣床的进给是由CNC系统带动伺服系统来完成。数控铣床刀具加工工件的形式与普通铣床基本一样,但加工精度更高,加工范围更大。一些在普通铣床上无法加工的曲线曲面形状,用数控铣床可以很方便地加工。现在数控铣床多为三坐标联动的机床,当有特殊要求时,还可以增加一个回转坐标,即配置一个数控分度头或数控旋转工作台,如果机床的数控系统采用四坐标联动的系统,就可加工更复杂的曲面工件。目前迅速发展的加工中心、柔性制造系统等都是在数控铣床的基础上生产和发展起来的。

一、数控铣床的分类

数控铣床按主轴方向分为立式和卧式两种。

1. 立式数控铣床

立式数控铣床的主轴轴线垂直于水平面,是数控铣床中最常见的一种布局形式。应用范围也最广泛。立式数控铣床中又以三坐标(X,Y,Z)联动铣床居多,其中坐标的控制方式主要有以下几种:

(1) 工作台纵、横向移动并升降,主轴不动的方式。

(2) 工作台纵、横向移动,主轴升降的方式,如图 12-1 所示。

(3) 龙门架移动的方式,即主轴可在龙门架的横向与垂直导轨上移动,龙门架则沿着床身做纵向移动,如图 12-2 所示。

立式数控铣床一般适合加工平面、凸轮、样板、形状复杂的平面或立体零件以及模具的内、外表面等。

2. 卧式数控铣床

卧式数控铣床的结构和普通卧式铣床大致相同,其主轴轴线平行于水平面,如图 12-3 所示。同时卧式数控铣床为了增强功能,扩大加工范围,通常采用数控转盘或者万能数控转盘的方式来实现四轴或五轴加工。

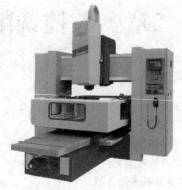

图 12 - 1　立式数控铣床　　　　　图 12 - 2　龙门数控铣床　　　　　图 12 - 3　卧式数控铣床

　　卧式数控铣床与立式数控铣床相比,其优势在于增加了数控转盘以后,通过一次装夹,就可以对工件的所有侧面进行加工,即通常所说的"四面加工"。如果增加了万能数控转盘,就可以通过适当调整万能数控转盘加工出不同平面角度或者空间角度,这样就可以大大提高加工效率,节省很多成形铣刀和专用夹具。卧式数控铣床特别适合于箱体、泵体、壳体类零件的加工。

二、数控铣削加工的主要对象

　　数控铣床主要用于平面和曲线轮廓等的表面形状加工,也可以加工一些复杂的型面,如模具、凸轮、样板、螺旋槽等。还可以进行一系列孔的加工,如钻、扩、镗、铰孔和锪孔加工。另外,在数控铣床上还可以加工螺纹。

第二节　数控铣床编程

　　数控铣床的功能指令与数控车床有些相似之处,编程的方法是一样的,本节以型号为VM600立式数控铣床为例,介绍数控铣床的编程方法。该机床采用 FANUC Series Oi - MC 数控系统,工作台面长度和宽度为 800 mm 和 400 mm,运动方式为三轴联动。

一、数控铣床的坐标系统

1. 数控铣床的坐标轴

　　三轴联动的立式数控铣床的进给轴为 X、Y、Z 坐标轴,由三轴组成的坐标系是采用右手直角笛卡儿坐标系,如图 12 - 4 所示。X、Y、Z 直线进给坐标系按右手定则规定,拇指为 X 轴,食指为 Y 轴,中指为 Z 轴。而围绕 X、Y、Z 轴旋转的圆周进给坐标轴 A、B、C 则按右手螺旋定则判定,拇指为 X、Y、Z 的正向,四指弯曲的方向为对应的 A、B、C 的正向。机床各坐标轴及其正方向的确定方法是:

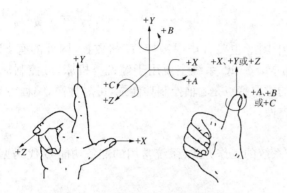

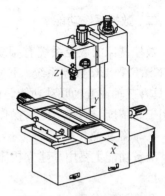

图 12 - 4　右手笛卡儿直角坐标系　　　图 12 - 5　数控铣床坐标轴

（1）Z 轴的设定　以机床主轴的轴线方向为 Z 轴方向，刀具远离工件的方向为 Z 轴正方向。如立式数控铣床，如图 12 - 5 所示，主轴箱的上、下或主轴本身的上、下即可定为 Z 轴，且是向上为正。

（2）X 轴的设定　X 轴为水平方向且垂直于 Z 轴并平行于工件的装夹面，X 轴与横向导轨平行。即操作者面对主轴的左右方向为 X 轴方向，且向右为正。

（3）Y 轴的设定　在确定了 X、Z 轴的正方向后，即可按右手定则定出 Y 轴正方向。即操作者面对主轴前后方向为 Y 轴方向，且向前为正。

2. 机床坐标系与机床原点、机床参考点

机床坐标系是机床所固有的坐标系，是确定刀具或工件（工作台）位置的参考系。也是用来确定工件坐标系的基本坐标系。

机床坐标系的原点称为机床原点。在机床经过设计、制造和调整后，这个原点便被确定下来，机床原点一般取在 X、Y、Z 坐标的正方向极限位置上，如图 12 - 6 所示。

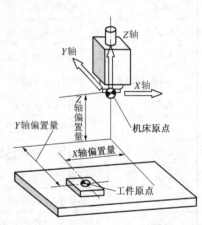

机床参考点也是机床上的一个固定点，但不同于机床原点。机床参考点对机床原点的坐标是已知值，既可根据机床参考点在机床坐标系中的坐标值间接确定机床原点的位置。在数控铣床中机床原点与机床参考点一般是重合的。回零操作（回参考点）即建立机床坐标系。

图 12 - 6　立式数控铣床的坐标系

3. 工件坐标系与工件原点

工件坐标系是用于确定工件上几何要素的坐标系，它是编程人员在编程时设定的坐标系，也称为编程坐标系。工件坐标系坐标轴的确定与机床坐标系坐标轴方向一致。其原点称为工件原点或编程原点。

工件原点的选择原则是为了简化编程，由编程人员根据编程计算方便性、对刀方便性、在毛坯上位置确定的方便性等具体情况定义在工件上的几何基准点，一般为零件图上最重要的设计基准点。如设计、测量和检测的基准，尺寸精度高、粗糙度低的工件表面和工件的对称中心等。对刀操作即建立工件坐标系。

二、数控系统功能

数控铣床的数控系统有很多种,其中国产主要有华中数控、广州数控,国外的有 SIE-MENS、FANUC 数控系统。FANUC-0i-Mate-MC 系统主要用于镗铣类机床,可控制3～4轴,具有三轴或五轴联动功能。该系统的主要特点是:轴控制功能强,可靠性高,编程容易,适用于高精度、高效率加工,操作、维护方便。

1. 准备功能代码

准备功能主要用来建立机床或数控系统的工作方式,系统常用的准备功能 G 代码见表12－1。

表 12－1　准备功能代码

G 代码	分组	功　　能	G 代码	分组	功　　能
＊G00		定位(快速移动)	G60	00	单一方向定位
＊G01		直线插补(进给速度)	G61		精确停止方式
G02	01	顺时针圆弧插补	G63	15	攻牙模式
G03		逆时针圆弧插补	＊G64		切削方式
G04	00	暂停,精确停止	G68	16	坐标系旋转
G09		精确停止	＊G69		坐标系旋转取消
＊G17		选择 X Y 平面	G73		深孔钻削固定循环
G18	02	选择 Z X 平面	G74		反螺纹攻丝固定循环
G19		选择 Y Z 平面	G76		精镗固定循环
G20	06	英制单位设定	＊G80		取消固定循环
＊G21		工制单位设定	G81		钻削固定循环
G27		返回并检查参考点	G82		钻削固定循环
G28	00	返回参考点	G83	09	深孔钻削固定循环
G29		从参考点返回	G84		攻丝固定循环
＊G40		取消刀具半径补偿	G85		镗削固定循环
G41	07	左侧刀具半径补偿	G86		镗削固定循环
G42		右侧刀具半径补偿	G87		反镗固定循环
G43	08.	刀具长度补偿＋	G88		镗削固定循环
G44		刀具长度补偿－	G89		镗削固定循环
＊G49		取消刀具长度补偿	＊G90	03	绝对值指令方式
G52	00	设置局部坐标系	G91		增量值指令方式
G53		选择机床坐标系	G92	00	工件零点设定

G代码	分组	功　能	G代码	分组	功　能
＊G54	14	选用1号工件坐标系	＊G94	05	每分钟进给
G55		选用2号工件坐标系	G95		每转进给
G56		选用3号工件坐标系	G96	13	恒线速度控制
G57		选用4号工件坐标系	＊G97		恒线速度控制取消
G58		选用5号工件坐标系	＊G98	04	固定循环返回初始点
G59		选用6号工件坐标系	＊G98		固定循环返回R点

注：1. 带有＊的记号的G代码，在电源接通时，显示此G代码；对于G20、G21，则是电源切断前保留的G代码。G00、G01、G90、G91可由参数设定选择。

2. 00组的G代码为非模态代码，只在被指令的程序段内有效，其他均为模态G代码。

3. 不同组的G代码，可以指令多个，但同组的G代码指定两个以上时，后面指定的有效。

2. 辅助功能代码

辅助功能也称M功能，它是用来指令机床辅助动作及状态的功能。M功能代码常因机床生产厂家以及机床的结构的差异和规格的不同而有所差别。表12-2为FANUC Oi - MC系统M指令的具体含义。

表 12-2　辅助功能代码

M代码	功　能	M代码	功　能
M00	程序暂停	M08	冷却开
M01	条件程序停止	M09	冷却关
M02	程序结束	M19	主轴定向
M03	主轴正转	M29	刚性攻丝
M04	主轴反转	M30	程序结束并返回程序起点
M05	主轴停止	M98	调用子程序
M06	自动换刀	M99	子程序结束返回主程序

3. F功能

用于指定进给速度，用字母F及其后面的若干位数字来表示，单位为mm/min（米制）或in/min（英制）。例如，米制F150表示进给速度为150 mm/min。

但执行G00时，机床以系统指定的速度进给，与编程的F值无关，但不会撤销前面已设的F值。进给速度还可以由倍率开关进行调节。

4. S功能

用于指定主轴转速，用字母S及其后面的若干位数字来表示，单位为r/min。例如，S250表示主轴转速为250 r/min。

5. T功能

用于指定刀具号。用字母T及其后面的两位数字来表示，即T00～T99，因此，最多可换100把刀。例如，T05表示第5号刀具。此功能主要用于加工中心。

6. D 功能

表示刀具半径补偿值的寄存器地址代码,用字母 D 及其后面的两位数字表示。例如 D02 表示刀具半径补偿量存在第 02 号寄存器中。

7. H 功能

表示刀具长度补偿值的寄存器地址代码,用字母 H 及其后面的两位数字表示。例如 H05 表示刀具长度补偿量存在第 05 号寄存器中。

三、基本编程指令

1. 建立工件坐标系指令 G92

格式:G92　X＿＿＿　Y＿＿＿　Z＿＿＿;

说明:坐标值 X、Y、Z 为刀具刀位点在工件坐标系中(相对于程序零点)的初始位置。

G92 是一种根据当前刀具的位置来建立工件坐标系的方法,这种方法与机床坐标系无关,这一指令通常出现在程序的第一段。执行 G92 指令后,也就确定了刀具刀位点的初始位置(也称为程序起点或起刀点)与工件坐标系坐标原点的相对距离,并在 CRT 上显示出刀具刀位点在工件坐标系中的当前位置坐标值(即建立了工件坐标系)。

当执行 G92 指令时,机床不动作,即 X、Y、Z 轴均不移动,只是在 CRT 显示器上的工件坐标值发生变化。

以图 12-7 为例,执行"G92 X20 Y10 Z10"指令后,确立的加工原点在距离刀具起始点 $X=-20$,$Y=-10$,$Z=-10$ 的位置上。如若编程指令为"G92 X0 Y0 Z0",则说明刀具当前所处的位置即为工件原点。

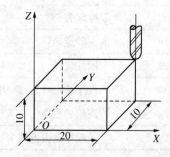

图 12-7　G92 工件坐标系

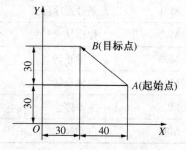

图 12-8　G90/G91 编程举例

2. 绝对/增量尺寸编程指令 G90/G91

格式:G90　X＿＿＿　Y＿＿＿　Z＿＿＿;

　　　 G91　X＿＿＿　Y＿＿＿　Z＿＿＿;

执行 G90 之后,其后的所有程序段中的尺寸均是以工件原点为基准的绝对尺寸。而执行 G91 指令之后,其后的所有程序段中的尺寸均是以前一位置为基准的相对尺寸。

例如:对于图 12-8 所示情形,刀具由起始点 A 直线插补到目标 B,使用绝对值与增量值方式设定输入坐标的程序分别如下:

(1)用绝对值指令 G90 编程时,程序段为:

G90 G01　X30　Y60　F100;

(2)用增量值指令 G91 编程时,程序段为:

G91 G01　X-40　Y30　F100；

3. 坐标平面选择指令 G17/G18/G19

格式：G17：选择 XY 平面为主平面

　　　　G18：选择 XZ 平面为主平面

　　　　G19：选择 YZ 平面为主平面

右手直角笛卡儿坐标系的三个互相垂直的轴 X、Y、Z 分别构成三个平面，如图 12-9 所示，即 XY 平面、XZ 平面和 YZ 平面。平面选择 G17，G18，G19 指令分别用来指定程序段中刀具的圆弧插补平面和刀具半径补偿面。

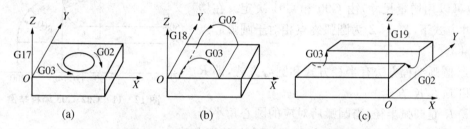

图 12-9　坐标平面选择及圆弧时针方向的顺

加工中心编程时，常用这些指令确定机床在哪个平面内进行插补运动。用 G17 指令表示在 XY 平面内加工，如图 12-9(a)所示；用 G18 指令表示在 XZ 平面内加工，如图 12-9(b)所示；G19 指令表示在 YZ 平面内加工，如图 12-9(c)所示。

4. 快速点定位指令 G00

格式：G00　X＿＿＿　Y＿＿＿　Z＿＿＿

快速点定位指令 G00 命令刀具相对于工件分别以各轴快速移动速度由始点（当前点）快速移动到终点定位。

5. 直线插补指令 G01

格式：G01 X＿＿＿　Y＿＿＿　Z＿＿＿　F＿＿＿

直线插补 G01 指令为刀具相对于工件以 F 指令的进给速度从始点（当前点）向终点进行直线插补。

G01 与 F 都是续效指令，应用第一个 G01 指令时，程序中必须含有 F 指令。

6. 圆弧插补指令 G02/G03

G02：表示顺时针圆弧插补。

G03：表示逆时针圆弧插补。

格式：

(1) XY 平面圆弧

$$G17 \begin{cases} G02 \\ G03 \end{cases} X\_\_\_ \ Y\_\_\_ \begin{cases} R\_\_\_ \\ I\_\_\_ \ J\_\_\_ \end{cases} F\_\_\_$$

(2) ZX 平面圆弧

$$G18 \begin{cases} G02 \\ G03 \end{cases} X\_\_\_ \ Z\_\_\_ \begin{cases} R\_\_\_ \\ I\_\_\_ \ K\_\_\_ \end{cases} F\_\_\_$$

(3) YZ 平面圆弧

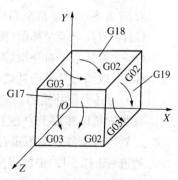

图 12-10　圆弧顺逆的区分

$$G19 \begin{cases} G02 \\ G03 \end{cases} Y\_\_\_ Z\_\_\_ \begin{cases} R\_\_\_\_ \\ J\_\_K\_\_\_ \end{cases} F\_\_\_$$

圆弧插补 G02，G03 指令刀具相对于工件在指定的坐标平面(G17，G18，G19)内，以 F 指令的进给速度从当前点(始点)向终点进行圆弧插补。圆弧的顺逆时针方向如图 12-10 所示，沿垂直于圆弧所在平面(如 XY 平面)的另一个坐标轴(Z 轴)由正方向向负方向看去，顺时针方向为 G02；逆时针方向为 G03。

(4) 几点说明：

① X,Y,Z 为圆弧终点坐标值，可以用绝对尺寸，也可以用增量尺寸，由 G90 和 G91 决定。在增量尺寸方式下，X,Y,Z 为圆弧终点相对于圆弧起点的增量值。

② 圆弧编程方法有半径方式和圆心方式，即 R 方式和 I,J,K 方式。

③ R 是圆弧半径，当圆弧所对应的圆心角小于等于 180°时，R 取正值；当圆心角大于 180°时，R 取负值。

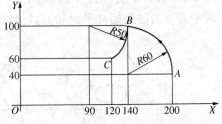

图 12-11　G02、G03 编程举例

④ I,J,K 分别为圆心相对于圆弧起点在 X、Y、Z 轴方向的增量尺寸。本系统一律规定为增量尺寸，与 G90 或 G91 无关。

⑤ I,J,K 为零时可以省略；在同一程序段中，如 I,J,K 与 R 同时出现时，R 有效。

例 12-1 用 G02、G03 指令编制如图 12-11 所示两段圆弧的加工程序。

采用 G90 指令时：

N10　G92　X0　Y0　Z0；		建立工件坐标系，工件原点为 O
N20　G90　G00　X200　Y40；		快速点定位 $O \rightarrow A$
N30　G03　X140　Y100　I-60　J0(或 R60)　F200；		逆圆插补 $A \rightarrow B$
N40　G02　X120　Y60　I-50　J0(或 R50)；		顺圆插补 $B \rightarrow C$

采用 G91 指令时：

N10　G92　X0　Y0　Z0；		建立工件坐标系，工件原点为 O
N20　G91　G00　X200　Y40；		快速点定位 $O \rightarrow A$
N30　G03　X-60　Y60　I60　J0(或 R60)　F200；		逆圆插补 $A \rightarrow B$
N40　G02　X-20　Y-40　I-50　J0(或 R50)；		顺圆插补 $O \rightarrow C$

7. 刀具半径补偿指令 G41/G42/G40

G41：刀具半径左补偿(简称左补偿)

G42：刀具半径右补偿(简称右补偿)

G40：取消刀具半径补偿

(1) 刀具半径补偿的目的

在数控铣床和加工中心上进行轮廓加工时，因为铣刀具有一定的半径，所以刀具中心(刀心)轨迹和工件轮廓不重合。若数控装置不具备刀具半径自动补偿功能，则只能按刀具中心轨迹(图 12-12)中的点画线进行编程。其数控计算有时相当复杂，尤其当刀具磨损、重磨、换新刀而导致刀具直径变化时，必须重新计算刀心轨迹，修改程序，这样既繁琐，又不易保证加工精度。

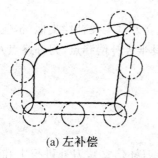
(a) 左补偿

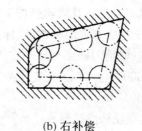
(b) 右补偿

图 12－12　刀具半径补偿

当数控系统具有刀具半径补偿功能时,可不必求刀具中心的运动轨迹,只按被加工工件的轮廓曲线编程,同时在程序中给出刀具半径的补偿指令,就可加工出符合尺寸的轮廓曲线零件,从而使编程工作大大简化。下面讨论在 G17 情况下刀具半径的补偿问题。

(2) 建立刀具半径补偿

为了保证刀具从无半径补偿运动到所希望的刀具半径补偿起始点,必须用一直线程序段 G00 或 G01 指令来建立刀具半径补偿。

$$格式: G17 \begin{Bmatrix} G00 \\ G01 \end{Bmatrix} \begin{Bmatrix} G41 \\ G42 \end{Bmatrix} X\_\_\_ Y\_\_\_ D\_\_\_ F\_\_\_ 。$$

说明:

① G17 是选择 XY 平面;

② 格式中的 X 和 Y 表示 G00 或 G01 程序段在轮廓曲线(编程轨迹)上终点坐标值;

③ D____ 为刀具半径补偿寄存器地址字,在寄存器中存有刀具半径补偿值;

④ G41、G42 是选择刀具中心轨迹沿编程轮廓轨迹向左还是向右偏置。

G41 为刀具半径左补偿,即沿着刀具运动方向看,刀具中心轨迹在轮廓曲线(编程轨迹)的左侧,此为左补偿。G42 为刀具半径右补偿,即沿着刀具运动方向看,刀具中心轨迹在轮廓曲线(编程轨迹)的右侧,此为右补偿。

如图 12－13 所示,刀具欲从始点 A 移至终点 B,当执行有刀具半径补偿指令的程序后,将在终点 B 处形成一个与直线 AB 相垂直的新矢量 BC,刀具中心由 A 点移至 C 点。沿着刀具前进方向观察,在 G41 指令时,形成的新矢量在直线左边,刀具中心偏向编程轨迹左边;而 G42 指令时,刀具中心偏向右边。

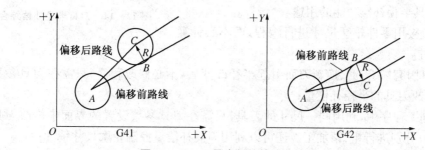

图 12－13　刀具半径补偿建立过程

（3）取消刀具半径补偿

最后一段刀具半径补偿轨迹加工完成后，与建立刀具半径补偿类似，也应有一直线程序段 G00 或 G01 指令来取消补偿，以保证刀具从刀具半径补偿终点（刀补终点）运动到取消刀具半径补偿点（取消刀补点）。

格式：$\begin{cases} G00 \\ G01 \end{cases}$ G40　X____ Y____。

（4）刀具半径补偿过程

刀径补偿在整个程序中的应用共分刀补引入（刀补建立），刀补进行中和刀补取消三个过程。如图 12 - 14 所示。

图中 *BCDE* 方形零件轮廓考虑刀补后编写的程序段如下：

N20 G00 X0 Y0；

N30 G01 G41 X20.0 Y10.0 D01 F100；　　　刀补引入，G41 确定左补偿，D01 指定刀补
　　　　　　　　　　　　　　　　　　　　　大小（O→A′）

N40 G01 Y50.0；　　　　　　　　　　　刀补进行

N50 X50.0；　　　　　　　　　　　　　刀补进行

N60 Y20.0；　　　　　　　　　　　　　刀补进行

N70 X10.0；　　　　　　　　　　　　　刀补进行

N80 G00 G40 X0 Y0；　　　　　　　　　取消刀补（F′→O）

（5）刀具半径补偿注意事项

① 首先要指定补偿坐标平面（G17、G18、G19）；

② 其次要设定 G41 或 G42，确定左偏还是右偏；

③ 一定要有补偿号但不能是 D00；

④ 要有补偿坐标平面内的轴的移动指令，如 G17 平面即 X、Y 轴的移动；

⑤ 进行刀具半径补偿的建立与取消只能在 G00 或 G01 中执行，如果是 G02 或 G03 系统就会报警；

⑥ G40 必须与 G41 或 G42 成对使用；

⑦ 刀具半径补偿取消时，必须用 G40 或 D00 指令。

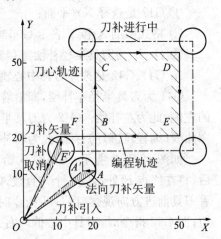

图 12 - 14　刀具半径补偿综合图

（6）刀具半径补偿功能的用途

① 可直接用零件轮廓尺寸进行编程，而不必计算刀具中心轨迹；

② 刀具因磨损、重磨、换新刀而引起半径改变后，不必修改程序，只需在刀具参数设置的界面中修改刀具的半径补偿量；

③ 在同一程序中，利用同一尺寸的刀，只需在刀具参数设置的界面中修改刀具的半径补偿量，可分别进行粗、精加工。还可以利用刀具补偿量控制轮廓尺寸精度；

④ 利用同一程序，可以加工同一个公称尺寸的内、外两个型面。

（7）编程举例

例 12 - 2　加工图 12 - 15 所示外轮廓面，用刀具半径补偿指令编程，其加工程序如下。

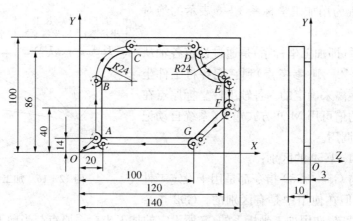

图 12 - 15　刀具半径补偿实例

O9102	程序名
N10 G54 G17 G49 G40 G90;	建立工件坐标系,工件原点 O 等
N20 G00 Z50;	刀具移到安全高度 Z50
N20 M03 S800;	主轴正转
N30 G00 X0 Y0;	XY 平面快移到 X0 Y0
N30 G00 Z2;	快进至离工件表面 2 mm
N40 G01 Z-3 F100;	工作进给至 Z-3 处
N50 G01 G41 X20 Y14 D02 F100;	直线插补,建立刀具半径左补偿
N60 G01 Y62 F100;	A→B
N70 G02 X44 Y86 R24;	加工 BC 圆弧
N80 G01 X96;	C→D
N90 G03 X120 Y62 R24;	加工 DE 圆弧
N100 G01 Y40;	E→F
N110 G01 X100 Y14;	F→G
N120 G01 X20;	G→A
N130 G00 G40 X0 Y0;	快退至工件原点,取消刀补
N140 G00 Z50;	快退,离开工件表面 50 mm
N150 M05;	主轴停转
N160 M30;	程序结束
%	

8. 选择工件坐标系(零点偏移)指令 G54～G59

用 G54～G59 设置工件坐标系又称零点偏置,所谓零点偏置就是在编程过程中进行工件坐标系的平移变换,使工件坐标系的零点偏置到新的位置。

若在工作台上同时加工多个相同零件或较复杂的零件时,可以设定不同的编程零点以简化编程。如图 12-16 所示,可建立 G54～G59 共 6 个加工坐标系,其坐标原点(程序零点)可设在便于编程的某一固定点上,这样建立的加工坐标系,在系统断电后并不破坏,再次开机后仍有效,并与刀具的当前位置无关,只需按选择的坐标系编程。G54～G59 指令可使其后的坐标值视为用加工坐标系 1～6 表示的绝对坐标值。

工件坐标系(即加工坐标系)是通过设定各轴从机床原点(如图 12 - 16 参考点)到它们各自工件坐标原点之间的距离来确定的。各轴工件坐标原点在机床坐标系中的值可用 MDI 方式输入,系统自动记忆,以便引用时调用。

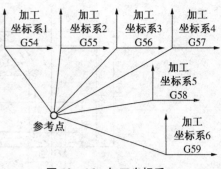

图 12 - 16　加工坐标系

G92 与 G54～G59 的区别:

G92 指令与 G54～G59 指令都是用于设定工件加工坐标系的,但在使用中是有区别的。G92 指令是通过程序来设定、选用加工坐标系的,它所设定的加工坐标系原点与当前刀具所在的位置有关,这一加工原点在机床坐标系中的位置是随当前刀具位置的不同而改变的。而 G54～G59 指令是通过 MDI 在设置参数方式下设定工件加工坐标系的,一旦设定,加工原点在机床坐标系中的位置是不变的,它与刀具的当前位置无关,除非再通过 MDI 方式修改。

在使用 G54～G59 加工坐标系时,就不再用 G92 指令;当再次使用 G92 指令时,原来的坐标系和加工坐标系将平移,产生一个新的工件坐标系。

9. 刀具长度补偿指令(G43、G44、G49)

(1) 指令

G43:刀具长度正补偿,即把刀具向上抬起,简称正补偿。

G44:刀具长度负补偿,即把刀具向下降低,简称负补偿。

G49:取消刀具长度补偿。

刀具长度补偿功能一般用于刀具轴向(Z 方向)的补偿,它使刀具在 Z 方向的实际位移量比程序给定值增加或减少一个偏置量。这样当刀具在长度方向的尺寸发生变化时,可以在不改变程序的情况下,通过修改长度补偿值,加工出所要求的零件尺寸。此外若加工一个零件需用几把刀,且各刀的长短不一,编程时也不用考虑刀具长度对坐标的影响,只要把其中一把刀设为基准刀,其余各刀相对基准刀设置长度补偿值即可。

(2) 格式

建立刀具长度补偿格式:

$$\begin{Bmatrix} G00 \\ G01 \end{Bmatrix} \begin{Bmatrix} G43 \\ G44 \end{Bmatrix} Z\underline{\quad} H\underline{\quad};$$

取消刀具长度补偿格式:

$$\begin{Bmatrix} G00 \\ G01 \end{Bmatrix} G49 \ Z\underline{\quad}; 或 \begin{Bmatrix} G00 \\ G01 \end{Bmatrix} \begin{Bmatrix} G43 \\ G44 \end{Bmatrix} Z\underline{\quad} H00;$$

(3) 说明

① 建立或取消刀具长度补偿必须与 G01 或 G00 指令组合完成。

② Z 为补偿轴的终点坐标,H 为长度补偿值地址字。

③ 使用 G43、G44 指令时,无论是用绝对尺寸还是用增量尺寸编程,程序中指定的 Z 轴的终点坐标值,都要与 H 所指定寄存器中的长度补偿值进行运算。使用 G43 时相加,使用 G44 时相减,然后将运算结果作为终点坐标值进行加工。

执行 G43 时：Z 实际值＝Z 指令值＋（H＿＿＿）

执行 G44 时：Z 实际值＝Z 指令值－（H＿＿＿）

式中，H 是指编号为××寄存器中的长度补偿值。

④ 采用取消刀具长度补偿指令 G49 或用 G43 H00、G44 H00 可以撤消刀具长度补偿。

⑤ G43 和 G44 为模态指令，机床初始状态为 G49。

10. 子程序调用指令 M98

编程时，为了简化程序的编制，当一个工件上有相同的加工内容时，常用调用子程序的方法进行编程。子程序的编写与一般程序基本相同，只是程序结束符为 M99，表示子程序结束并返回到调用子程序的主程序中。调用子程序的程序段格式为：

（1）指令

M98 时调用子程序，M99 是子程序结束。

（2）格式

① 调用子程序格式：

M98　P×××　××××

② 子程序编程格式：

O××××　　　　　　　　　　子程序号

…

M99　　　　　　　　　　子程序结束

（3）说明

① P 后面跟七位数字，前三位为调用次数，后四位为子程序号。调用次数为 1 时，可省略调用次数。如 M98 P1002 表示调用程序名为 O1002 的子程序 1 次。

② M98 程序段中，不得有其他指令出现。

③ M99 表示子程序结束，并返回主程序。

四、固定循环指令

采用孔加工固定循环指令，使得其他方法需要几个程序段完成的功能只用一个程序段便可完成孔加工（如钻、攻、镗）的整个过程。

1. 固定循环基本动作

孔加工固定循环通常由六个基本动作组成，如图 12-17 所示。

动作 1：A→B，刀具快速进给到 X、Y 指定的点。

动作 2：B→R，刀具 Z 向快速进给至加工表面附近的安全平面 R（后简称 R 平面）。

动作 3：R→E，孔加工（如钻、攻、镗）至孔底。

动作 4：在 E 点孔底位置执行相应动作（如进给暂停、主轴停转、主轴反转等）。

动作 5：刀具返回 R 平面或初始平面 B。

动作 6：刀具快退至起始点。

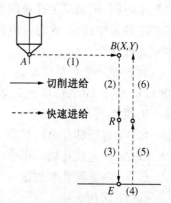

图 12-17 孔加工循环的 6 个动作

2. 固定循环指令编程格式

$$\begin{Bmatrix} G90 \\ G91 \end{Bmatrix} \begin{Bmatrix} G98 \\ G99 \end{Bmatrix} \quad G73 \sim G89 \quad X\_\_\_ Y\_\_\_ R\_\_\_ Z\_\_\_ P\_\_\_ Q\_\_\_ F\_\_\_ K\_\_\_;$$

说明：

(1) G×× 为孔加工方式。

(2) X、Y 为孔位数据，刀具以快速进给的方式到达 (X,Y) 点。

(3) 返回点平面选择，G98 指令返回到初始平面 B，G99 指令返回到 R 平面，见图12-18。

(4) 孔加工数据

① Z：在 G90 时，Z 值为孔底的绝对值。在 G91 时，Z 是 R 平面到孔底的距离，从 R 平面到孔底是按 F 代码所指定的速度进给。

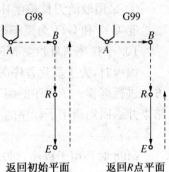

图 12-18　G98、G99 区别

② R：在 G91 时，R 值为从初始平面（B）到 R 点的增量。在 G90 时，R 值为绝对坐标值，此段动作是快速进给。

③ Q：在 G73 或 G83 方式中，规定每次加工的深度，在 G76 或 G87 方式中规定为移动值。（通常为增量）

④ P：规定在孔底的暂停时间，用整数表示，以 ms 为单位。

⑤ F：进给速度，以 mm/min 为单位。

⑥ K：重复次数，用 K 的值来规定固定循环的重复次数，执行一次可不写 K1，如果是 K0，则系统存贮加工数据，但不执行加工。

G98/G99 决定固定循环在孔加工完成后返回 R 点还是起始点，G98 模式下，孔加工完成后 Z 轴返回起始点；在 G99 模式下则返回 R 点。

一般的，如果被加工的孔在一个平整的平面上，我们可以使用 G99 指令，因为 G99 模态下返回 R 点进行下一个孔的定位，而一般编程中 R 点非常靠近工件表面，这样可以缩短零件加工时间，但如果工件表面有高于被加工孔的凸台或筋时，使用 G99 时非常有可能使刀具和工件发生碰撞，这时就应该使用 G98，使 Z 轴返回初始点后再进行下一个孔的定位，这样就比较安全。

固定循环指令是模态指令，一旦指定，就一直保持有效，直到用 G80 撤销指令为止。此外，G00、G01、G02、G03 也起撤销固定循环指令的作用。

3. 常用固定循环指令

G81：普通钻孔循环指令

G82：普通钻孔循环指令（带孔底停转延时）

G73：高速深孔断屑钻

G83：深孔啄钻

编程格式为：

G81 X___ Y___ Z___ R___ F___;

G82 X___ Y___ Z___ R___ P___ F___;

G73 X___ Y___ Z___ R___ Q___ F___;

G83 X＿＿＿　Y＿＿＿　Z＿＿＿　R＿＿＿　Q＿＿F＿＿＿;

例 12 – 3　如图 12 – 19 所示零件,要求用 G81 指令加工所有的孔,刀具为 ϕ10 的钻头。

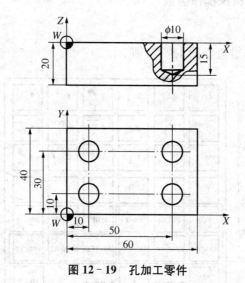

图 12 – 19　孔加工零件

数控加工程序如下:

O9103	程序名
N10 G90 G54 X0 Y0 Z50;	设置编程原点
N20 M03 S1000;	主轴正转,转速为 1000 r/min
N30 G00 Z30 M08;	刀具定位到起始平面,开启冷却液
N40 G81 G99 X10 Y10 Z－15 R5 F30;	在(10,10)位置钻孔,返回 R 点 Z5
N50 X50;	在(50,10)位置钻孔,返回 R 点 Z5
N60 G98 Y30;	在(50,30)位置钻孔,返回起始点 Z30
N70 G99 X10;	在(10,30)位置钻孔,返回 R 点 Z5
N80 G80;	取消钻孔循环
N90 G00 Z50 M09;	
N100 X0 Y0;	
N110 M30;	
％	

第三节　数控铣床的操作

数控铣床的操作主要通过操作面板来进行。一般数控铣床的操作面板由显示屏、控制系统操作部分和机床操作部分组成。

显示屏:用来显示相关坐标位置、程序、图形、参数和报警信息等。

控制系统操作部分:可以进行程序机床指令和参数的输入、编程,由功能键、字母键和数值键等组成。

机床操作部分:可以进行机床的运动控制、进给速度调整、加工模式选择、程序调试、机床起停控制，以及辅助功能、刀具功能控制等。

一、系统控制面板和机床操作面板

1. 系统控制面板

数控铣床的系统操作键盘如图 12 - 20 所示。

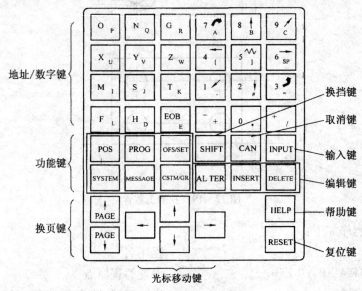

图 12 - 20　数控铣床的 MDI

（1）数字/字母键

数字/字母键位于系统操作面板的前四行，用于输入数据到输入区域，字母和数字通过 SHIFT 键进行切换输入。

（2）功能键

功能键用来选择将要显示的画面（功能）。当一个软键（章节选择软键）在功能键之后立即被按下后，就可以选择与所选功能相关的屏幕（分部屏）。MDI 面板上的功能键图标及说明见表 12 - 3 所示。

表 12 - 3　控制面板功能选择方式

序　号	图　标	说　　明
1	POS	显示位置画面，位置显示有三种方式，即绝对、相对和综合坐标
2	PROG	程序显示与编辑页面
3	OFS/SET	参数设置显示页面

续　表

序　号	图　标	说　　明
4	 SYSTEM	系统参数页面
5	 MESSAGE	信息页面,如"报警"
6	 CSTM/GR	图形演示及参数设置页面

（3）编辑键

编辑键图标及说明见表 12-4 所示。

表 12-4　编辑键功能

序　号	图　标	说　　明
1	 AL TER	替换键,同于输入的数据替换光标所在位置的数据
2	 INSERT	插入键,把输入区之中的数据插入到当前光标之后的位置。此外还有回车功能,即输完程序名或程序段之后的回车
3	 DELETE	删除键,删除光标所在位置的数据,也可以删除一个程序或全部程序
4	 CAN	取消键,消除输入区内的一个数字或字符
5	EOB$_E$	分号键,结束一个程序段的结束标志(分号)
6	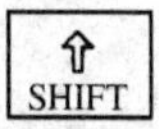 SHIFT	换挡键,数字或字母键上有两个字符,按此键可选择键上右下角的字符

（4）其他键

其他键图标及说明见表 12-5。

表 12-5　其他键功能

序　号	图　标	说　　明
1	 INPUT	输入键,把输入到输入缓冲器中的数据拷贝到寄存器,按 INPUT 键。这个键相当于软键中的 INPUT 键,按这两个键的结果是一样的

续 表

序 号	图 标	说 明
2	 RESET	复位键,按此键可使 CNC 复位,可以消除报警等
3	 HELP	帮助键,按此键用来显示如何操作机床,如 MDI 键的操作。可在 CNC 发生报警时提供报警的详细信息(帮助功能)
4	 PAGE↑ PAGE↓	翻页键,用于屏幕的上下翻页
5	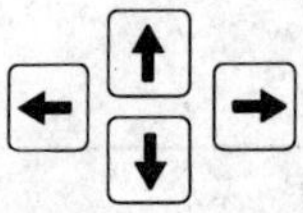 ← ↑ ↓ →	光标键,光标的上下左右移动

2. 机床操作面板

机床操作面板一般包括主功能旋钮、主轴转速倍率调节旋钮和进给倍率调节旋钮等。

主功能旋钮用于数控机床工作模式的选择,常用的有编辑、自动、MDI、JOG、回零和手轮方式。

主轴转速倍率调节旋钮用于调节主轴转速,调节范围为 $50\% \sim 120\%$。

进给倍率调节旋钮用于调节进给速度,调节范围为 $0 \sim 120\%$。

二、数控铣床的基本操作

1. 开、关机操作

开、关机操作步骤如下:

(1) 打开总电源开关。

(2) 打开机床控制柜电源。

(3) 按下操作面板上的机床通电按钮。

(4) 按机床复位键或使能键。

若开机成功,显示屏显示正常,无报警。

关机顺序和开机顺序相反,沿第(3)步反向操作。

2. 回零操作

一般在以下情况进行回零操作,以建立正确的机床坐标系:

(1) 开机后。

(2) 机床断电后再次接通数控系统电源。

(3) "超行程"报警解除以后。

(4) 紧急停止按键按下后。

手动回零操作的操作步骤如下:

（1）将"方式选择"开关转动至"回零"处。

（2）选择"快速倍率"旋钮到适当快速进给速度。

（3）选择 Z 轴。

（4）按下移动方向"＋"开关，则 Z 轴零点指示灯一闪一闪，当坐标零点指示灯亮时，Z 轴回零操作成功。

（5）分别选择 X，Y 轴，按第（4）步进行操作。

3. 连续进给手动操作

（1）转动"方式选择"旋钮到"手动"（JOG）处。

（2）选择进给倍率。

（3）选择移动轴 X（或 Y、Z）。

（4）按下移动方向"＋"或"－"开关。

（5）转动"方式选择"旋钮到"快速"处，刀具会以快移速度移动。在快速移动过程中快速移动倍率开关有效。

4. 手轮方式

在手轮进给方式中，刀具可以通过旋转手摇脉冲发生器微量移动。手摇脉冲发生器旋转一个刻度时刀具移动的最小距离与最小输入增量值相等。

手轮进给的操作步骤如下：

（1）转动"方式选择"旋钮到"手轮"方式。

（2）选择手轮上的进给轴 X、Y 或 Z。

（3）选择手轮倍率，其中 1、10、100 代表手轮旋转一格实际移动为0.001 mm、0.01 mm、0.1 mm。

（4）旋转手轮，以手轮转向对应的方向移动刀具或工作台。

5. 参数设置

参数设置是指刀具参数、机械间隙补偿值以及其他一些工作参数的设定、显示和修改。下面主要介绍刀具参数的设置。

设定和显示刀具偏置值：

刀具偏置量（刀具长度偏置值和刀具半径补偿值）由程序中的 H 或者 D 代码指定，H 或者 D 代码的值可以显示在屏幕上，并可借助屏幕进行设定。

设定和显示刀具偏置值的步骤如下：

（1）按下参数页面 $\boxed{\text{OFFSET}}$ 。

（2）按下软键[偏置]，显示刀具补偿屏幕。

（3）通过页面键和光标键将光标移到要设定或者改变补偿值的地方，或者输入补偿号码，接着按下软键[NO.检索]，然后在这个号码中设定或者改变补偿值。

（4）输入补偿值的方法是：输入一个将要加到当前补偿值的值（负值将减小当前的值）并按下软键[＋输入]，或者输入一个新值并按软键[输入]。

6. 对刀操作

零件找正装夹后，必须正确测出工件坐标系值，输入给机床内存。测定工件坐标系的坐标值，就是找出工件的编程零点（即找出 G54，G55，G56，G57，G58，G59）。数控铣床常用的对刀工具由寻边器和 Z 轴设定器等，下面以立铣刀试切法进行对刀操作。

工件形状如图 12-21 所示时,刀具为 ϕ10 立铣刀,半径为 5 mm,设置工件坐标系原点的步骤如下:

(1) X 方向对刀

① 主轴正转,手轮方式移动刀具使其与表面 A 接触。

② X 坐标值保持不变,将刀具沿 $+Z$ 轴方向退回。

③ 计算当前刀具中心相对设定工件坐标系坐标原点的 X 坐标值 35。

④ 按下控制面板的 OFFSET 键,打开参数设置界面。

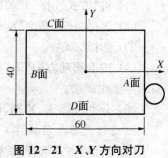

图 12-21　X、Y 方向对刀

⑤ 按下软键[坐标系],显示工件坐标系设定屏幕,如图 12-22 所示。

⑥ 将光标移到欲设置的工件坐标系(如图 12-22 番号 01 中的 G54)对应的 X 轴偏移量上。

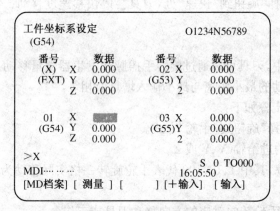

图 12-22　工件坐标系设定

⑦ 键入 X35 值,然后按软键[测量],即完成 X 方向的对刀。

⑧ 如果第①步是接触 B 面,则后续步骤相同,只是第⑦步键入的是 X-35。

Y 方向对刀与 X 方向对刀基本相同,所不同的是刀具是与 C 面或 D 面接触,键入 Y25 或 Y-25 而已。

(2) Z 方向对刀

① 主轴正转,手轮移动刀具使其与工件上表面接触,如图 12-23 所示。

② 按下 OFFSET 键。

③ 按下软键[坐标系]以显示工件坐标系的设定屏幕,如图 12-22 所示。

④ 将光标移到欲设置的工件坐标系 G54 上。

⑤ 键入 Z0。

⑥ 按下软键[测量],即完成 Z 方向的对刀。

⑦ 将刀具移离工件表面。

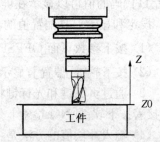

图 12-23　工件坐标系 Z 轴设定

第四节　加工中心

一、加工中心的功能和特点

加工中心是在数控铣床的基础上发展起来的,是一种功能较全的数控加工机床。它与数控铣床有很多相似之处,最大的不同在于它有自动换刀功能。加工中心设置有刀库,其中放置着各种刀具,在加工过程中由程序自动选用和更换。加工中心一般有 3～5 轴联动功能,最高可到十几个轴联动,在一次装夹中可以完成铣削、镗削、钻削和螺纹切削等多工种加工,因此,加工效率和加工精度都大大提高。其主要特点如下:

(1) 工序集中。在一次装夹后可实现多表面、多特征、多工位的连续、高效、高精度加工。这是加工中心突出的特征。

(2) 加工精度高。和其他数控机床一样具有加工精度高的特点,且一次装夹加工保证了位置精度,加工质量更加稳定。

(3) 适应性强。当加工对象改变时,只需要重新编制程序,就可实现对零件的加工,这给新产品试制带来了极大的方便。

(4) 生产率高,经济效益好,自动化程度高。

二、加工中心的种类

加工中心是典型的集高新技术于一体的机械加工设备,它的发展代表了一个国家设计、制造的水平,在国内外企业中都受到高度重视。

加工中心有各种分类方法,按主轴与工作台的相对位置可分为立式加工中心(图 12-24)和卧式加工中心(图 12-25)等,立式加工中心的主轴与工作台垂直,卧式加工中心的主轴与工作台平行。

图 12-24　立式加工中心

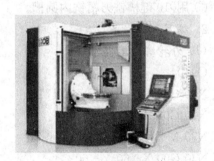

图 12-25　卧式加工中心

三、加工中心的加工对象

加工中心适合加工形状复杂、加工内容多、精度要求高、需要多种类型的普通机床和众多的工艺装备、经多次装夹和调整才能完成的单件或中、小批量多品种的零件。例如箱体类零件、模具型腔、整体叶轮、异型件等,如图 12-26 所示。

(a) 控制阀壳体

(b) 轴向压缩机涡轮

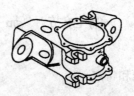
(c) 热电机车主轴箱

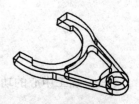
(d) 异型支架

图 12-26 加工中心加工对象举例

四、编程操作实例

编制如图 12-27 所示零件的加工程序,毛坯为 60×60×20,材料为 45 钢。

1. 准备工作

(1) 分析零件图

由图 12-27 可知,该零件主要加工内容有外轮廓和内圆槽。工件原点选择在工件上表面中心位置。

(2) 刀具及加工方法选择

ϕ16 立铣刀,加工外轮廓。

ϕ10 键槽铣刀,加工内圆槽。

(3) 拟定加工工艺路线

① 用ϕ16 立铣刀粗铣外轮廓;

② 用ϕ16 立铣刀精铣外轮廓,同一程序只用修改半径补偿值;

③ 换上ϕ10 键槽铣刀及刀柄;

④ 用ϕ10 键槽铣刀粗铣内圆槽,分两层粗加工;

⑤ 用ϕ10 键槽铣刀精铣内圆槽。

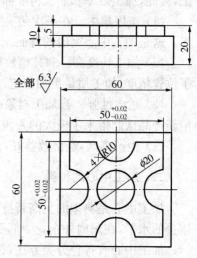
图 12-27 编程实例图

2. 编写加工程序

(1) 外轮廓加工程序

程序	说明
O9104	程序名
N10 G54 G49 G40 G90 G17;	选择 G54 工件坐标系,取消刀具补偿等
N20 G00 Z50;	快进至 Z50;安全段
N30 M03 S600;	主轴正转
N40 G00 X-60 Y-60;	快进至下刀点(X-60 Y-60)
N50 G00 Z-5;	快进至 Z-5
N60 G01 G41 X-25 Y-40 D01 F100;	工进至(X-25 Y-40),刀具半径左补偿,分两次设置 D01 的半径补偿值(8.5 和 8.0)对外轮廓进行粗、精铣削
N70 G01 Y-10;	切向进入加工
N80 G03 Y10 R10;	工进加工

N90 G01 Y25;	工进加工
N100 G01 X-10;	工进加工
N110 G03 X10 R10;	工进加工
N120 G01 X25;	工进加工
N130 G01 Y10;	工进加工
N140 G03 Y-10 R10;	工进加工
N150 G01 Y-25;	工进加工
N160 G01 X10;	工进加工
N170 G03 X-10 R10;	工进加工
N180 G01 X-40;	切向退出加工
N190 G00 G40 X-60 Y-60;	快进至点(X-60 Y-60),取消刀具半径补偿
N200 G00 Z100;	快速抬刀至Z100
N210 M30;	程序结束
%	

(2) 内圆槽加工程序

O9105	程序名
N10 G55 G49 G40 G90 G17;	选择G55工件坐标系,取消刀具补偿等
N20 G00 Z50;	快进至Z50;安全段
N30 M03 S1000;	主轴正转
N40 G00 X0 Y0;	快进至下刀点(X0 Y0)
N50 G00 Z5;	快进至Z5
N60 G01 Z-5 F60;	工进至Z-5,粗加工第一层
N70 G01 G41 X10 D02 F80;	工进至(X10 Y0),刀具半径左补偿,内侧留0.5精加工余量(设置D02=5.5)
N80 G03 I-10;	工进加工
N90 G01 Z-9.5 F60;	工进至Z-9.5,粗加工第二层,内侧和底层各留0.5精加工余量
N90 G03 I-10;	工进加工
N100 G00 Z50;	快速抬刀至Z50
N110 G00 G40 X0 Y0;	工进至(X0 Y0),取消刀具半径补偿
N120 G00 Z-5;	快进快进至Z5
N130 G01 Z-10 F60;	工进快进至Z-10。开始进行精加工
N140 G01 G41 X10 D03 F80;	工进加工,刀具半径左补偿,(设置D03=5)
N150 G03 I-10;	工进加工
N160 G01 G40 X0 Y0	工进加工
N170 G00 Z100;	快速抬刀至Z100
N180 M30;	程序结束

3. 机床操作

(1) 开机操作

加工中心在开机前,应先开启周边相关设备和进行开机检查,按照操作规程进行开机。

(2) 回零操作

注意:各轴"回零"前,应远离"零点"位置 100 mm 以上,否则,可能会出现"超程"或其他故障。

(3) 安装工件

采用平口虎钳装夹工件时,应首先找正虎钳固定钳口,使其平行于 X 轴。注意工件应安装在钳口中间部位,工件被加工部分要高出钳口 10 mm,避免刀具与钳口发生干涉,夹紧工件时,注意工件上浮。

(4) 安装刀具并进行对刀操作

准备两把弹簧夹头刀柄分别安装ϕ16 立铣刀和ϕ10 键槽铣刀。

ϕ16 立铣刀对刀数据存入 G54 里。

ϕ10 键槽铣刀对刀数据存入 G55 里。

(5) 参数设置

包括工件坐标系的设置和刀具半径补偿值 D 和长度补偿值 H 的设置。

(6) 程序输入

程序输入分为手动输入和通信传输。手动输入只适用于短小程序和临时编写的程序。用通信口传输程序,可以大大提高程序的输入速度,有效提高机床的利用率。

(7) 检验程序

① 目测程序检验　对已输入的程序,检查其功能指令代码、各参数是否错漏。

② 图形模拟或空运行　下面介绍空运行检验程序的步骤:

(a) 选定程序 O9104,即将控制面板上的"方式选择"旋钮旋转到"编辑"位置,并按下功能键 PROG ,进入程序的编辑画面。输入程序名 O9104,按软键[O.搜索],光标指到程序头,选定该程序;

(b) 将控制面板上的"方式选择"旋钮旋转到"自动"位置;

(c) 分别按下控制面板上的"Z 轴锁定"和"空运行"按钮;

(d) 按"循环启动"按钮,启动程序按空运行方式运行。

注意:进行此项操作前,一定要确定刀具的正确高度(刀具应高于工件一个安全高度)。

③ 直接在机床上进行试切检查(单程序段运行)　单程序段运行的操作步骤如下:

(a) 选定程序 O9104;

(b) 将控制面板上的"方式选择"开关旋转到"自动"位置;

(c) 按下控制面板上的"单步"按钮;

(d) 将"进给速率修调"旋钮、"主轴转速修调"旋钮、"快速倍率"旋钮分别调至适当位置(初学者最好调至较低挡位);

(e) 按"循环启动"按钮,启动程序按单步方式运行。

完成以上步骤即可完成首件试切。

(8) 自动加工

自动加工的操作步骤如下:

① 选定程序 O9104。

② 将控制面板上的"方式选择"开关旋转到"自动"位置。

③ 将控制面板上的"进给速率修调"开关、"主轴转速修调"开关、"快速倍率"开关分别调至适当位置。

④ 按"循环启动"按钮,启动程序按自动方式加工。

选择自动加工时应注意如下事项:

(a) 加工过程中,如遇可疑事件,应按下"进给保持"按钮,经检查无误后,再按一次该按钮,可恢复自动加工。若修改了参数,应复位 RESET 后,重新启动加工。

(b) 加工过程中,如遇突发事件,应立即按下"急停"按钮。

(9) 工件加工完毕

工件加工完毕后,取下工件,清理干净,并进行全面检验,看是否符合图纸要求,否则,应修改程序和有关参数后,重新加工零件到符合图纸要求为止。

(10) 整理入库,清扫保养

所有加工完毕后,应卸下刀具,全面清扫机床,用润滑油均匀喷涂机床裸露面,然后关闭控制电源(NC)、机床电源、机床外围设备电源等。

五、五轴加工中心简介

前面介绍的都是三轴联动加工中心,三轴立式加工中心最有效的加工面仅为工件的顶面,三轴卧式加工中心借助回转工作台,也只能完成工件的四面加工。目前高档的加工中心正朝着五轴控制的方向发展,五轴控制的加工中心是在控制 X 轴、Y 轴和 Z 轴方向三个直线运动的基础上,加上对 A 轴(绕 X 轴旋转)、B 轴(绕 Y 轴旋转)和 C 轴(绕 Z 轴旋转)中的两个旋转控制。

1. 常用的五轴立式加工中心

一种是工作台回转的立式五轴加工中心。这类加工中心的回转轴有两种方式,一种是工作台回转,如图 12-28 所示。设置在床身上的工作台可以环绕 X 轴回转,定义为 A 轴,A 轴一般工作范围＋30°至一120°。工作台的中间还设有一个回转台,环绕 Z 轴回转,定义为 C 轴,C 轴都是 360°回转。这样通过 A 轴与 C 轴的组合,固定在工作台上的工件除了底面之外,其余的五个面都可以由立式主轴进行加工。通过 A 轴和 C 轴,可以把工件细分成任意角度,加工出倾斜面、倾斜孔等不与工作台平行或垂直的结构。A 轴和 C 轴如与 X、Y、Z 三直线轴实现联动,就可加工出比较复杂的空间曲面,当然这需要高档的数控加工系统、伺服系统以及软件系统的支持。这种设置方式的优点是主轴的运动比较简单,当然结构也比较简单,保证了主轴的刚性,但工作台一般不能太大,承重能力也较小,特别是当 A 轴回转角度大于等于 90°时,切削时,工件可能会对工作台带来很大的承载力矩。

另一种是立式主轴头的回转,如图 12-29 所示。主轴前端是一个回转头,能自行环绕 Z 轴 360°,成为 C 轴,回转头上还带可环绕 X 轴旋转的 A 轴,一般可达±90°以上,实现上述同样的功能。这种设置方式的优点是主轴加工非常灵活,工作台也可以设计得非常大,客机庞大的机身、巨大的发动机壳都可以在这类加工中心上加工。这种设计还有一大优点:我们在使用球面铣刀加工曲面时,当刀具中心线垂直于加工面时,由于球面铣刀的顶点线速度接近零,刀具顶点部分切出的工件表面质量会很差,采用主轴回转的设计,令主轴相对工件转过一个角度,使球面铣刀避开顶点切削,保证有一定的线速度,可提高表面加工质量,这是工作台回转式加工中心难以做到的。

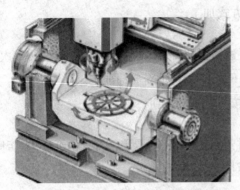 

图 12 - 28　立式五轴加工中心的工作台回转　　　图 12 - 29　立式五轴加工中心的主轴回转

2. 常用的卧式五轴加工中心

一种是卧式主轴摆动作为一个回转轴，再加上工作台的一个回转轴，实现五轴联动加工，如图 12 - 30 所示。这种设置方式简便灵活，能对工件实现五面体加工，制造成本降低，又非常实用。

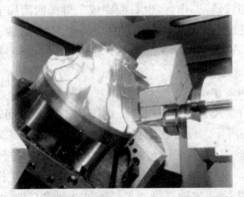

图 12 - 30　卧式五轴加工中心的工作台回转

另一种为传统的工作台回转轴，设置在床身上的工作台 A 轴一般工作范围 20° 至 −100°。工作台的中间也设有一个回转台 B 轴，B 轴可双向 360° 回转。这种卧式五轴加工中心常用于加工大型叶轮的复杂曲面，当然这种回转轴结构比较复杂，价格也昂贵。

五轴加工中心本主要由床身、主轴箱、工作台、底座、立柱、横梁、进给机构、刀库、换刀机构、辅助系统（气液、润滑、冷却）等机械结构部分组成。控制部分包括硬件部分和软件部分，硬件部分包括计算机数字控制装置（CNC）、可编程序控制器（PLC）、输出输入设备、主轴驱动装置、显示装置；软件部分包括系统程序和控制程序。

五轴联动加工中心有高效率、高精度的特点，工件一次装夹就可完成五面体的加工。如配置上五轴联动的高档数控系统，还可以对复杂的空间曲面进行高精度加工，更能够适宜叶轮、叶片、船用螺旋桨、重型发电机转子、汽轮机转子、大型柴油机曲轴和复杂模具的加工。

复习思考题

1. 机床坐标系与工件坐标系的作用是什么？它们是如何建立的？

2. 使用刀具半径补偿的目的是什么？刀具半径补偿有哪些应用？

3. 简述 G92 与 G54 有什么区别。

4. 在程序调试好之后，进行加工之前需要设置哪些参数及数据？

5. 数控铣床的回零操作有哪些注意事项？

6. 加工中心与数控铣床的主要区别是什么？

7. 零件图如图 12-31 和图 12-32 所示，材料为 45 钢。试编写数控加工程序。

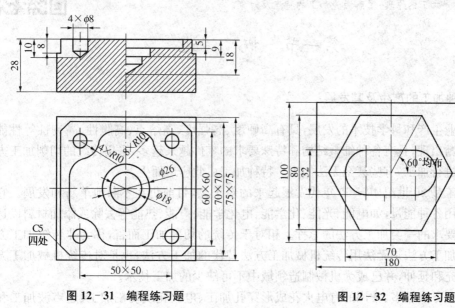

图 12-31　编程练习题

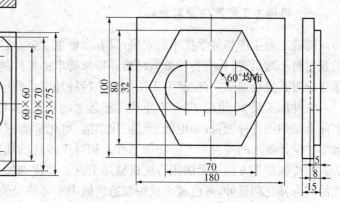

图 12-32　编程练习题

第十三章 特种加工训练

第一节 概　　述

一、特种加工的产生及其发展

随着工业生产和科学技术的发展,具有高硬度、高强度、高熔点、高脆性、高韧性等性能的新材料不断出现,具有各种细微结构和特殊要求的零件越来越多,采用传统的切削加工方法很难对其进行加工,有些甚至无法加工。特种加工由此应运而生。

特种加工是 20 世纪 40～60 年代发展起来的新工艺,目前仍在不断地革新和发展。它实际上是利用各种能量,如电能、光能、化学能、电化学能、声能、热能等去除或添加材料以达到零件设计要求的一类加工方法的总称。相对于传统的切削加工而言,称为非传统加工方法。非传统加工方法是无法用传统机械加工方法替代的加工方法,也是对传统机械加工方法的有力补充和延伸,并已成为机械制造领域中不可缺少的加工技术。

特种加工方法很多,常用的有电火花成形穿孔加工、电火花线切割加工、超声波加工和激光加工等。

二、特种加工的特点

与传统的机械切削加工方法比较,特种加工具有以下特点:

(1) 加工过程中不存在切削力。加工时主要采用电、光、化学、电化学、声、热等能量去除多余材料,而不是主要靠机械能量切除多余材料;

(2) 加工用的工具材料的硬度可以低于被加工材料的硬度。

三、特种加工的分类

特种加工一般按照所利用的能量形式分为以下几类:

(1) 电、热能:电火花加工、电子束加工、等离子弧加工;

(2) 电、机械能:电解加工、电解抛光;

(3) 电、化学、机械能:电解磨削、电解珩磨、阳极机械磨削;

(4) 光、热能:激光加工;

（5）化学能：化学加工、化学抛光；

（6）声、机械能：超声加工；

（7）液、气、机械能：磨料喷射加工、磨料流加工、液体喷射加工。

值得注意的是，将两种以上的不同能量形式和工作原理结合在一起，可以取长补短获得很好的效果，近年来这些新的复合加工方法正在不断出现。

四、特种加工的应用范围

（1）加工各种高强度、高硬度、高韧性、高脆性等难加工材料，如耐热钢、不锈钢、钛合金、淬硬钢、硬质合金、陶瓷、宝石、聚晶金刚石、锗和硅等；

（2）加工各种形状复杂的零件及细微结构，如热锻模、冲裁模、冷拔模的型腔和型孔，整体蜗轮、喷气蜗轮的叶片，喷油嘴、喷丝头的微小型孔等；

（3）加工各种有特殊要求的精密零件，如特别细长的低刚度螺杆、精度和表面质量要求特别高的陀螺仪等。

第二节　数控电火花成形加工

一、电火花加工的基础知识

1. 电火花成形加工的基本原理

电火花加工又称电腐蚀加工，它是利用直流脉冲放电对导电材料的腐蚀作用去除材料，以满足一定形状和尺寸要求的一种加工方法，其工作原理如图 13-1 所示。

电火花加工时，工具电极和被加工工件放入绝缘液体中，两者之间保持一个很小的放电间隙。因为工具电极和工件的表面存在微观不平，所以当两者接近，间隙变小时，在脉冲电压（100 V 左右）的作用下，在工具电极和工件表面的某些点上，电场强度急剧增大，引起绝缘液体的局部电离，产生火花放电。火花放电所产生的瞬时局部高温将金属工件蚀除。一次放电产生一个小凹穴，无数次放电便在工具电极和工件表面产生无数个小凹穴。工具电极不断地向工件进给，工件表面就不断地被蚀除，这样工具电极的轮廓形状便被复印在工件上。这些凹穴的大小、深浅决定了被加工工件的表面粗糙度。凹穴越大越深，工件表面越粗糙；反之，表面越光洁。

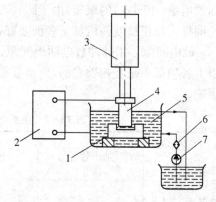

图 13-1　电火花加工原理和基本设备示意图
1—工件　2—直流脉冲电源　3—自动调节装置　4—工具电极　5—工作液　6—过滤器　7—工作液泵

应当注意的是：利用电腐蚀现象进行电火花加工，必须具备一定的条件，如瞬时高能、脉冲放电、消电离、排屑等。

2. 电火花成形加工机床

电火花成形机床主要由主轴头、脉冲电源控制柜、床身、立柱、工作台及工作液槽等部分组成,如图13-2所示。其中,脉冲电源是电火花成形加工的能量来源。床身使工具电极与工件的相对运动保持适当的位置关系,并通过工作液循环过滤系统强迫蚀除产物的排屑,使加工正常进行。主轴头是机床的关键部件,其下部安装工具电极,能自动调整工具电极的进给速度,使之随着工件蚀除而不断进行补偿进给,保持一定的放电间隙,使放电持续进行。工作台用于支承和安装工件,并通过纵、横向坐标的调节,找正工件与电极的相对位置。工作液槽固定在工作台上,用于容纳工作液,使电极和放电部位浸泡在工作液中。

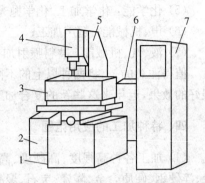

图13-2　电火花成形加工机床结构示意图
1—床身　2—液压油箱　3—工作液槽　4—主轴头　5—立柱　6—工作液箱　7—电源箱

3. 电火花加工的主要工艺参数

(1)加工速度　电火花成形机床的加工速度是指在单位时间内,工件被蚀除的体积或重量。一般采用体积加工来表示(g/min)。

(2)工具电极损耗　电极损耗直接影响到仿形精度。分绝对损耗和相对损耗。绝对损耗最常用的是体积损耗 V_V 和长度损耗 V_{eh} 两种方式,它们分别表示在单位时间内,工具电极被蚀除的体积和长度。

(3)表面粗糙度　指加工表面上的微观几何形状误差。对于电加工表面,即是无数加工表面放电痕(小凹穴)的聚集,由于凹穴表面会形成一个加工硬化层,且能存润滑油,其耐磨性比同样表面粗糙度的机加工表面要好,所以加工表面允许表面粗糙度大一些。

(4)放电间隙　指脉冲放电两极间距,实际效果反映在加工后工件尺寸的单边扩大量。

以上各项都不是互相独立的,而是互相关联的。表13-1所示为主要电参数对工艺指标的影响。

表13-1　主要电参数对工艺指标的影响

工艺参数 电参数	加工速度	电极损耗	表面粗糙度	备　　注
峰值电流 I_m ↑	↑	↑		加工间隙↑ 型腔加工锥度↑
脉冲宽度 t_k ↑	↑	↓		加工间隙↑ 加工稳定性↑
脉冲间隙 t_0 ↑	↓	↑	○	加工稳定性↑
空载电压 V_0 ↑	↓	○	↑	加工间隙↑ 加工稳定性↑
介质清洁度 ↑	中粗加工↓ 粗加工↑	○	○	稳定性↑

4. 电火花加工的特点

与常规切削加工相比,电火花加工具有以下特点:

（1）电火花加工属不接触加工,工具电极与工件之间存在一个火花放电间隙(0.01～0.1 mm),其间充满工作液。脉冲放电的能量很高,便于加工用普通的机械加工方法难以加工或无法加工的特殊材料和复杂形状的工件;

（2）加工过程中工具电极与工件材料不接触,两者之间的宏观作用力小,火花放电时,局部、瞬时爆炸力的平均值很小,不足以引起工件的变形和位移;

（3）可以用较软的电极去加工硬的工件,实现"以柔克刚";

（4）可以在同一台机床上进行粗、半精及精加工。精加工时精度一般可达 0.01 mm,表面粗糙度 R_a 值可达 0.63～1.25 μm;微精加工时,精加工时精度一般可达 0.002～0.004 mm,表面粗糙度 R_a 值可达 0.04～0.16 μm;

（5）直接利用电能进行加工,便于实现加工过程自动化。

但电火花加工也有一定的局限性,表现在:

（1）主要用于金属导电材料的加工,对于半导体、非导体必须经过导电处理后才能进行电火花加工;

（2）加工速度慢;

（3）存在电极损耗。

5. 电火花加工的适用范围

图 13-3 所示为电火花加工的适用范围,特别是以下几个方面:

（1）可以加工任何难加工的金属材料和其他导电材料;

（2）可以加工形状复杂的表面,如各类锻模、压铸模、落料模、复合模、挤压模等型腔和叶轮、叶片等各种曲面的加工;

（3）可以加工薄壁、弹性、低刚度、细微小孔、异形小孔、深小孔等有特殊要求的零件。

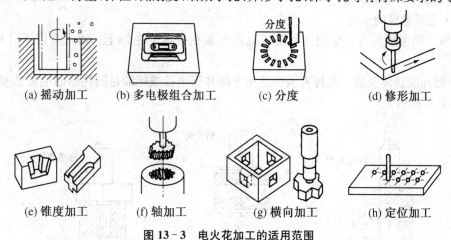

(a) 摇动加工　　(b) 多电极组合加工　　(c) 分度　　(d) 修形加工

(e) 锥度加工　　(f) 轴加工　　(g) 横向加工　　(h) 定位加工

图 13-3　电火花加工的适用范围

二、电极材料

1. 电极材料应具备的性能

（1）导电性好、熔点高、沸点高、机械强度高等;

（2）制造工艺性好,易于加工达到要求的精确度和表面质量;

（3）来源广泛、价格便宜。

2. 常用电极材料及加工特性

电火花成形加工生产中为了得到良好的加工特性,电极材料的选择是个极其重要的因素。表 13 - 2 所示为常用电极材料及其性能。

表 13 - 2　常用电极材料及其性能

电极材料	电火花加工性能		机械加工性能	说　明
	加工稳定性	电极损耗		
纯铜	好	较小	较差	常用电极,但磨削加工困难
石墨	较好	较小	好	常用电极,但机械强度差,制造电极时粉尘较大
铸铁	一般	一般	好	常用电极材料
钢	较差	一般	好	常用电极材料
黄铜	较好	较大	一般	较少使用
铜钨合金	好	小	一般	价格贵、来源难,多用于深长直壁孔、硬质合金穿孔加工
银钨合金	好	小	一般	较好的电极材料,但价格贵,只用于特殊加工要求

三、电极与工件的安装

1. 电极与工件的装夹

(1) 工具电极的安装

一般采用通用夹具和专用夹具将工具电极装在机床的主轴上。通常有以下几种安装方法。

① 用标准套筒安装　此种安装多适用于圆柱形电极或尾端是圆柱形的电极的装夹,如图 13 - 4(a)所示。

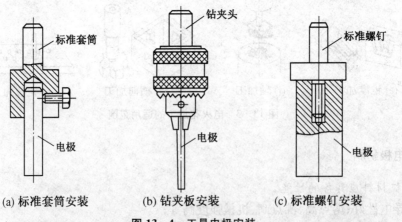

(a) 标准套筒安装　　　(b) 钻夹板安装　　　(c) 标准螺钉安装

图 13 - 4　工具电极安装

② 用钻夹头装夹　此种方法适用于小直径电极的装夹,如图 13-4(b)所示。

③ 用标准螺钉安装　此种方法适用于尺寸较大的电极装夹,如图 13-4(c)所示。

④ 用定位块装夹　此种方法适用于多电极装夹。

⑤ 用连接板装夹　此种方法适用于镶拼式的电极装夹。

(2) 工件的安装

将工件直接安装在工作台上,与工具电极相互定位后,用压板和螺钉压紧即可。

2. 工具电极的校正

工具电极安装好后,必须进行校正,使其轴线与机床主轴的进给轴线保持一致。目前常用的校正方法有两种:按电极侧面校正和按电极固定板基面校正,如图 13-5 所示。

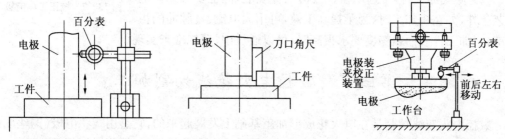

(a) 侧面校正电极(百分表校正)　(b) 侧面校正电极(刀口角尺校正)　(c) 固定板基准面校正

图 13-5　工具电极的校正

3. 工具电极与工件的相互定位

主要采用以下几种方法:

(1) 目测法　目测电极与工件相互位置,利用工作台纵、横坐标的移动进行调整,达到找正定位的要求。

(2) 打印法　用目测大致调整好电极与工件的相互位置后,接通脉冲电源弱规准,加工出一浅印,使模具型孔周围都有放电加工量,即可继续放电加工。

(3) 测量法　利用量具、量块、卡尺定位、划线定位法等。

四、电火花成形加工实例

尽管电火花成形加工机床的型号很多,但其加工操作方式基本相同,下面以在一圆柱体工件上穿一正方形孔的加工工艺路线为例,进行说明,通孔尺寸 30×30。

1. 操作步骤

(1) 准备电极和工件。先在工件上打一圆通孔 ϕ28,如图 13-6 所示。选用的电极材料是纯铜,工件部位尺寸 29.75×29.75,双边电蚀余量 0.25。

(2) 安全检查。检查机床电源开关及门开关正确复位情况;操作者着装情况。

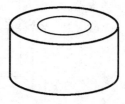

图 13-6　工件

(3) 装夹工具电极、工件并校正。在装夹前,先将 Z 轴快速上升到一定位置后,再利用钻夹头将工具电极装夹好,用角尺对其进行垂直校正,如图 13-7 所示。电极装夹好后,直接将工件放在工作台上,用压板和螺钉将其固定即可。

（4）定位。

（5）注入工作液。

（6）编制程序。

（7）开机加工。先试加工，正确无误后正式加工。

（8）零件清洗，检测。

2. 注意事项

（1）要根据工件的要求、电极与工件的材料、加工的工艺指标和经济效果等因素，确定合适的加工规准，并在加工中正确、及时地转换。

（2）冲模加工时，常选用粗、中、精三种规准，但也要考虑其他工艺条件，如在粗加工时，为了提高工效，可用大电流、宽脉冲的粗规准；当加工件表面粗糙度要求很高时，可以通过中、精规准来实现。

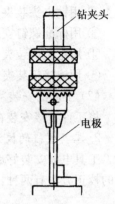

图 13 - 7　校正工具电极

第三节　数控电火花线切割加工

数控电火花线切割是在电火花成形加工基础上发展起来的，它是用线状电极（铜丝或钼丝等）通过脉冲式火花放电对工件进行切割，故称为电火花线切割，简称线切割。

一、线切割加工机床分类

1. 分类

按电极丝的运动速度分为快速走丝线切割机床和慢速走丝线切割机床。快速走丝线切割机床中电极丝做高速往复运动，一般走丝速度为 8~12 m/s，机床的数控系统大多数采用比较简单的步进电机开环系统，快速走丝线切割机床是我国特有的线切割机床品种和加工模式，国内应用比较广泛。而慢走丝线切割机床的电极丝作低速单向运动，一般走丝速度为 0.2 m/s，数控系统大多数采用伺服电机半闭环系统，是国外生产和使用的主要机种，属于精密加工设备，代表着线切割机床的发展方向。

其他分类方法还有：按加工尺寸范围和特点可分为大、中、小型以及普通直壁型与锥度切割型线切割机床；按脉冲电源形式可分为 RC 电源、晶体管电源、分组脉冲电源及自适应控制电源线切割机床；按电极丝位置可分为立式线切割机床和卧式线切割机床等。

2. 线切割机床的型号标注示例

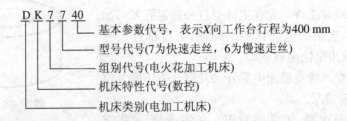

二、线切割加工原理

电火花线切割加工的基本原理在本质上与电火花成形加工相同，只是工具电极由铜丝或钼丝等电极丝所代替,如图13-8所示。电极丝作为工具电极接高频脉冲电源的负极,被加工工件接高频脉冲电源的正极。电极丝与工件之间施加足够的具有一定绝缘性能的工作液(图中未画出),当二者之间距离小到一定程度时,在脉冲电源发出的一连串脉冲电压的作用下,工作液被击穿,在电极丝与工件之间形成瞬时的放电通道,产生瞬时高温,使金属局部熔化甚至汽化而被蚀除下来。

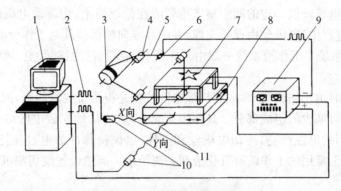

图13-8　线切割加工原理图

1—数控装置　2—电脉冲信号　3—储丝筒　4—导轮　5—电极丝　6—导电块
7—工件　8—工作台　9—脉冲电源　10—步进电机　11—滚轴丝杠

若工作台带动工件沿预定轨迹不断进给,就可以切割出所要求的形状。由于储丝筒带动电极丝交替做正、反方向的高速移动,避免了因放电总发生在局部位置而被烧断,所以电极丝基本上不被蚀除,可使用较长时间。

三、线切割机床的结构

如图13-9所示为电火花线切割加工机床的外形图,其构成主要由机床本体、脉冲电源装置和数控装置三部分组成。

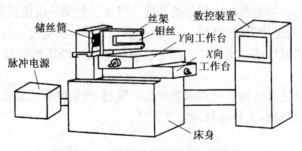

图13-9　数控线切割加工机床外形

1. 机床本体

机床主机由床身、工作台、绕丝机构和工作液系统组成。

(1)床身　用于支承工作台、绕丝机构及丝架。通常采用箱式结构,其内部安置电源和工作液系统。

(2)工作台　也称纵横十字滑板。用于安装并带动工件在工作台平面内做 X、Y 两个方向的移动。工作台分上、下两层,分别与 X、Y 向丝杠相连,由两个步进电机分别驱动。控

制系统向 X（或 Y）方向步进电机每发出一个脉冲信号，X（或 Y）方向步进电机主轴就旋转一个步距角，通过丝杠螺母传动，使 X（或 Y）方向前进或后退一个步距（称为机床的脉冲当量）。

（3）走丝机构　也称电极丝驱动装置。走丝系统使电极丝以一定的速度（通常为 8～12 m/s）运动并保持一定的张力。在快走丝线切割机床中，走丝系统一般由驱动电机、储丝筒和丝架组成。电极丝以一定的间距整齐排列绕在储丝筒上，由驱动电机通过换向装置来回运丝，在走丝过程中，电极丝由丝架支撑，并依靠导向轮保持其与工作台面垂直。

（4）工作液系统　工作液系统一般由工作液泵、液箱、过滤器、管道、流量控制阀和浇注喷嘴等组成。

线切割加工时由于切缝很窄，顺利排除电蚀产物是极为重要的问题，因此工作液循环过滤系统是机床不可缺少的组成部分。其作用是充分地、连续地向放电区域供给清洁的工作液，及时排除其间的电蚀产物，冷却电极丝和工件，以保持脉冲放电过程持续稳定地进行。电火花线切割加工常用的工作液有乳化液和去离子水。高速走丝线切割机床一般采用乳化液作为工作液。

对于电火花线切割加工的工作液，应具有如下性能：

① 一定的绝缘性能。电火花线切割放电加工必须在具有一定绝缘性能的介质中进行。

② 较好的洗涤性能。是指工作液有较小的表面张力，对工件有较大的亲和附着力，能渗透进入缝隙中，具有洗涤电蚀产物的能力。

③ 较好的冷却性能。在放电加工时，放电局部温度极高，会使工件变形、退火、烧断电极丝。因此工作液要有较好的冷却性能，以便及时冷却。

④ 具有良好的防锈性能。工作液在放电加工过程中不应锈蚀机床和工件。

⑤ 对环境无污染，对人体无危害。此外，工作液还应配制方便、使用寿命长、乳化充分，冲制后油水不分离，长时间储存也不应有沉淀或变质现象。

2. 脉冲电源装置（高频脉冲电源）

电火花加工用的脉冲电源的作用是把普通 50 Hz 工频交流电流转换成高频的单向脉冲电流，提供火花放电间隙所需要的能量来蚀除金属。脉冲电源对电火花加工的生产率、表面质量、加工速度、加工过程的稳定性和工具电极损耗等技术经济指标有很大的影响，应给予足够的重视。

受加工表面粗糙度和电极丝允许承载电流的限制，线切割加工总是采用"正极性"加工，即电极丝接脉冲电源负极，工件接脉冲电源正极。

3. 数控装置

数控装置由 PC 机和其他一些硬件及控制软件构成。加工程序可由键盘输入或移动硬盘导入。通过它可实现放大、缩小等多种功能的加工，其控制精度为 ±0.001 mm，加工精度为 ±0.001 mm。

四、数控电火花线切割的特点

数控电火花线切割加工，有以下特点：

（1）数控线切割加工是轮廓切割加工，无须设计和制造特定形状工具电极，是采用直径不等的细金属丝，因此切割刀具简单，大大降低了加工费用，缩短了生产周期。

（2）直接利用电能进行脉冲放电加工，工具电极和工件不直接接触，无机械加工中的宏观切削力，适宜于加工低刚度零件及细小零件。

（3）无论工件硬度如何，只要是导电金属或半导电的材料都能进行加工，常用来加工淬火钢和硬质合金。

（4）切缝窄隙可达 0.05 mm，只对工件材料沿轮廓进行"套料"加工，材料利用率高，能有效节约贵重材料。

（5）移动的长电极丝连续不断地通过切割区，单位长度电极丝的损耗量较小，加工精度高。

（6）加工对象主要是平面形状，台阶盲孔型零件还无法加工，但当机床上加上能使电极丝做相应倾斜运动功能后，也可进行小锥度切割和加工上下截面异形体、形状扭曲的曲面体等零件加工。

（7）当零件内为封闭型腔时，工件上需钻穿丝孔。

五、线切割加工应用范围

数控电火花线切割加工在生产中得到了广泛的应用，目前国内外的线切割机床已占电加工机床的 60％以上，其主要应用如下：

1. 加工模具

适用于加工各种形状的冲模、挤压模、注塑模、粉末冶金模等。

2. 加工零件

适用于加工材料试验样件、各种型孔、特殊齿轮凸轮、样板、成形刀具等复杂形状零件及高硬材料的零件；还可进行微细结构、异型槽和标准缺陷的加工；在试制新产品时，可在坯料上直接切割出零件。

3. 加工电火花成形加工用的电极

适用于加工一般穿孔加工用的电极、带锥度型腔加工用电极、微细复杂形状的电极，以及铜钨、银钨合金类的电极材料等。

图 13 - 10 为线切割加工的各种形状零件。

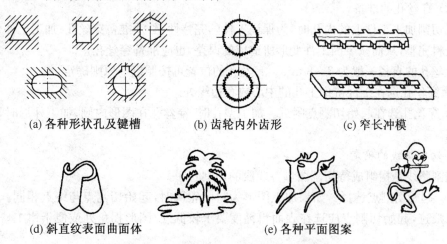

(a) 各种形状孔及键槽　　　(b) 齿轮内外齿形　　　(c) 窄长冲模

(d) 斜直纹表面曲面体　　　　　(e) 各种平面图案

图 13 - 10　线切割加工的各种形状零件

六、线切割加工工艺准备

在进行电火花线切割加工前,必须完成一系列的准备工作,包括工艺准备和数控加工程序的编制等。

1. 电极丝的选择

线切割加工使用的电极丝由专门生产厂家生产。可根据具体加工要求选取电极丝的材料和直径。

(1) 电极丝材料

高速走丝线切割机床一般采用钼丝或钨钼合金丝;低速走丝线切割机床一般采用硬黄铜丝。

(2) 电极丝直径

常用电极丝直径一般为 0.03~0.25 mm。可按以下原则选取:

① 工件厚度较大、形状较简单时,宜采用较大直径电极丝;反之,宜采用较小直径电极丝。

② 工件切缝宽度尺寸有要求时,根据切缝宽度按下式确定电极丝直径:

$$d = b - 2\delta$$

式中:d 为电极丝直径,mm;b 为工件切缝宽度,mm;δ 为单面火花放电间隙,mm。

③ 在高速走丝线切割机床上加工时,电极丝直径须小于储丝的排丝距。

2. 工件的准备

(1) 工艺基准

为了便于加工程序编制、工件装夹和线切割加工,依据加工要求和工件形状应预先确定相应的加工基准和装夹校正基准,并尽量和图纸上的设计基准一致。同时,依据加工基准建立工件坐标系,作为加工程序编制的依据。

① 如果工件外形具有相互垂直的两个精确侧面,则可以作为校正基准和加工基准。

② 以内孔中心线为加工基准,以外形的一个平直侧面为校正基准。

③ 工件的上下表面、装夹定位面、校正基准面应预先加工好。

(2) 穿丝孔的准备

线切割加工工件上的内孔时,为保证工件的完整性,必须准备穿丝孔;加工工件外形时,为使余料完整,从而减少因工件变形所造成的误差,也应准备穿丝孔。

穿丝孔的直径一般为 3~8 mm。穿丝孔的位置可按照以下原则确定:

① 穿丝孔选在工件待加工孔的中心或孔边缘处。

② 穿丝孔选在起始切割点附近。加工型孔时,穿丝孔在图形内侧;加工外形时,孔在图形外侧。

3. 切割路线的确定

切割路线是指组成待切割图形各线段的切割顺序。

(1) 起始切割点选择　如果加工图形为封闭轮廓时,起始切割点与终点相同。为了减少加工痕迹,起始切割点应选在表面粗糙度要求较低处、图形拐角处或便于钳工修整的位置处。

(2) 切割路线选择　确定切割路线时,应把距装夹部分最近的线段安排在最后。

七、线切割加工程序的编制

数控电火花线切割机床所使用的程序格式有 3B、4B、ISO 等。近几年来所生产的数控电火花机床多使用计算控制系统,采用 ISO 代码(G 代码)格式,而早期的多采用 3B 或 4B 格式。下面以 ISO 代码(G 代码)格式为例说明。

1. 手工编程

(1) ISO 代码格式

ISO 代码(G 代码)格式是国标标准化机构制定的 G 指令和 M 指令代码,代码中有准备功能代码 G 指令和辅助功能代码 M 指令,如表 13 - 1 所示。该代码是从切削加工机床的数控系统中套用过来的,不同企业的代码,在含义上可能会稍有差异,因此在使用时应遵照所使用的加工机床说明书中的规定。

表 13 - 1 电火花线切割机床常用的 G 指令和 M 指令

代码	功　　能	代码	功　　能
G00	快速定位	G54	工作坐标系 1
G01	直线插补	G55	工作坐标系 2
G02	顺时针圆弧插补	G56	工作坐标系 3
G03	逆时针圆弧插补	G57	工作坐标系 4
G05	X 轴镜像	G58	工作坐标系 5
G06	Y 轴镜像	G59	工作坐标系 6
G07	X,Y 轴交换	G80	有接触感知
G08	X 轴镜像,Y 轴镜像	G84	微弱放电找正
G09	X 轴镜像,X,Y 轴交换	G90	绝对坐标系
G10	Y 轴镜像,X,Y 轴交换	G91	增量坐标系
G11	X 轴镜像,Y 轴镜像,X,Y 轴交换	G92	赋予坐标系
G12	取消镜像	M00	程序暂停
G40	取消间隙补偿	M02	程序结束
G41	左偏间隙补偿 D 偏移量	M96	主程序调用文件程序
G42	右偏间隙补偿 D 偏移量	M97	主程序调用文件结束
G50	取消锥度	W	下导轮到工作台面高度
G51	锥度左偏 A 角度值	H	工件厚度
G52	锥度右偏 A 角度值	S	工作台面到上导轮高度

(2) 坐标系与坐标值 X、Y、I、J 的确定

ISO 代码编程时的坐标系一般采用相对坐标系,即坐标系的原点随程序段的不同而变化。

加工直线时,以直线的起点为坐标系的原点,X＿＿＿ Y＿＿＿为直线终点的坐标。

加工圆弧时,以圆弧的起点为坐标系的原点,X____ Y____为圆弧终点的坐标,I____ J____为圆弧圆心坐标,单位均为 μm。

(3) ISO 编程常用指令

① G00 快速定位指令

编程格式 G00　X____　Y____

该指令可使指定的某轴,在机床不加工的情况下,以最快的速度移动到指定位置。

② G90、G91、G92 指令

G90 绝对坐标系指令,表示该程序中的编程尺寸是按绝对尺寸确定的,即移动指令终点坐标值 X、Y 都是以工件坐标系原点为基准来计算的。

G91 增量坐标系指令,表示该程序中的编程尺寸是按增量尺寸确定的,即坐标值均以前一个坐标位置作为起点来计算下一点位置值。

G92 加工坐标系设置指令,指令中的坐标值为加工程序的起点的坐标值。

编程格式 G92　X____　Y____

一般情况下,起点坐标取在(0,0)点,即 G92 X0 Y0;

③ G01 直线插补指令

编程格式 G01　X____　Y____

该指令可使机床在各个坐标平面内加工任意斜率直线轮廓和用直线段逼近曲线轮廓。

如:G92　X0　Y0

G01　X30000　Y40000,如图 13-11 所示。

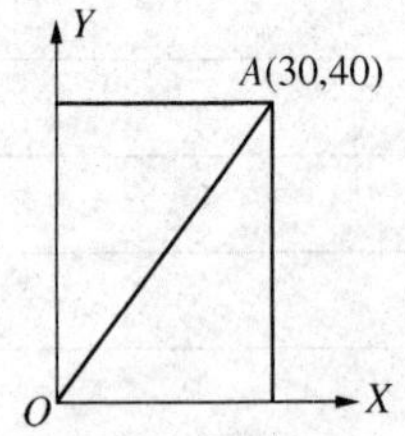

图 13-11　直线插补 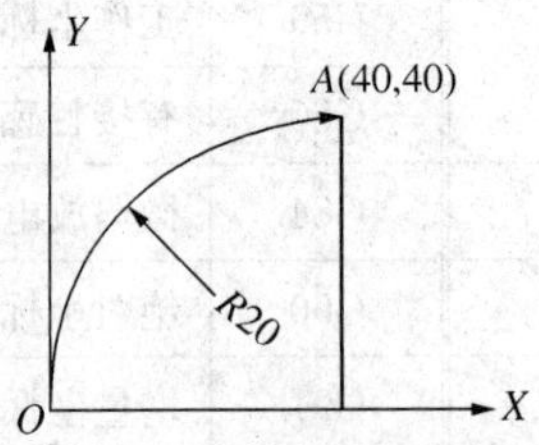　　　　图 13-12　圆弧插补 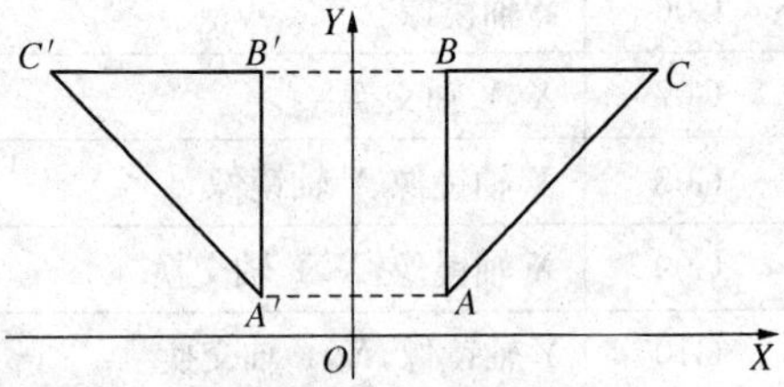　　　　图 13-13　G05 指令

注意:目前可加工锥度的电火花线切割机床具有 X、Y 坐标轴和 U、V 附加轴工作台。程序格式为:

G00　X____　Y____　U____　V____

④ G02/G03 圆弧插补指令

G02 为顺时针圆弧插补指令,G03 为逆时针圆弧插补指令。

编程格式 G02　X____　Y____　I____　J____

　　　　　G03　X____　Y____　I____　J____

式中 X____ Y____为圆弧终点的坐标,I____ J____为圆弧圆心坐标,I____是 X 方向坐标值,J____是 Y 方向坐标值。如图 13-12 所示圆弧,加工程序为:

G92 X0 Y0　　　　　　　　(起点 0 设置加工坐标系)

G02 X20000 Y20000 I20000 J0　(OA 段圆弧)

⑤ G05、G06、G07、G08、G10、G11、G12 镜像交换指令

G05 X 轴镜像,函数关系式为:X=－X,如图 13-13 所示。

G06 Y 轴镜像,函数关系式为:Y=－Y。

G07 X,Y 轴交换,函数关系式为:X=Y,Y=X。

G08 X 轴镜像,Y 轴镜像,函数关系式为:X=－Y,Y=－Y,即 G08=G05+G06。

G09 X 轴镜像,X,Y 轴交换,即 G09=G05+G07。

G10 Y 轴镜像,X,Y 轴交换,即 G10=G06+G07。

G11 X 轴镜像,Y 轴镜像,X,Y 轴交换,即 G11=G05+G06+G07。

G12 取消镜像。每个程序镜像后都要加上此命令,消除镜像后程序段的含义与原程序段相同。

在加工模具零件时,经常碰到所加工零件的结构是对称的,这样就可以先编制其中一个,然后通过镜像交换命令即可加工,如图 13-13 所示。

⑥ G41、G42、G40 间隙补偿指令

G41 左间隙补偿。注意沿着电极丝前进的方向看,电极丝在工件的左边,如图 13-14 所示。

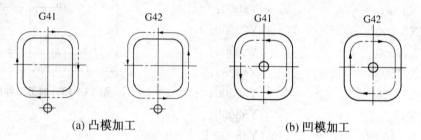

(a) 凸模加工   (b) 凹模加工

图 13-14 间隙补偿指令

编程格式 G41 D____

G42 右间隙补偿。注意沿着电极丝前进的方向看,电极丝在工件的右边,如图 13-14 所示。

编程格式 G42 D____

上式中 D 表示间隙补偿量。

G40 取消间隙补偿指令。注意该命令须放在退刀线前。

⑦ G51、G52、G50 锥度加工指令

G51 锥度左偏。沿着电极丝前进方向看,电极丝向左偏离。

编程格式 G51 A____

G52 锥度右偏。沿着电极丝前进方向看,电极丝向右偏离。

编程格式 G52 A____

上式中 A 表示锥度值。

G50 取消锥度加工指令。

应注意:G51 和 G52 程序段必须放在进刀线之前;G50 指令则必须放在通刀之前;下导轮到工作台的高度 W、工件的厚度 H、工作台到上导轮中心的高度 S 需要在使用 G51 和 G52 之前使用。

⑧ M 辅助功能指令

M00 程序暂停指令。主要用于加工过程中该段程序结束后的停止加工,它可以出现在任何一段程序之后。

M02 程序结束指令。一旦执行该命令,则机床自动停机。该指令只能出现在程序结尾。

(4) 编程实例

如图 13 - 15 所示凸模,用φ0.14 mm 电极丝加工,单边放电间隙为 0.01 mm,编制加工程序。

取 O 点为穿丝点,加工顺序为:

$O{\to}A{\to}B{\to}C{\to}D{\to}E{\to}F{\to}G{\to}H{\to}I{\to}J{\to}A{\to}O$

间隙补偿量 $f=(0.14/2+0.01)$mm$=0.08$ mm。

加工程序编制如下:

G90 G92　X0　Y0;

G42 D80;

G01 X0	Y8000;
G01 X30000	Y8000;
G01 X30000	Y20500;
G01 X17500	Y20500;
G01 X17500	Y43283;
G01 X30000	Y50500;
G01 X0	Y58000;
G03 X - 10000	Y48000 I0 J - 10000;
G01 X - 10000	Y33000;
G01 X - 10000	Y18000;
G03 X0	Y8000 I10000 J0;
G40;	
G01 X0	Y0;

M02;

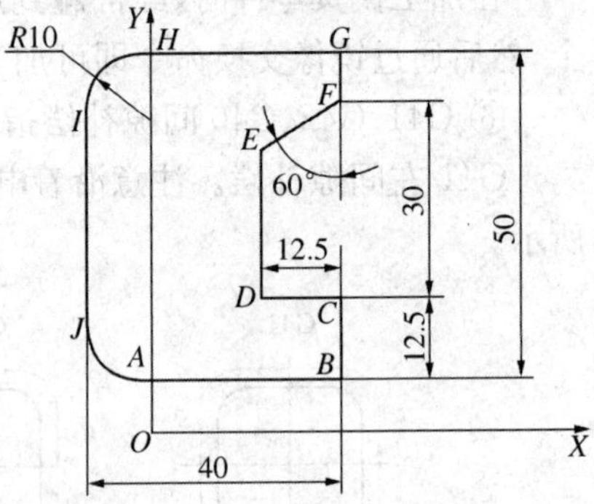

图 13 - 15　加工工件图

2. 自动编程

目前使用的线切割自动编程系统有 YH 绘图式线切割自动编程系统、WAP 线切割编程系统、HF 线切割编控一体化系统等。这些编程系统均采用计算机绘图技术、融绘图、编程于一体,采用全绘图式编程,只要按所要求加工的工件的形状图形在计算机上作图输入,即可生成加工轨迹、完成自动编程、输出 3B 或 G 指令代码。对于不规则图形,可以用扫描仪输入,经矢量化处理后使用。前者能保证尺寸精度、适用零件加工;后者会有一定的误差,适用于毛笔字和工艺美术图案的加工。

八、线切割加工工艺

1. 电参数的选择

脉冲电源的波形与参数是影响线切割加工工艺指标的主要因素,如图 13 - 16 所示为矩形波脉冲电源的波形图。

电参数与加工工件技术指标的关系表现为：

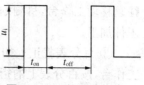

图 13 - 16　矩形波脉冲

峰值电流 I_m 增大、脉冲宽度 t_{on} 增加、脉冲间隔 t_{off} 减小、脉冲电压幅值 u_i 增大都会使切割速度提高，但加工件的表面粗糙度和精度则会下降。反之，则可以改善表面粗糙度，提高加工精度。因此，如要求切割速度高时，选择大电流和脉冲宽度、高电压和适当的脉冲间隔；要求表面粗糙度好时，则选择小的电流和脉冲宽度、低电压和适当的脉冲间隔；切割厚度较大的工件时，应选用大电流、大脉冲宽度和大脉冲间隔以及高电压。

2. 工件装夹

(1) 常用夹具和支撑装夹

常用夹具主要有压板夹具和磁性夹具等。

压板夹具主要用于固定平板状的工件，对于稍大工件的夹具要成对使用。夹具上如有定位基准面，则加工前应预先用划针或百分表将夹具定位基准面与工作台对应的导轨校正平行。各种支承方式如图 13 - 17 所示。

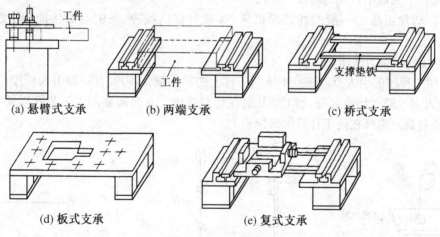

(a) 悬臂式支承　　(b) 两端支承　　(c) 桥式支承

(d) 板式支承　　　(e) 复式支承

图 13 - 17　支承方式

磁性夹具采用磁性工作台或磁性表座夹持工件，主要适用于夹持钢质工件，因依靠磁力吸住工件，不需要压板和螺钉，操作快速方便，定位后不会因压紧而变动，如图 13 - 18 所示。

另外常用的支撑装夹方式有两端支撑方式、桥式支撑方式、板式支承方式和复式支承方式等。

(2) 工件的找正及调整

在装夹工件时，还必须配合找正进行调整，以使工件的定位基准面与机床工作台面或工作台进给方向保持平行，保证所切割的表面与基准面之间的相对位置精度。常用的找正方法有划线找正、百分表找正、外形找正等。

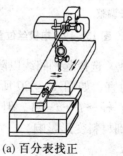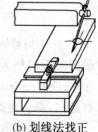

(a) 百分表找正　　(b) 划线法找正

图 13 - 18　工件的找正

① 划线找正　如图 13 - 18(a) 所示，用固定在丝架上的划针对正工件上划出的基准线，

往复移动工作台,目测划针与基准线间的偏离情况,调整工件位置,适用于精度要求不高的工件加工。

②　百分表找正　如图 13-18(b)所示,利用磁力表架将百分表固定在丝架上,往复移动工作台,按百分表上的指示值调整工件位置,直到百分表指针偏摆范围达到所要求的精度。

③　外形找正　要预先磨出侧垂直基准面,有时甚至要磨出六面。按外形找正有两种:一是直接按外形找正,二是按工件外形配做胎具。

(3) 电极丝位置调整

在线切割加工前,须将电极丝位置调整到切割的起始坐标位置上,调整方法有:

①　目测法　它是利用穿丝画出的十字基准线,分别沿划线方向观察电极丝与基准线的相对位置,根据二者的偏离情况移动工作台,当电极丝中心分别与纵、横方向基准重合时,工作台纵、横方向刻度上的读数就确定了电极丝的中心位置,如图 13-19(a)所示。

②　火花法　如图 13-19(b)所示,开启高频电源及储丝筒,移动工作台使工件的基准面靠近电极丝,在出现火花的瞬时,记下工作台的相对坐标值,再根据放电间隙计算电极丝中心坐标。此法简便,但定位精度不高。同时要注意,在使用此法时,电压、幅值、脉冲宽度和峰值电流要采到最小,且不要开冷却液。

③　自动找正法　一般的线切割机床,都具有自动找边、找中心的功能,且找正精度很高。

(4) 切割路线的选择

①　加工程序的引入点　该点不能与工件上的起点重合,需要有一段引入程序。加工外形时,引入点一般在坯料之外,加工型孔时在坯料之内。有时需要加工工艺孔以便穿丝,穿丝孔的位置最好选择在便于计算的坐标点上。

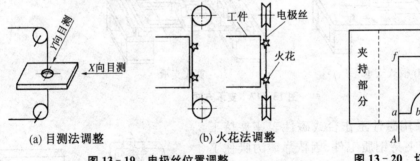

(a) 目测法调整　　　　　(b) 火花法调整

图 13-19　电极丝位置调整　　　　　　　**图 13-20　切割路线选择**

②　切割路线　选择起割路线以防止或减小材料变形为原则,通常应考虑靠近装夹一边的图形后切割为宜。如图 13-20 所示,加工程序引入点为 A,起点为 a,则切割路线为:$A \to a \to b \to c \to d \to e \to f \to a \to A$。但如果选择 B 点为引入点,起点为 d 点,则无论选择何种走向,都会受到材料变形影响。

3. 加工步骤

(1) 根据加工工件坯料情况,选择合理的装夹位置和切割路线;

(2) 计算电极丝中心轨迹,编制加工程序;

(3) 接通电源,开机,输入程序;

(4) 选择脉冲电源的电参数;

（5）调整进给速度；

（6）装夹工件，要做到夹紧力均匀、不得使工件变形或翘曲；

（7）将十字拖板移动到合适的位置上，防止拖板走到极限位置时工件还未切割好；

（8）穿电极丝；

（9）校正工件；

（10）运行程序，进行切割加工；

（11）工件质量检验。

九、线切割加工实例分析

如图 13-21 所示零件，其厚度为 5 mm，加工步骤如下：

1. 工艺分析

材料毛坯尺寸为 60 mm×60 mm，对刀位置须设置在毛坯之外，以图中 G 点坐标（-20，-10）作为引入点。为便于计算，在此例中不考虑钼丝半径补偿值，采用逆时针方向走刀。

2. 编制程序（手工编制）

G 代码程序编制如下

G92	X-20000	Y-10000；	以 O 点为原点建立工件坐标系，引入点坐标为（-20，-10）
G01	X10000	Y0；	从 G 点走到 A 点，A 点为切割起点
G01	X40000	Y0；	从 A 点到 B 点
G03	X0	Y20000 I0 J10000；	从 B 点到 C 点
G01	X-20000	Y0；	从 C 点到 D 点
G01	X0	Y20000；	从 D 点到 E 点
G03	X-20000	Y0 I-10000 J0；	从 E 点到 F 点
G01	X0	Y-40000；	从 F 点到 A 点
G01	X-10000	Y0；	从 A 点回到切割起点 G
M00；			程序结束

3. 机床准备

开启机床，装好电极丝、加注润滑液、冷却液等。

4. 模拟加工

对程序进行模拟加工运行，以确认程序的准确性。

5. 装夹工件

因示例中毛坯尺寸较小，采用磁性夹具将其固定在机床工作台上，找正工件，使其两垂直边分别平行于机床的 X 轴和 Y 轴。

6. 确定切割起点

移动工作台面，将电极丝定位到图 13-21 的 G 点位置。

7. 选择电加工参数

8. 自动加工

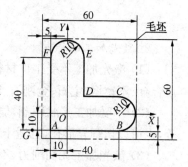

图 13-21　加工零件

开启储丝筒,打开高频和冷却液,点击控制界面上的"加工"按钮,即可进行自动加工。

9. 后处理工作

拆下工件、夹具、检查零件尺寸,清理机床、关闭总电源。

第四节　其他特种加工方法简介

除上面介绍的数控电火花成形加工、数控线切割以外,其他特种加工方法还有:激光加工、超声加工、电解加工、电解磨削、电解抛光、化学加工、电子束加工、等离子弧加工、磨料喷射加工、磨料流加工、液体喷射流加工等。下面以激光加工、超声波加工和电解加工等为例进行介绍。

一、激光加工

1. 激光加工基本原理

激光是一种亮度高、方向性好、单色性好(光的波长及其频率趋于固定值)的相干光。由于激光发散角小和单色性好,通过光学系统可以聚焦成为一个极小光束(微米级)。激光加工时,把光束聚集在工件表面上,由于区域很小、亮度高,其焦点处的功率密度可达 $10^8 \sim 10^{10}$ W/mm^2,温度可高至几万摄氏度。在此高温下,任何坚硬的材料都将瞬间急剧熔化和蒸发,并产生很强的冲击波,使熔化物质爆炸式地喷射去除,激光加工就是利用这种原理进行打孔、切割的,如图 13 - 22 所示。

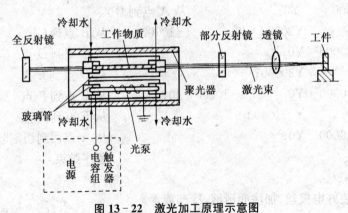

图 13 - 22　激光加工原理示意图

2. 激光加工的特点

(1) 激光加工不受工件材料性能的限制,几乎能加工所有金属材料和非金属材料,如硬质合金、不锈钢、宝石、金刚石、陶瓷等。

(2) 不受加工形状限制,能加工各种微孔($\phi 0.01 \sim 1$ mm)、深孔(深径比 50～100)、窄缝等,也可以切割异形孔,且适于精密加工。

(3) 激光加工无切削力、不存在工具损耗,加工速度快、加工时间短、热影响区小、工件热变形小,易实现加工过程自动化。

(4) 由于激光束易实现空间控制和时间控制,能进行微细的精密图形加工。

(5) 激光加工可透过透明介质进行。与电子束、离子束加工相比,不需要高电压、真空环境以及射线保护装置。这对某些特殊情况(例如在真空中加工)是十分有利的。

3. 激光加工的应用

(1) 激光打孔

利用激光,可加工微型小孔,如化学纤维喷丝头打孔(如在直径$\phi100$ mm 的圆盘上打12000 个直径$\phi0.06$ mm 的孔)、仪表中的宝石轴承打孔、金刚石拉丝模具加工以及火箭发动机和柴油机的燃料喷嘴加工等。

(2) 激光切割与焊接

切割时,激光束与工件做相对移动,即可将工件分割开。激光切割可以在任何方向上切割,包括内尖角。目前激光已成功地用于钢板、不锈钢、钛、钽、铌、镍等金属材料以及布匹、木材、纸张、塑料等非金属材料的切割加工。激光焊接常用于微型精密焊,能焊接不同的材料,如金属和非金属材料的焊接。

(3) 激光热处理

利用激光对金属表面进行扫描,在极短的时间内工件被加热到淬火温度,由于表面高温迅速向基体内部传导而冷却,使工件表面淬硬。激光热处理有很多独特的优点,如快速、不需淬火介质、硬化均匀、变形小、硬度高达 60 HRC 以上、硬化深度能精确控制等。

二、超声波加工

1. 超声波加工的基本原理

超声波加工是利用工具作超声频($16\sim30$ Hz)振动,通过磨料撞击和抛磨工件,从而使工件成形的一种加工方法,其原理如图 13-23 所示。由超声波发生器产生的高声频电振荡,通过换能器转换成高声频机械振动,但这种振动的振幅很小,不能直接用来对材料加工,必须借助于振幅扩大棒将振幅放大(放大振幅为 $0.01\sim0.15$ mm),然后再传给工具,驱动工具振动。加工时,在工具和工件之间不断注入液体(水或煤油等)和磨料混合的悬浮液,磨料在工具的超声振荡作用下,以极高的速度不断撞击工件表面,其冲击加速度可达重力加速度的一万倍左右,致使工件加工区域内的材料在瞬时高压下粉碎成很细的微粒。由于悬浮液的高速搅动,又使磨料不断抛磨工件表面。随着悬浮液的循环流动,使磨料不断得到更新,同时带走被粉碎下来的材料微粒。加工中,工具逐渐伸入到工件中,工具的形状便"复印"在工件上。

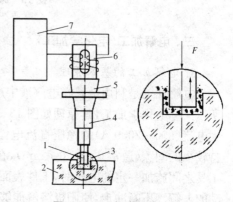

图 13-23 超声波加工
1—工具 2—工件 3—磨料悬浮液 4,5—变幅杆 6—换能器 7—超声波发生器

2. 超声波加工的特点

(1) 适用于加工各种硬脆材料,特别是不导电的非金属材料,例如玻璃、陶瓷、石英、锗、硅、石墨、玛瑙、宝石、金刚石等。对于导电的硬质合金、淬火钢等也可以加工,但加工效率比较低。

(2) 在加工中不需要工具旋转,因此易于加工各种复杂形状的型孔、型腔、成形表面等。如采用中空形工具,还可以实现各种形状的套料。

（3）超声波加工是靠极小的磨料作用，所以加工精度较高，一般可达 0.02 mm，表面粗糙度 R_a 可达 1.25～0.1 μm，被加工表面也无残余应力、组织改变及烧伤等现象。

（4）因为材料的去除是靠磨料直接作用，故磨料硬度一般应比加工材料高，而工具材料的硬度可以低于加工材料的硬度，如可采用中碳钢、各种型材、管材和线材作工具。

（5）超声波加工机床结构简单，操作、维修方便，加工精度较高，但生产效率低，工具磨损也较大。

3. 超声波加工的应用

电火花加工和电解加工，一般只能加工金属导电材料，而较难加工不导电的非金属材料。然而超声波加工不仅能加工高熔点的硬质合金、淬火钢等硬脆合金材料，而且适合于加工玻璃、陶瓷、半导体锗和硅片等不导电的非金属硬脆材料。它主要用于孔加工、套料、雕刻、切割以及研磨金刚石拉丝模等，同时还可以用于清洗、焊接和探伤等，见图 13 - 24 所示。

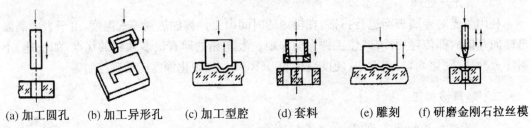

(a) 加工圆孔　　(b) 加工异形孔　　(c) 加工型腔　　(d) 套料　　(e) 雕刻　　(f) 研磨金刚石拉丝模

图 13 - 24　超声波加工的应用范围

三、电解加工（电化学加工）

1. 电解加工的基本原理

电解加工是利用金属在电解液中产生阳极溶解的电化学腐蚀原理将工件加工成形的，所以又称电化学加工，其原理如图 13 - 25 所示。在工件和工具之间接上低电压（6～24 V）大电流（500～2000 A）的稳压直流电，工件接正极（阳极），工具接负极（阴极），两者之间保持较小的间隙（通常 0.02～0.7 mm），在间隙中间通过高速流动的导电的电解液。在工件和工具之间施加一定的电压时，工件表面的金属就不断地产生阳极溶解，溶解的产物被高速流动的电解液不断冲走，使阳极溶解能够不断进行。

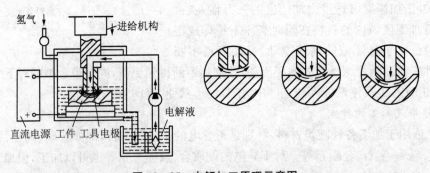

图 13 - 25　电解加工原理示意图

电解加工开始时，工件的形状与工具阴极形状不同，工件上各点距工具表面的距离不相等,因而各点的电流密度不一样。距离近的地方电流密度大,阳极溶解的速度快;距离远的地方电流密度小,阳极溶解的速度慢。这样,当工具不断进给时,工件表面各点就以不同的溶解速度进行溶解,工件的型面就逐渐地接近工具阴极的型面,加工完毕时,即得到与工具型面相似的工件。

2. 电解加工的特点

(1) 以简单的进给运动,一次加工出复杂的型面或型腔,加工速度随电流密度增大而加快,且不产生毛刺。表面质量高,R_a 可达 $1.25 \sim 0.2$ mm。

(2) 可加工各种高硬度、高强度、高韧性等难切削材料,且加工后材料表面的硬度不发生变化。

(3) 在加工中,工具电极是阴极,阴极上只发生氢气和沉淀而无溶解作用,因此工具电极无损耗。

(4) 加工中无机械力和切削热的作用,所以在加工面上不存在加工变质层、加工应力和加工变形。

(5) 生产率高,其加工速度约为电火花加工的 $5 \sim 10$ 倍,约为机械切削加工的 $3 \sim 10$ 倍。

但由于影响电解加工的因素很多,加工稳定性不高,不易达到较高的加工精度;同时电解液有腐蚀性,电解产物有污染,因此机床要有防腐措施,电解产物要进行处理,设备总费用高;另外工具电极制造需要熟练的技术。

3. 电解加工的应用

电解加工是继电火花加工之后发展较快、应用较广的一种新工艺,生产效率比电火花加工高 $5 \sim 10$ 倍。电解加工主要用于加工各种形状复杂的型面,如汽轮机、航空发动机叶片(图 13 - 26);各种型腔模具,如锻模、冲压模、各种型孔、深孔;套料、膛线,如炮管、枪管内的来复线等。此外还有电解抛光、去毛刺、切割和刻印等。电解加工适用于成批和大量生产,多用于粗加工和半精加工。

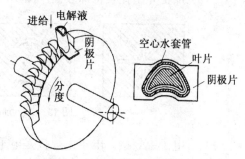

图 13 - 26　叶轮的电解加工

四、电子束加工

电子束加工(简称 EBM)是近年来较快发展的新兴特种加工技术,在微细加工领域和电子束光刻化学加工方面中得到了较多的应用。电子束加工是利用电子束的热效应对材料进行表面热处理、焊接、刻蚀、钻孔和熔炼的加工方法。

1. 电子束加工原理

图 13 - 27 所示为电子束加工的原理图。加热发射材料,在真空中从灼热的阴极发射出电子,电子在阳极和阴极之间的强电场作用下被加速到很高的速度并向电场正极方向运动,通过透镜系统聚成高功率密度的电子束,形成高能

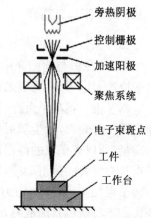

图 13 - 27　电子束加工原理示意

束流。当冲击到工件时,电子束的动能立即转变成为热能,产生出极高的温度,足以使任何材料瞬时熔化、蒸发、汽化,从而去除多余材料。

2. 电子束加工特点

(1) 电子束能聚焦成很小的斑点(直径一般为 0.01～0.05 mm),电子束能够极其微细加工,能进行微米加工,适用于微小的圆孔、异形孔或槽的加工。

(2) 加工材料的范围广。由于电子束能量密度高,可使任何材料瞬时熔化、汽化,能加工高熔点和难加工材料如钨、钼、不锈钢、金刚石、蓝宝石、水晶、玻璃、陶瓷和半导体材料等。

(3) 生产效率高。由于电子束能量密度高,而且能量利用率达到 90% 以上,所以电子束加工的生产效率很高。

(4) 电子束加工需要整套的专用设备和真空系统,价格较贵,故在实际应用中受到一定程度的限制。

3. 电子束加工的应用

(1) 零件表面处理。利用电子束的高热、高能对零件表面进行处理,以提高零件的表面性能。如电子束表面淬火和表面合金化,可改善表面的强度和硬度。

(2) 电子束打孔。无论工件是何种材料,如金属、陶瓷、金刚石、塑料和半导体材料,都可以用电子束加工出小孔和窄缝,也可用电子束加工出斜孔。电子束打孔的速度高,生产率也极高,这也是电子束打孔的一个重要特点。

(3) 加工异型孔及特殊表面。图 13-28 为电子束加工的喷丝头异型孔截面的实例。

图 13-28　加工异型孔及特殊表面示意

(4) 电子束焊接。电子束焊接是电子束加工技术应用最广泛的一种。以高能电子束作为焊接热源,轰击焊接连接处的材料,加热融化速度快,冷却凝固速度也快,比传统焊接工艺的工件热变形小、焊缝物理性能好、可焊材料范围广。

五、离子束加工简介

1. 离子束加工原理

如图 13-29,与前面介绍的电子束加工原理相类似,离子束加工也是在真空条件下,先由电子枪产生电子束,再引入已抽成真空且充满惰性气体之电离室中,使低压惰性气体电离并产生离子束。将离子束经过加速聚焦,获得具有一定速度的离子束投射到材料表面并使之撞击到工件表面,产生溅射效应和注入效应。不同的是,离子带正电荷,其质量远远大于电子质量,所以离子束的撞击能量远比电子束的撞击能量大,加速到较高速度时,离子束比电子束具有更大的撞击动能,它是靠微观的机械撞击能量,而不是靠动能转化为热能来加工的。离子束加工是特种加工中一门新技术,随着电子、物理、化学、控制等领域技术的发展,离子束加工技术也日渐成熟,并得到广泛应用。

2. 离子束加工的特点

（1）加工的精度非常高。离子束加工是所有加工方法中比较精密的加工方法，是当代纳米加工的技术基础。

（2）污染少。消耗能量少，产生的热量少，产生的废弃物少，对环境影响不大。

（3）加工应力、热变形等极小，对材料的适应性强，加工表面质量好。

（4）离子束加工设备费用高、成本贵、加工效率低。

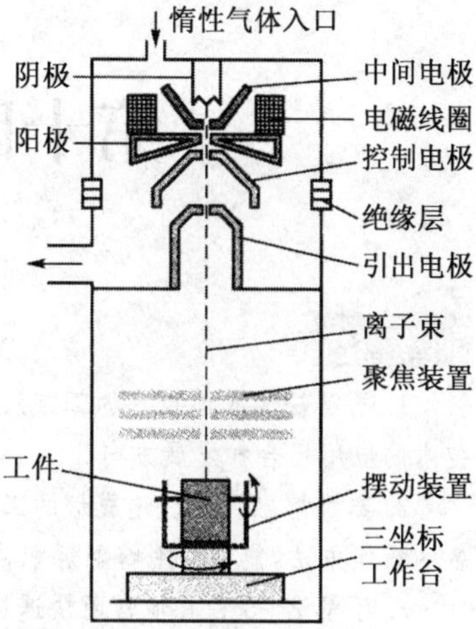

3. 离子束加工的应用

根据离子束加工的物理效应和方法的不同，其应用可分成四类：

（1）离子刻蚀或离子铣削。利用离子倾斜轰击工件，将工件表面的原子逐个剥离进行刻蚀。

图 13－29　离子束加工原理图

（2）离子溅射沉积。利用离子倾斜轰击某种材料制成的靶，靶材原子被击出后沉淀在靶材附近的工件上，使之表面镀上一层薄膜。

（3）离子镀或离子溅射辅助沉积。它和离子溅射沉积的区别在于同时轰击靶材和工件，目的是为了增强膜材与工件基材之间的结合力。

（4）离子注入。较高能量的离子束直接轰击被加工材料，使工件表面层含有注入离子，改变了工件表面的化学成分，从而改变了工件表面层的力学性能，满足特殊领域的要求。

复习思考题

1. 试说出特种加工的分类方法及特种加工技术的主要优点。
2. 简述电火花成形加工的基本原理。
3. 简述电火花成形加工的主要应用范围。
4. 简述电火花成形加工机床的基本组成及作用。
5. 简述电火花线切割的基本原理。
6. 简述电火花线切割机床的基本组成及作用。
7. 脉冲电源的参数对加工工艺效果有什么影响。
8. 简述激光加工的原理及工艺过程。
9. 简述超声波加工的基本原理。
10. 简述电解加工的基本原理。

第十四章　快速成形训练

训练重点

1. 了解快速成形技术加工方法与其他成形加工方法的相似点和区别,熟悉快速成形技术的应用场合和发展方向。

2. 熟悉熔融沉积快速成形的工作原理,熟练掌握熔融沉积快速成形的工作过程和设备的操作方法,能独立用熔融沉积快速成形方法对典型零件进行模型的加工。

3. 了解2~3种其他常用快速成形技术的特点与应用。

第一节　快速成形技术概述与发展趋势

一、快速成形技术的基本概念

零件加工技术其实质是一种成形技术,加工零件的常用成形技术主要有去除材料成形、铸造成形、锻造成形、焊接成形等,常用的成形技术有生产周期长、浪费材料、需要模具、精度不易保证和难于加工特殊结构等缺点。随着计算机控制技术、CAD/CAM技术、激光加工技术、数控技术和新材料等技术的不断发展,产生了零件的快速成形加工技术。

快速成形技术与传统成形方法有着本质的区别,它解决了传统设计与制造方法中的许多难题。快速成型技术采用逐渐增加材料的方法(凝固、胶接、焊接、烧结、聚合或其他化学反应)来形成所需的原形或零部件形状,故也称增材制造技术。快速成形技术的基本工作原理是离散与堆积。在使用该技术时,首先设计者借助三维CAD软件,或者三维扫描技术采集得到有关零件几何结构等要素的综合信息,建立目标原型,并用数字化描述零件模型,再将这些信息输入到计算机控制系统,利用软件进行分层切片处理,实现从三维到二维的转换,生成许多二维的截面信息,然后根据每一层的二维信息,将二维截面进行叠加,这一过程反复进行,最终形成三维实体,生成零件原型的复制品,实现从二维到三维的转换,再经过必要的处理,使其在外观、强度和性能等方面达到设计要求。其工艺过程如图14-1所示。

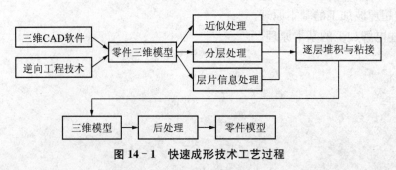

图14-1　快速成形技术工艺过程

快速成形可以把零件原型的制造时间大大缩短,避免了繁杂的加工工艺过程,降低了开发成本,解决了许多复杂结构的加工难题。随着计算机技术的快速发展和三维 CAD 软件应用的不断推广,越来越多的产品基于三维 CAD 设计开发,使得快速成形技术的广泛应用成为可能。快速成形技术已经应用于航空航天、汽车零部件、通讯设备、医疗器械、电子产品、家用电器、军事装备、考古、建筑模型等领域。

二、常用快速成形技术的类型

快速成形技术产生于 20 世纪 80 年代,经过三十多年的发展,产生了几十种快速成形加工工艺,根据不同的成形材料和工艺原理(固化能源),目前比较常用的快速成形工艺主要有五种类型,如图 14 - 2 所示。

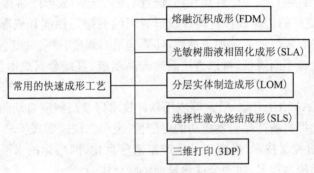

图 14 - 2　常用的快速成形工艺

三、快速成形技术的工艺特点

1. 快速性

从 CAD 设计到原型零件制成,中间环节很少,周期很短,速度比传统的成形方法快得多,使之尤其适合于新产品的开发与管理。

2. 高度柔性

快速成形利用的是数字化制造系统,它不需要模具、工装夹具和刀具,只要改变和调整模型和参数即可完成不同形状的零件的加工制作,特别适合复杂结构的新品开发或单件小批量生产。

3. 材料的广泛性

到目前为止,快速成形使用的原材料是树脂类、塑料类、纸类、石蜡类、复合材料类、金属材料类和陶瓷材料类,并将有更多的材料种类出现。

4. 复杂性

可制造出自由曲面和形状更为复杂的三维几何实体,如曲轴结构、叶片结构和螺旋结构,并且与生产批量和制造成本基本无关。由于采用离散/堆积成型的原理,它将一个十分复杂的三维制造过程简化为二维过程的叠加,越是复杂的零件越能显示出快速成形技术的优越性。

四、快速成形技术的发展方向与趋势

快速成形技术的产生和发展带来了产品制造技术的一场革命,具有强大的生命力和发展空间,是诸多工程技术发展和融合的必然结果。虽然有其巨大的优越性,但是由于其发展时间短,许多技术难题还没有完全解决,形成的大部分模型还没有实际应用价值,特别是由于可成形材料数量和质量有限,成形零件表面粗糙度不易保证,成形零件精度低且物理性能较差,成本较高等缺点,所以存在一定的局限性和推广普及的瓶颈。

有关快速成形技术的研究和应用是目前一个热门课题,从国际国内的研究成果和应用情况来分析,快速成形技术的进一步研究方向和发展趋势主要体现在以下几方面:

(1)大力改善现行快速成形设备的成形精度、可靠性和生产效率,缩短生产周期。尤其是提高成形产品的表面质量、力学性能和物理性能,使生产的成形产品具有实际应用价值。

(2)开发性能更好的快速成形材料。成形材料的关键是性能和成形性,既要利于成形产品的加工,又要具有较好的后续加工性能,还要满足对强度、硬度、刚度和韧性等力学性能的不同要求,材料价格不断降低,可以直接面向产品制造、直接金属成形工艺将是以后的发展焦点。

(3)与 CAD、CAM、CAE、CAPP 等应用软件技术以及高精度自动测量、逆向工程的集成一体化,可以大大提高新产品研发成功的可能性,也可以快速实现反求工程。

(4)利用计算机控制技术,提高产品生产制造信息化、网络化的水平,是智能化制造的重要环节,通过远程控制技术,实现全球化异地协同合作。

第二节　熔融沉积快速成形技术

迄今为止,国际国内已经开发成功了十多种成熟的快速成形工艺和方法,其中生产化和商品化程度比较高的主要有熔融沉积成形(FDM)、光敏树脂液相固化成形(SLA)、分层实体制造成形(LOM)、选择性激光烧结成形(SLS)、三维打印(3DP)等快速成形系统。其中,熔融沉积成形工艺技术更成熟、应用更广泛、使用材料比较低廉,下面对其进行重点介绍。

一、熔融沉积快速成形技术的基本原理与工艺过程

熔融沉积快速成形又称熔化堆集成形、熔融挤出成形,或简称熔积成形。研究这种工艺的主要有 Stratasys 公司和 Med Modeler 公司,并且以 Stratasys 公司开发的产品制造系统应用最为广泛,清华大学也推出了多种快速成形产品制造系统。这种技术不使用激光设备,维护方便,成本不高,可用于熔模铸造的蜡模、新产品的样品、艺术品的复制和少量产品的制造。

1. 基本原理

熔融沉积快速成形的基本工作原理如图 14-3,成形材料用于制造模型,支撑材料用于支撑和固定模型,成形结束后从模型上去除支撑材料形成的"支撑底座",成形材料和支撑材料是长丝状,分别缠绕在原型材料辊和支撑材料辊上,两种材料分别由送丝机构送至各自对应的喷头,并在各自喷头中加热至熔融状态或半熔融状态,另外加热喷头在计算机软件的控制下,按照预先从三维模型中得出的相关截面轮廓的信息作平面运动,同时在一定的压力

下,具有较好流动性的熔化材料液体从喷头流出,均匀地铺撒在断面层上,并沉积在层面指定位置后快速凝固,形成截面轮廓,一层堆积成形完成后,成形平台下降一定的高度,再进行下一层的堆积,如此循环,各层叠加,最终形成三维产品。

2. 工艺过程

根据设备和系统的不同,熔融沉积快速成形加工工艺过程有所不同,但其主要步骤和内容是相似的,目前典型的加工工艺过程主要是由以下几个方面组成。

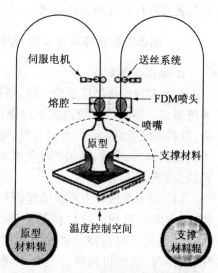

图 14-3 熔融沉积快速成形原理图

(1) 建立数字三维模型。基于数字化快速成形产品设计主要有两种方法:一种是根据实物要求或设计图纸(二维),利用三维设计软件设计产品的三维模型,常用的三维设计软件有 UG 软件和 PRO/E 软件,除此之外,还有 Solidworks、Cimatron 等软件;另一种采用逆向(反求)工程技术,主要利用三维扫描仪对已有的三维实体进行扫描,根据扫描得到的点云数据进行处理,建立产品三维模型。

(2) 数据处理。将已建立的数字三维模型实体数据输出为 STL 文件格式,用分层处理软件将三维数据离散成截面数据,经过处理后的数据输入到快速成形设备。在分层处理软件中,可对模型进行显示、移动和旋转,以确定合理的加工位置和方向;可对模型添加基础和支撑,添加基础的目的是为了防止零件底部和工作台台面直接接触,保证顺利取出零件,添加支撑的目的是为零件的悬壁部分提供定位和支撑,保证成形过程正常进行;对模型的特殊结构进行检验,必要时进行拟合与合并,并能进行计算机仿真;在设定好分层填充参数后,系统自动对 STL 模型进行分层,生成快速成形设备系统制作原型的层片文件。

(3) 制作原型。进入产品的实际制作阶段,主要步骤是:

① 开机。打开设备的电源、温控、散热和数控开关按钮,启动设备。

② 给成形室预热。将成形室温度控制在一定范围内,目的是为了保证成形过程顺利进行,如果温度过低,成形材料过快凝固,如果温度过高,成形材料凝固过慢,都影响成形质量。

③ 将前面生成的原型层片文件输入到成形设备的控制系统,并将层片模型显示于图形窗口。

④ 数控系统进行初始化,喷头回到原点,并进行喷丝检验,保证喷头畅通。

⑤ 调整工作台与喷头位置。将工作台调整至适当高度,将喷头调整到工作台适当位置。

⑥ 加工参数的设定。主要设计产品在工作台上的具体位置,喷头的运动路径、运行速度和送丝速度。

⑦ 检验。主要检查准备工作是否完成、参数设定是否合理、是否有干涉情况发生。

⑧ 成形加工。喷头在软件的控制下在工作台上逐层添加成形材料,直至完成所有的工作。加工完毕,零件保温和冷却,用工具从成形室铲出零件。

(4)零件的后处理。主要去除支撑材料,在不改变主要结构和功能的条件下,对细节部分和表面进行修复和美化处理。

二、熔融沉积快速成形系统与成形材料

1. 成形设备系统

与大多数设备制造系统一样,熔融沉积快速成形制造系统也是主要由硬件系统和软件系统组成。熔融沉积快速成形的硬件系统(主要是机械系统)主要由设备本体、工作台、喷头、供料系统、加热系统、控制系统、电线路和辅助装置组成,各组成部分自成独立的模块,这为设备的制造、维修、操作和降低成本提供了极大的方便。供料系统、加热系统、喷头、控制系统是其核心部分。

(1) 供料系统。主要由储丝筒和送丝机构组成,成形材料和支撑材料都是丝状结构,分别存储在成形材料储丝筒和支撑材料储丝筒中,工作时,送丝机构将它们分别送到成形材料喷头和支撑材料喷头,送丝速度由控制系统控制。

(2) 加热系统。对喷头中的材料进行加热,保证成形材料和支撑材料处于熔融状态,并顺利从喷头中流出。加热系统同时对成形室中的温度进行控制,保证有一个合适的成形环境。加热系统的工作过程也是控制系统控制。

(3) 喷头。喷头在计算机软件的控制下,根据成形零件的形状信息,作 X、Y 方向的平面运动和 Z 方向的上下运动。喷头的作用是通过温度控制,使融化的成形材料既具有一定的粘结性,又具有一定的成形性。喷头容易堵塞,保证其通畅十分重要,喷头的典型结构如图 14-4。

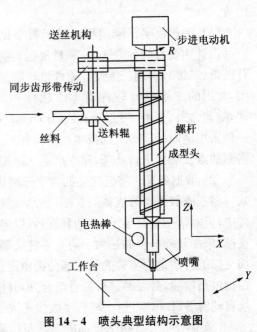

图 14-4　喷头典型结构示意图

(4) 控制系统。主要由电线路和各种电器元件组成,在设备上主要集中在电源柜和控制柜上。控制系统接受来自计算机软件系统来的控制信息,主要控制喷头的运动和加热温度,也控制成形室内温度,如发生特殊情况,控制系统可发出停止工作的命令。

成形系统还包括软件系统。软件系统包括几何建模和信息处理两部分。几何建模单元是由设计人员借助三维 CAD 软件,如 Pro-E、UG 等设计产品的三维实体模型或由三维扫描仪扫描实体零件,获取数据信息,重构产品的三维实体模型。最后以 STL 格式输出原型的几何信息。信息处理单元由 STL 文件处理、工艺处理、数控处理、图形显示等模块处理单元组成,分别完成对 STL 文件错误数据检验与修复、生成层片文件、数控代码生成和对成型机的控制。

2. 成形材料

熔融沉积快速成形材料一般为丝状,是高分子热塑性材料,常用的有 ABS 塑料、石蜡、人造橡胶等低熔点材料,熔融沉积快速成形使用的材料分为两种:一种是成形材料;另一种

是支撑材料。对成形材料的性能要求是：

（1）流动性好。流动好的材料，容易从喷头中挤出，不需加太大的压力，否则要延长喷头的起停时间，成形精度变差。

（2）化学稳定性好。由于在一定温度和压力下工作，如果材料化学稳定性不好，发生化学反应，容易引起变形、挥发和变色，也容易产生污染物，甚至对设备产生不良影响。

（3）熔融温度不宜过高。可以使材料在较低的温度下从喷头中挤出，不需要加热到过高的温度，对设备和喷头都有好处，也可减少成形前后的温度差，减少热应力，提高成形质量和精度。

（4）黏结性高。成形材料黏结性好，成形零件的强度高，可防止变形和裂纹。

（5）变形收缩率小。防止变形，提高精度。

对支撑材料的要求主要是：能承受成形材料的高温；与成形材料的亲和力小，便于从成形零件上分离，其他方面与成形材料的性能要求相似。

第三节　其他快速成形技术简介

一、光敏树脂液相固化成形

光敏树脂液相固化成形（SLA）又称固化立体成形、光固化、立体印刷、立体光刻、光造形等，这种成形法是目前世界上研究最深入、技术最成熟、应用最广泛的一种快速成形方法。

这种成形方法的工作原理如图 14-5，储液槽中盛有光敏树脂液，由激光器发出的紫外光，经光学系统聚集成激光束，该光束在计算机软件的控制下，按一定路径扫描光敏树脂液体表面，利用光敏树脂遇紫外光凝固的特性，一层一层地固化被激光束扫描到的光敏树脂，每固化一层后，升降台就下降一预先设定的距离（即分层厚度，并考虑材料及工艺因素），刮平器工作，使新一层液态树脂覆盖在已固化层上面，进行下一层固化，并按新一层表面几何信息使激光扫描器对液面进行扫描，使新一层树脂固化并粘在前一层已固化的树脂上，如此反复，直至最后一层固化完毕，便生成了三维实体零件。

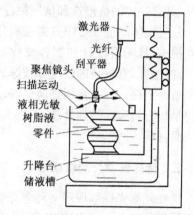

图 14-5　光敏树脂液相固化成形原理图

成形系统组成主要由激光器、激光束扫描装置、光敏树脂、液槽、升降台和控制系统等组成。光敏树脂主要有环氧树脂、乙烯酸树脂、丙烯酸树脂等。对光敏树脂的性能要求主要是：在一定形式的光照射下能够迅速从液态变成固态（固化），固化后的收缩变形要尽量小，成形零件应有足够的强度和较低的表面粗糙度，且成形过程中产生的有害物质要少。

二、分层实体制造成形

分层实体制造成形又称薄形材料选择性切割成形、叠层实体制造成形，是几种最成熟的快速成形制造技术之一，其工艺原理如图 14-6 所示。成形零件的三维实体模形输入成形系统,计算机系统中的分析软件对三维实体模形进行切片处理,从而得出三维产品在高度方向上相对应横截面的轮廓控制信息。开始工作时,工作台升高至一定的切割位置。之后热压装置中的热压辊对工作台上方的薄形材料(成形材料)及下表面的热熔胶加热、加压,使材料粘贴于已形成的下面工件底座上,切割工作完成后,工作台带动轮廓层下降至一定高度后再根据截面信息,完成下一层的切割,直至完成最后一层轮廓粘合与切割,完成三维实体零件的制造。

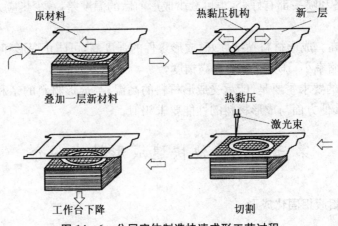

图 14-6　分层实体制造快速成形工艺过程

分层实体制造成形所用成形材料是薄片形,主要是纸质、金属、陶瓷和塑料,对其性能要求是:具有一定的抗湿性和抗腐蚀性,具有一定的抗拉强度,收缩率小,剥离性能好。

分层实体制造成形中只需按照分层信息提供的截面轮廓线切割而无需对整个截面进行逐点扫描,且无需设计和制作支撑,生产效率高、速度快、成本低。结构制件能承受高达200℃的温度,有较高的硬度和较好的机械性能。但是,这种成形机也有不足之处:不能直接制作塑料工件;工件(特别是薄壁件)的抗拉强度和弹性不够好;工件易吸湿膨胀,因此,成形后应尽快进行表面防潮处理;工件表面有台阶纹,其高度等于材料的厚度,因此,成型后需进行表面打磨。

三、选择性激光烧结成形

选择性激光烧结成形又称激光选区烧结成形、粉末材料选择性烧结成形等。是借助激光束使材料粉末烧结或熔融后凝固形成三维原型或工件,其工艺原理如图 14-7。

主要结构和工作空间是在一个封闭的成形室中进行,成形活塞机构用于成形工作,供粉活塞机构用于提供粉状成形材料。成形过程开始前,由激光器产生的光线将粉末材料加热至恰好低于烧结点的某一温度,成形开始时,供粉活塞上升一定高度,铺粉滚筒将成形粉状材料均匀地铺在成形缸加工表面上,激光束在计算机的控制下以对第一层进行照射扫描,激光扫过之处粉末被加热并烧结固化为给定厚度的片层,没有被照射烧结的粉状材料保持原状,这样零件的第一层便形成。成形缸活塞下降一定高度,供料缸活塞上升一定高度,铺粉滚筒再次工作并均匀铺粉,激光束再对第二层进行加热扫描,所形成的第二片层同时也被烧结固化在第一层上,如此逐层叠加,经过很多次的扫描和烧结,一个三维实体零件就成形了。

成形工作主机主要由成形工作缸、废料捅、铺粉辊装置、送料工作缸、激光器、加热装置、

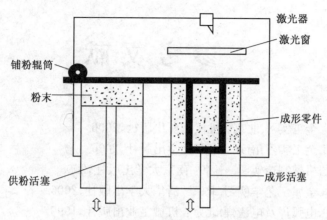

图 14-7　选择性激光烧结成形工艺原理图

机身与机壳等部分组成。所用成形原材料一般形状为粉末，可选用的粉末主要有金属粉、陶瓷粉和塑料粉等。金属粉末的烧结，主要材料为金属粉末，烧结成金属原形零件，但在强度等力学性能方面和尺寸精度、表面粗糙度上都很难达到直接用金属原材料加工而成的零件的要求。

四、三维打印

三维打印也称为三维印刷、粉末材料选择性粘结，所用的成形机可称为小型快速成形机，它以小巧、方便、价廉而迅速获得了用户的欢迎。三维打印与选择性激光烧结成形相类似，采用粉末材料成形，如金属粉末、陶瓷粉末，不同之处是材料粉末不是通过烧结而连接在一起，是通过喷头用黏结剂将零件的截面印刷并黏结成形。所谓三维打印快速成形机，其运作原理和传统打印机十分相似，都是以某种喷头作成形源，它的工作很像打印头，不同点仅在于除喷头能做 $X-Y$ 平面运动外，工作台还能作 Z 方向的垂直运动。而且，喷头吐出的材料不是墨水，是熔化的热塑性材料、金属粉末、陶瓷粉末、蜡或黏结剂等，因此可成形三维实体。它最突出的优点是无需机械加工或任何模具，就能直接从计算机图形数据中生成任何形状的零件，从而极大地缩短产品的研制周期。

复习思考题

1. 简述快速成形的技术原理。
2. 常用快速成形的种类有哪些？
3. 用方框图表示快速成形的主要工艺过程。
4. 熔融沉积快速成形工艺系统包括哪几个部分？各有何作用？
5. 在零件的加工过程中，快速成形加工方法与其他加工方法的主要区别是什么？

参 考 文 献

[1] 柳秉毅.金工实习.北京：机械工业出版社,2006.

[2] 周伯伟.金工实习.南京：南京大学出版社,2006.

[3] 刘亚文.机械制造实习.南京：南京大学出版社,2008.

[4] 严绍华.金属工艺学实习.北京：清华大学出版社,2006.

[5] 姜焕中.电弧焊及电渣焊.北京：机械工业出版社,1995.

[6] 吴晓清,张连生.熔焊原理.北京：机械工业出版社,1994.

[7] 田锡唐.焊接结构.北京：机械工业出版社,1982.

[8] 吴元徽.热处理工(中级).北京：机械工业出版社,2006.

[9] 戈晓岚,杨兴华.金属材料与热处理.北京：化学工业出版社,2004.

[10] 姜敏凤.金属材料及热处理知识.北京：机械工业出版社,2005.

[11] 黄明宇,徐钟林.金工实习(下册).北京：机械工业出版社,2002.

[12] 夏德荣,贺锡生.金工实习.南京：东南大学出版社,1999.

[13] 中国机械工业教育学会.金工实习.北京：机械工业出版社,2004.

[14] 王英杰,韩伟.金工实习指导.北京：高等教育出版社,2005.

[15] 谷春瑞,韩广利等.机械制造工程实践.天津：天津大学出版社,2004.

[16] 孙召瑞.铣工操作技术要领图解.山东：山东科学技术出版社,2005.

[17] 沈剑标.金工实习.北京：机械工业出版社.2003.

[18] 张贻摇.机械制造基础技能训练.北京：国防工业出版社,2006.

[19] 杨晋.机械制造工程实践.兰州：兰州大学出版社,2006.

[20] 张树军.机械基础与实践.沈阳：东北大学出版社,2006.

[21] 尚可超.金工实习教程.西安：西北工业大学出版社,2007.

[22] 张木青.机械制造工程训练教材.广州：华南理工大学出版社,2004.

[23] 吴鹏,迟剑锋.工程训练.北京：机械工业出版社,2006.

[24] 翁其金.冲压工艺与冲模设计.北京：机械工业出版社,2004.

[25] 张力真,徐允长.金属工艺学实习教材.北京：高等教育出版社,2001.

[26] 刘新,崔明铎.工程训练通识教程.北京：清华大学出版社,2011.

[27] 李伟.先进制造技术.北京：机械工业出版社,2005.

[28] 刘忠伟,邓英剑.先进制造技术.北京：国防工业出版社,2011.

[29] 刘伟军,等.快速成型技术及应用.北京：机械工业出版社,2005.